JN058047

ガイア・ヴィンス　小坂恵理 訳

気候崩壊後の人類大移動

河出書房新社

NOMAD CENTURY
HOW TO SURVIVE THE CLIMATE UPHEAVAL
GAIA VINCE

気候崩壊後の人類大移動　目次

はじめに　11

第1章　嵐　23

二一世紀の気温上昇　気温が四℃上昇した世界

第2章　人新世の四騎士　35

世界を一変させる四つの問題　火事――人々が立ち退きを迫られる
猛暑――熱波が人命を奪う　不平等も人命を奪う　干ばつ――農業が不可能になる
洪水――人類の大部分の生活が脅かされる　最も可能性が高いシナリオ

第3章　故郷を離れる　61

人類は移住でつくられた　どこにでも暮らせる能力

人類と共にモノも移動する　農業と定住のはじまり　遊牧民の大移動
海を越えて広がる　遺伝子や文化が混じり合う　異なる人種など存在しない
都市の影響力　何もかもが移動性に優れている世界のおかげ

第4章　移民を締め出す愚行　83

もしも国境が取り払われたら　差別も抑圧も必然ではない
移民への不安は和らいでいる　国民国家は最近の発明品
国民国家を支える官僚制度　私たちはどのようにして自由な移動を終わらせたのか
国境による制約の不条理さ　移住は経済問題であり、安全保障問題ではない
移住で経験される困難　難民キャンプの現場で

第5章　移民は富をもたらす　111

国境を開放すれば貧困は消滅する　人口問題の解決策
経済成長のための移民受け入れ　農村から都市へ
世界を自由に移動できるようなシステム　気候難民受け入れのシナリオ

第6章　新しいコスモポリタン　135

移民に対する大きな誤解　移民への敵意
大移動を成功させることは可能だ　世界中が協力することは可能だ

国民国家を再生する　生まれた場所に固定されるというアイデアを取り払う

第7章　安息の地、地球　155
世界を新たな視点から眺める　変化に適応しやすい場所、住めなくなる場所
新しい北半球の都市　国境を開放する
チャーター都市を設立する　人々を後押しする

第8章　移民の家　181
移民は都市に向かう　都市とスラム　人新世の都市

第9章　人新世の居住地　201
安全な避難所としての都市　各国の移住計画　復元力のある都市を建設する
都市を脱炭素化する　新しい移民の統合

第10章　食料　217
人新世の食料危機　食事を抜本的に変化させる必要がある
プラントベースの食事に　農業を改善する　移住と農地

第11章　エネルギー、水、材料　237
ネットゼロのためのエネルギー源　移動手段の変化　化石燃料の終焉
より良い成長　賢明な分配政策　循環型経済へ　今世紀最大の懸念は水不足

第12章　回復　261
この世界を再び住みやすくするために　自然の回復　気候の回復
ジオエンジニアリングによる地球の冷却　まだ遅すぎるということはない

まとめ　283

マニフェスト　291

謝辞　293　訳者あとがき　295　参考文献　*18*　原注　*6*　索引　*1*

気候崩壊後の人類大移動

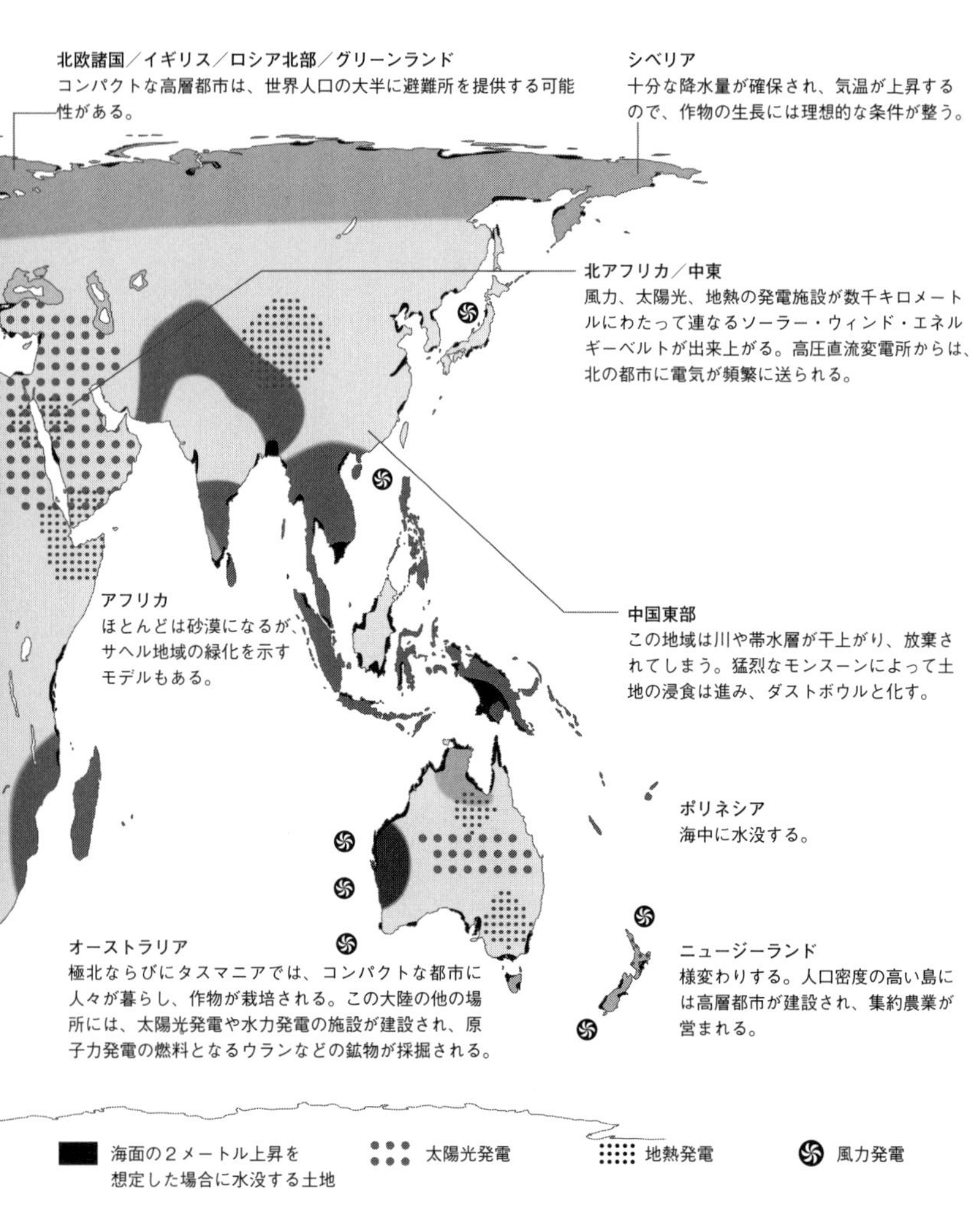
北欧諸国／イギリス／ロシア北部／グリーンランド
コンパクトな高層都市は、世界人口の大半に避難所を提供する可能性がある。
シベリア
十分な降水量が確保され、気温が上昇するので、作物の生長には理想的な条件が整う。
北アフリカ／中東
風力、太陽光、地熱の発電施設が数千キロメートルにわたって連なるソーラー・ウィンド・エネルギーベルトが出来上がる。高圧直流変電所からは、北の都市に電気が頻繁に送られる。
アフリカ
ほとんどは砂漠になるが、サヘル地域の緑化を示すモデルもある。
中国東部
この地域は川や帯水層が干上がり、放棄されてしまう。猛烈なモンスーンによって土地の浸食は進み、ダストボウルと化す。
ポリネシア
海中に水没する。
オーストラリア
極北ならびにタスマニアでは、コンパクトな都市に人々が暮らし、作物が栽培される。この大陸の他の場所には、太陽光発電や水力発電の施設が建設され、原子力発電の燃料となるウランなどの鉱物が採掘される。
ニュージーランド
様変わりする。人口密度の高い島には高層都市が建設され、集約農業が営まれる。
海面の2メートル上昇を想定した場合に水没する土地
太陽光発電
地熱発電
風力発電

気温が4℃上昇した世界（産業革命以前の平均との比較）

熱帯域全体の気象状況では、多くの地域が居住に適さなくなる。海面の上昇によって多くの島や沿岸の定住地が水没してしまう。しかし再生可能エネルギーの生産は地球のどこでも可能で、食料も100億人分を十分に確保できる。

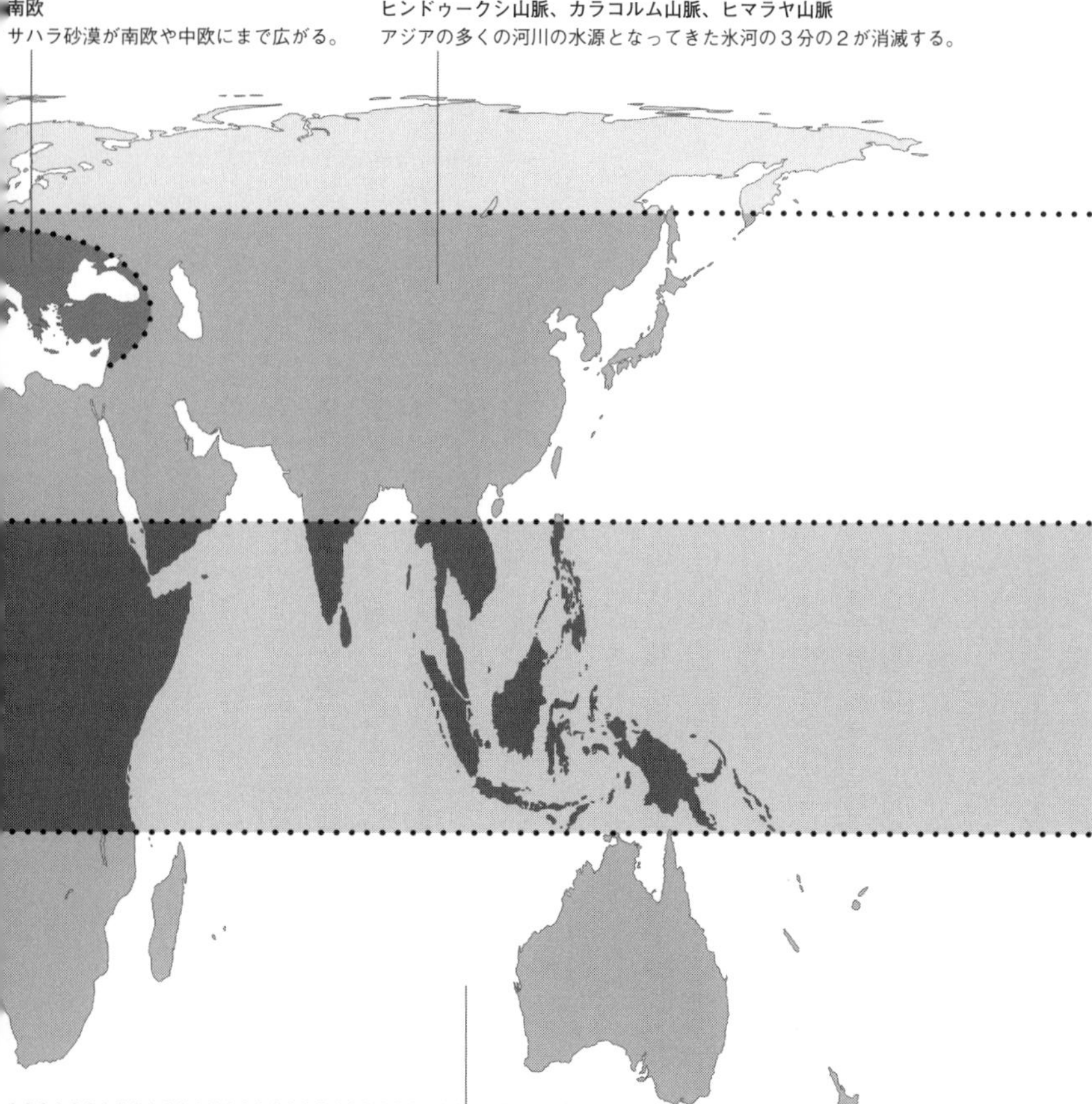
南欧
サハラ砂漠が南欧や中欧にまで広がる。
ヒンドゥークシ山脈、カラコルム山脈、ヒマラヤ山脈
アジアの多くの河川の水源となってきた氷河の３分の２が消滅する。
海のデッドゾーン
海では酸化が進み、増殖した藻類が酸素を消費するため、サンゴ礁も甲殻類もプランクトンも壊滅的な被害を受ける。餌がなくなれば、大型の海洋生物はすぐに生息数が減少する。

気温が４℃上昇した世界で居住可能な地域

カナダ、シベリア、北欧諸国、アラスカ
人類の圧倒的多数は高緯度地域に暮らす。ここでは農業も可能だ。

中緯度地帯
多くの地域は１年の一時期、居住に適さなくなる。

赤道地帯
湿度の高さから熱帯地域全体で熱中症が引き起こされ、１年の大半は居住に適さなくなる。北側にも南側にも不毛の砂漠が広がる。

ニュージーランド、タスマニア、南極西部、パタゴニア
南半球で居住に適した唯一の地域に含まれ、人口密度は非常に高くなる可能性がある。

父親に。そして北の曇り空の下で熱帯の花を育ててくれるすべての人に、本書を捧げる。

はじめに

大変動が間近に迫っている。それは私たちにも地球にも、変化を引き起こすだろう。グローバル・サウス〔訳注：アジアやアフリカ、中南米などの南半球に多い新興国・途上国の総称〕は激しい気候変動に見舞われ、広い地域が居住不可能になり、大勢の人が住み慣れた場所から追いやられるだろう。それに比べて北半球は気候が穏やかだが、先進国は人口動態の変化を生き残るために苦労するだろう。いまや労働力不足は深刻で、増え続ける高齢者の貧困化が進んでいる。

今後五〇年間で気温も湿度も上昇し続ければ、もはや地球の広大な地域が、三五億の人類にとって住めない場所になる。熱帯や沿岸から脱出し、かつての耕作地を手放し、大勢の人たちが新たに生活の拠点を探さなければならない。あなたはそのひとりになる可能性も、彼らを受け入れる立場になる可能性もある。実際、こうした移住はすでに始まっている。ラテンアメリカやアフリカやアジアでは、干ばつに見舞われた地域で農業中心の生活を営むことが不可能になり、住み慣れた場所を離れる人の流れがあとを絶たない。しかも、気候変動による大移動が始まる以前から、世界の大都市には大量の移民が押し寄せていた。この一〇年間で、移民の数は世界全体で倍増している。地球温暖化が進めば、移住を迫られる人の数は増え続け、問題は深刻化する一方だ。だから一刻も早く解決に取り組まなければならない。

私たちは間違いなく生物種として緊急事態に直面しているが、それに対処するのは可能だ。私たちは生き残ることができる。ただしそのためには、計画的かつ慎重に大移動を進めなければならない。それは、人類が未(いま)だかつて経験したことがない大事業になるだろう。

人々はようやく気候の緊急事態に向き合うようになった。しかし各国は炭素排出量を減らすために団結し、危険な場所を気温上昇に適応させようとしているが、実は誰もが見て見ぬふりをしているタブーがある。世界の大部分の地域では異常気象が極端に進行し、とてもではないが適応できないのだ。いまや三〇年前と比べ、世界各地で気温が五〇℃を超える日は二倍に増えた。五〇℃といえば、人間にとって致命的な暑さで、建物や道路や発電所にも深刻な問題が引き起こされる。要するに、あまりにも暑すぎて住めなくなってしまう。

この地球全体を巻き込む激動のドラマでは、大胆な対応が求められるが、解決策は私たちの手の届くところにある。人々が危険や貧困を脱し、安全で快適な場所に移住するための支援をするのだ。復元力（レジリエンス）のあるグローバル社会の構築を目指し、誰もがその恩恵にあずかれる環境を整える必要がある。かつてない規模の大移動が進む今世紀には、私たちの世界は様変わりするだろう。それは大惨事になる可能性もあるが、うまく対処すれば、人類の救済につながる可能性もある。

これからは、生き残るために移動しなければならない。

大勢の人たちの移動では、目的地は身近な都市に限らない。大陸を縦断する大移動もあるだろう。北半球の国など、気候条件がそれほど悪くない地域に暮らす人々は、過密化が進む都市に何百万人もの移民を受け入れると同時に、自分たちも気候変動に適応しなければならない。極地は氷が急速に解け始めているが、他より気温が低いので、その近くにまったく新しい都市を建設する必要がある。たとえばシベリアの一部はすでに、三〇℃の暑さを数カ月連続で経験している。

あなたがいまどこに住んでいようとも、今回の大移動はあなただけでなく、子供たちの生活にも影響をおよぼす。たとえばバングラデシュでは、海抜が低いうえに地盤沈下が著しい沿岸地域に国民の三分の一が暮らしており、いまに国全体が居住不可能になるのは時間の問題のようにも思える（全人口のほぼ一〇パーセントに相当する一三〇〇万の国民が、二〇五〇年までには国を離れると予想される）。あるいは、スーダンなど砂漠化が進む国も、どんどん住みにくい場所になっている。しかし今後数十年間は、富裕国も気候変動の影響を逃れられない。オーストラリアは気温の上昇と干ばつによる被害が深刻化するだろう。アメリカ合衆国の一部も状況は同じで、マイアミやニューオーリンズなどの都市を何百万もの市民が脱出し、オレゴンやモンタナなど気温が低くて安全な州に逃れてくるだろう。そうなると、新しい住民に住む場所を提供できる都市を建設する必要がある。

インドだけでも、一〇億ちかくの国民が危険にさらされる。ほかにも中国では五億人が国内での移住を迫られ、ラテンアメリカやアフリカでは何百万人もが大陸を縦断して移動しなければならない。そして、南ヨーロッパの特徴である地中海性気候の勢力圏はすでに北に広がり、スペインからトルコに至る地域で砂漠のような気候が常態化している。一方、中東の一部はすでに、熱波と水不足と土壌の劣化による被害が深刻だ。

人々は住み慣れた場所からの脱出を始めるだろう。いや、すでに移動は始まっている。

いま人類は生物種として地球の大変動を経験している。しかもここでは、未曾有の気候変動と、人口動態の変化が同時進行している。

世界人口は今後も増え続け、おそらく二〇六〇年代に一〇〇億でピークに達する。人口が増加するのはほとんどが熱帯地方だが、熱帯は気候変動による被害がどこよりも深刻なので、住民は北への避難を始めるだろう。一方、グローバル・ノースは反対の問題に直面する。それは「頭でっかちな」人口構造が引き起こす危機で、今後は大勢の高齢者をごく少数の労働力で支えていかなければならない。

スペインや日本をはじめ少なくとも二三カ国は、二一〇〇年までに人口が半減すると予想される。現在、北米とヨーロッパでは、従来の退職年齢を超えた（六五歳以上の）高齢者の人数が三億にのぼる。そして二〇五〇年までには、高齢者従属人口指数の水準はかなり高くなり、二〇歳から六四歳までの労働者一〇〇人が、四三人の高齢者を支える形になると予想される。[1] ミュンヘンやバッファローなど様々な都市が、移民の確保を競い合うだろう。この競争は、世紀末が近づくにつれて激しさを増すと思われる。なぜなら、気候変動の影響で住めなくなった南の途上国の一部が、この頃にはジオエンジニアリング〔訳注：地球温暖化を抑えるために、気候を人工的に改変するテクノロジー〕によるイノベーションのおかげで、再び居住に適した環境になる可能性があるからだ。大気中の二酸化炭素を取り除き、広大な土地を安い費用で冷却するテクノロジーを介入させれば、地球全体の温度も局地的な温度も下がることが期待できる。二一世紀はまさに、地球全体を巻き込んだ人類の未曽有の大移動の時代になるだろう。

いまは、現実的な計画を立てていく必要がある。人類全体について配慮したアプローチを採用し、人間の制度や地域社会に十分な復元力を持たせ、大きな衝撃を受けても確実に乗り切れるようにしなければならない。私が七〇歳になる二〇五〇年までには、どの地域社会に移住する必要があるか、すでに現時点でわかっている。そして私の子供たちが高齢に達する今世紀末には、どの場所がいちばん安全かもわかっている。

しかし現時点でも、数十億の人たちに持続的に住居を提供できる場所を確保する必要がある。それには国際外交を展開し、国境を越えた交渉を行ない、すでに存在する都市を新しい環境に適応させなければならない。たとえば北極圏は、数百万の人々にとって居住にかなり適した目的地になるだろう。ただし現在のインフラは最小限で、しかも永久凍土の融解で沈下しつつあるので、暖かい気象条件に合わせた再建が必要だ。気候変動を引き金とする今回の大移動の準備をするためには、世界の大都市を段階的に放棄して、一部の都市を移転させ、異国の地にまったく新しい都市を建設しなければならない。いま私が住んでいる都市のロンドンは、少なくとも二〇〇〇年の歴史を経て、九〇〇万の市民が暮らすまでに発展した。これから新しい環境に適応し、ロンドンのような都市を建設して拡大する時間は数十年しか残されていない。しかし新型コロナウイルス感染症のパンデミックに見舞われたとき、私たちは救急病院をわずか数日で建設することができた。したがって、本格的な都市を数年で建設するのは可能だと、私は確信している。ではどんな種類の都市を誰のために、どこに建設すればよいのか。

今回の移動は規模が大きく多様性に富んだものになるだろう。世界の最貧層が、強烈な熱波と凶作から逃げ出すだけではない。教育を受けた中間層も例外ではない。家を建てる計画を立てても住宅ローンや損害保険がおりなかった人、地元で仕事がなくなった人、余裕のある人が気候の快適な場所にすでに立ち去ったために周囲の居住環境が悪化した人は、移住を検討するだろう。アメリカだけでもすでに数百万人が気候変動の影響で住み慣れた場所をあとにした。二〇一八年には、一二〇〇万人が異常気象によって避難を迫られ、二〇二〇年には年間の合計が一七〇〇万人にまで増加した。いまやアメリカでは平均すると、深刻な被害をもたらす災害が一八日ごとに発生している[2]。引っ越したアメリカ人を対象に二〇二一年に実施された調査によれば、転居の要因として気候変動リスクを挙げた回答者は半分にのぼった。

本書の執筆中にも、アメリカ西部の半分以上がひどい干ばつに直面している。オレゴン州のクラマス盆地の農家のあいだでは、法律に違反してでも灌漑（かんがい）用水を確保するため、暴力に訴えてダムの水門を開けさせる話が持ち上がっている。そうかと思えば、科学者とジャーナリストが共同出資した研究機関クライメート・セントラルのデータによれば、二〇五〇年までにアメリカでは現存する五〇〇万戸の家屋が、少なくとも一年に一度は浸水すると予測される。五〇〇万戸といえば、総価値は二四一〇億ドルにのぼる。たとえ家屋が浸水しなくても、地元のインフラの大部分が水浸しになれば、その界隈（かいわい）は発展が見込めず、住民は他の場所へ移っていく。影響を受ける地域には重要な都市も含まれ、たとえばニューオーリンズでは四〇万の住民が住み慣れた場所を離れることになるだろう。海岸の浸食と海面の上昇が深刻なルイジアナ州のジャン・チャールズ島では、地域全体を移転させるために四八〇〇万ドルの連邦税がすでに割り当てられている。イギリスでは、ウェールズのフェアボーン村の住民が、海岸の浸食で将来は水没する家を放棄するように説得されている。二〇四五年までには、村全体が「消滅する」という。そして、沿岸の大都市もリスクにさらされている。一例がウェールズの首都カーディフで、二〇五〇年までには全体の三分の二が水没すると予測される。

あなたにとって来るべき大変動は、どんなものだろう。気候変動で収穫が壊滅的な被害を受けたため、食料価格が高騰したため、あるいは国が武力紛争に巻き込まれて安全でなくなったため、追い詰められた大勢の人たちがいきなり脱出を始めるかもしれない。ハリケーンで街全体が破壊されたことや、海水の浸食で村全体が消滅したことがきっかけかもしれない。このように大変動は、大惨事のあとにいきなり始まるときもあるが、少しずつゆっくりと進行するときもある。国連の国際移住機関の予測では、今後三〇年間だけでも一五億人の環境難民が発生し、二〇五〇年以降は人数が急激に増えると考えられる。世界では温暖化がますます進行し、世界人口は二〇六〇年代半ばにピークに達するまで増え続けるからだ。大惨事によってすでに住み慣れた場所を離れた環境難民の数は、世界各地の紛争や戦争で発生した難民の一〇倍におよぶ。

いまの私たちは環境を変化させ、以前とは様変わりした新しい世界を創造している。生きとし生けるもののなかで、地球全体を大胆に変容できる能力を持っているのは私たち人類だけしかいない。このせっかくの才能は、人類を存亡の危機から救うために役立てるべきで、それには十分な分別を持ち、知恵を働かさなければならない。

実は私は最近、カナダとニュージーランドの地価をグーグルで必死に調べ回った。今後数十年間にわたって淡水と緑の草木が十分に確保され、私の子供たちが将来安全に暮らせる場所について目星をつけておきたかったからだ。しかしこれは、個人で対応できる課題ではないことを認めなければならない。もしも過去に例のない大移動に断片的なアプローチで臨み、環境破壊の影響が最も少ない場所で一握りの人が安全をお金で買うようになれば、生存の不平等が発生し、そのリスクが私たち全員を脅かすことになりかねない。富裕層が最貧層を寄せ付けないために障壁を設ければ、大勢の命が奪われ、恐ろしい戦争や不幸が引き起こされる可能性がある。こうした悲惨な状況は、いますでに少しずつ進行しているが、今後数十年間に予想通りの壊滅的な被害がもたらされたとき、大混乱の発生を許してはならない。そんな行為は道徳的に許されないばかりか、誰にも平和をもたらさない。むしろ私たちはグローバル社会として団結し、人類が引き起こした今回の問題に取り組まなければならない。私たちは地球に根差した生物種であり、ひとつの生物圏を共有している。自分たちの世界を新たな視点から見直し、持続可能な未来の実現に向けたニーズを満たすために、人間の集団の定住先として最もふさわしい場所はどこか、じっくり考える必要がある。

そのためには発想を大きく変化させなければならない。これからの人類は、持続可能性のある約束の地は一体どんな場所なのか、問いかけて答えを見つける必要がある。人類運命共同体の構築に成功すれば、地球での優位な立場を維持できるだろう。ただし、住む場所も食料の生産場所も、かなり狭い範囲に限定される展開は避けられない。これからの人新世〔訳注：人類が地球の地質や生態系に大きな影響を与えたとされる時代に対して提案された、地質時代における新しい区分〕の時代には、食料や燃料を確保して生活様式を維持するために、まったく新しい方法を考案する一方で、大気中の炭素の量を減らさなければならない。これからは限られた都市に人口を集中させると同時に、人口過密に伴うリスクの軽減に努めることが課題になる。停電、衛生問題、息苦しいほどの暑さ、汚染、伝染病の問題に取り組む必要がある。

そしてもうひとつ、少なくともそれと同程度に難しい問題が残っている。それは地政学的なマインドセットの克服で、自分は特定の場所に帰属しており、そこが自分の居場所だという発想を手放さなければならない。要するに、住み慣れた国を追われた難民として、誰もが地球市民という自覚を持つのだ。種族としてのアイデンティティの代わりに、人類という生物種としてのアイデンティティを持つべきだ。これからは国境に制約されない多様な社会への同化が必要で、極地に新たに建設された都市に住む可能性もある。必要とあれば、いつでも再び移動する準備を整えておかなければならない。

気温が一℃上昇するたびに、人類がこれまで何千年も暮らしてきた地域から、およそ一〇億人が追いやられてしまう。来る大変動が圧倒的な規模で致命的な結果をもたらさないうちに、何らかの対策を講じる時間は限られている。移住は問題ではなく、解決策なのだ。

私たちは移住すれば救われる。なぜなら移住を繰り返しながら、人類はいまのような姿に進化したからだ。

ここではまず、すべての人類の心には、遊牧民としての魂が宿っていることを理解してもらいたい。人類という生物種にとって、移住は正当かつ不可欠な要素である。何十万年も昔、私たちの先祖は住み慣れた場所を離れて移動を始め、その結果、どこでも暮らすことができる適応能力を身に付けた。おかげで私たちは、地球全体で活動する霊長類になったのである。

しかも、人類にはもっとユニークな点がある。自分たちが新しい場所に移動するだけでなく、自分たち以外の存在、すなわち他の動物や植物、水や原材料も一緒に移動させたのだ。こうして私たちは移住することによってネットワークを構築し、遺伝子を交換し、アイデアや資源を充実させていった。

そして最終的に強固なネットワークが出来上がると、もはや自分たちが移動する必要はなくなった。なぜなら、必要なものを地球のあちこちから、少しずつ集めることができるようになったからだ。要するに、移住はバーチャルな形で進行するようになった。他の動物と異なり、私たち人類は物理的な所在地にあるものだけを頼りに生存するわけではない。バーチャルな形で進行するモノの移動は絶えることがなく、その結果として様々なものが手元に集まり、すべての人の生活が支えられる。たとえば、いまこの段落をタイプしている私は、コンゴの岩盤から採掘された成分を使い、ベトナム製の服を着て、ランチにはペルー産のポテトを食べている。人類の生態系は地球全体を網羅して、地球の構造を作り直している。

これからの数十年間には、いくつもの危機に直面する。熱波や火事、洪水や海面上昇、異常気象、人口増加と人口動態の変動の同時進行など、様々な危機が考えられる。しかしそのすべての根底にはあるものが存在し、こうした危険因子を本格的な人道的危機に変えてしまう恐れがある。それは社会的不平等と貧困だ。気候変動は、しばしば脅威乗数だと言われる。すなわち最も影響を受けるのは、生活や生計の手段への脅威をすでに経験している人たちだ。彼らは劣化した環境や不安定な所得に苦しみ、貯蓄することも資源を確保することもできず、手頃な価格の健康保険を提供されず、衛生環境が劣悪で、ガバナンスがお粗末で、おまけに悲惨な状況を変化させる主体性も能力も持ち合わせていない。このように復元力が最も欠如している人は、気候変動の衝撃やストレスを最も強く受けてしまい、自分の能力では対処しきれない問題に苦しむ。要するに、いまは気候に関するアパルトヘイトにも直面している。

このあとの各章では、迫りくる危機の一部を取り上げ、それが私たちの世界や人間の集団にとって何を意味するのか探求する。あらかじめ警告しておくが、先行きは明るくない。しかし、気持ちを強く持ってほしい。なぜなら、問題の解決策はすでに手の届くところにあるのだから。

本書では、安全に住める場所はどこか、そこではどのように生活が営まれ、どれだけの人数が集まるのかという点に注目する。食料やエネルギーや水などの資源がどこで生み出されるかという点にも焦点を当てる。移民ではなく、移民を受け入れる側の人たちにとっても、生活は激変するだろう。環境の変化や膨れ上がる人口に適応して都市は用途を改める必要があり、その結果として似ても似つかないほど姿を変えるかもしれないが、これは以前よりもよくなるための絶好の機会としてとらえればよい。私たちが市民や商人として、あるいはグローバル社会のメンバーとしてお互いを評価し理解する方法は、この新しい世界によって大きく変容するだろう。

この激動の世紀はスムーズに進行するのだろうか、それとも武力紛争に巻き込まれ、人々が無駄に命を落とすのだろうか。どちらになるかは、地球規模のプロセスに私たちがいかにうまく対処して、お互いにどれだけ思いやりの気持ちを持つことができるかに左右される。今回の大変動に正しく対処すれば、人類にとっては、新たに地球規模の連合体が創造される可能性もある。

人類は協力するように進化しただけでなく、一カ所に落ち着かず移動するようにも進化を遂げた。私たちを待ち構える大混乱は未曽有の規模になるだろうが、人類は長い歴史を通じて同じような適応を繰り返してきた。いまは再び本来の能力を発揮して、住む場所を柔軟に変更する時期が到来したのだ。

そしてこれは、私たちがお互いに依存しているだけでなく、人類という生物種が自然界に依存していることを認識できるチャンスでもある。すべての人類を守るためには、自然界の健全な機能を回復させなければならない。本書の最後では、地球の居住可能性の回復に注目する。それが実現すれば、多くの人たちが再び熱帯で暮らせるようになる。そのためには、今世紀の特徴でもある危険な気温の上昇を逆転させなければならない。具体的にはエネルギーシステムの脱炭素化を進め、大気から炭素を取り除き、太陽光線を宇宙に跳ね返す方法などが考えられる。最先端の技術イノベーションについても紹介するが、九〇億の人類にとって公正な世界を創造するためには、政治や社会や外交の分野での対立をうまく解決する必要がある。本書を読んでいるあなたがイデオロギー的にどんな立場であろうとも、本書で紹介するアイデアの数々に偏見のない心でアプローチしてもらいたい。過激な社会的解決策は「怪しげで」「非現実的」だとか、技術的な解決策は「不自然で」「危険だ」と頭から否定する衝動を抑えてもらいたい。私たち人類は、社会性を備えて技術を駆使できる霊長類だ。社会や技術の分野での並外れたスキルを利用して問題を解決していくが、人類の歴史上最大の危機に見舞われた今回は、総合的なアプローチで臨まなければならない。技術の大胆な変化も社会の根本的な変化も、どちらも簡単で快適な選択肢ではないし、重要な課題を伴う。しかしいまの状況では、ほかの選択肢はほとんど残されていない。本書には、前進する最善の方法に関する私の評価をまとめた。

移住のストーリーは、子供時代の私の人格を形成した。私は常に、よそからやって来た人たちに興味を惹かれてきた。難民と移民の娘であり孫である私は、三つの大陸で暮らした経験があり、世界各地を旅して回った。最も長い旅は二年半におよび、最初の著書の調査のために五〇カ国を訪れた。このときは住み慣れた家を失うことがどんな意味を持つのか、君主や大統領や貧しい住民から話を聞かせてもらった。特に印象的だったのはモルディブとキリバスの大統領で、どちらも気候変動の影響で国土が消滅する可能性に直面し、厳しい決断を迫られていた。あるいは、インドとバングラデシュを隔てるガンジス川に一時的に姿を現しては消える泥の島々に暮らし、国籍を持たない「チャール・ピープル」も訪れた。さらに、アフリカや中米の狩猟採集民とも暮らしたが、彼らにとって住む場所は、ひとつの場所に定まらない。私はこの一〇年間、深刻化する一方の環境の変化の科学的解明に力を注いできた。人新世の現在、大気の温度は上昇し、農地の拡大によって生物多様性は失われ、人類が未だかつて経験したことのない現象に世界は見舞われている。私は野生動物や人類の生活にもたらされる脅威や危険について執筆し、この新しい世界にどのように適応できるのか、ラジオやテレビの番組を制作して訴えてきた。しかし、何百万もの人々にとって最も重要な適応策であり、唯一の選択肢になりつつある要素についてはは滅多に言及せず、ほとんど提唱してこなかった。それは移住だ。

科学者としての訓練を受けた私は、現在直面している気候変動の多くが数世紀とまではいわないが、数十年間は解決されないことを理解している。地球の気温はすでに上昇しているが、それでも私たちは二酸化炭素を排出し続けている。早くしなければ、行動の機会は閉じられてしまう。

第1章　嵐

二一世紀の気温上昇

予測には圧倒される。環境も社会も人口も、これからは大惨事が待ち受けている。都市は水没し、海はよどんで悪臭を放ち、生物多様性は失われ、耐え難いほどの熱波に襲われる。世界中の国が居住不可能になり、世界の人口はおよそ一〇〇億に達する。気温が三～四℃上昇した世界はとんでもない悪夢だ。しかも予測によれば、そんな未来に数十年のうちに突入する。

私たちが直面する問題は連鎖的なもので、様々な問題が絡まり合った結果、人類にとって壊滅的な現象が雪崩（なだれ）のように押し寄せている。世論調査によれば、いまや世界中のほとんどの人が、人類は「気候の緊急事態」に直面していると確信している。[1] しかしこの不安を煽（あお）る表現からも、大惨事のとんでもない規模はわからない。いまはまさに、地球全体で社会が崩壊する可能性がある。

二〇二二年、大気中の二酸化炭素の量は四二〇ｐｐｍに達した。これはすでに、少なくとも過去三〇〇万年のいかなる時期も上回っている。[2] 地球温暖化は、人類が進化の歴史を通じて経験したことがないレベルまで進み、ペースは速くなる一方だ。いまや、人類が招いた地球温暖化の影響で気候は急激に変化しているが、私たちが知っているかぎり、これよりも深刻な出来事はひとつしかない。中生代白亜紀と新生代古第三紀の境目にあたる六六〇〇万年前、地球に隕石（いんせき）が衝突した途端に大惨事が引き起こされたときぐらいだ。これで恐竜が絶滅したのは有名な話で、およそ六〇〇～一〇〇〇ギガトンの二酸化炭素が（他にも大量に発生した気候変動ガスと一緒に）放出された[3]。いまでは私たちが小惑星そのものであり、六〇〇ギガトンの二酸化炭素をわずか二〇年で放出している。

私たちは隕石衝突と同じ危険な状況に地球を追い込んでおきながら、差し迫った惨事への備えを怠っている点では恐竜とほとんど変わらない。これまでのところ世界中が、貧困、気候変動、生態系の崩壊という三つの危機への対応に失敗している。どれもあっという間に大きく膨れ上がり、誰よりも社会的弱者の救済が必要とされる。

ここでは気候変動について考えてみよう。私たちが放出する二酸化炭素によって大気や海の温度が上昇し、異常気象が引き起こされる結果、海面が上昇するだけでなく、世界中で降雨のパターンが変化していることはわかっている。これが危険な状況であり、二酸化炭素の放出を大幅に削減する必要があることもわかっている。二酸化炭素を大気中に放出しないだけではなく、もっと低く抑えなければならない。要するに、「ネットゼロ」〔訳注：大気中に放出される量と大気中から除去される量が同じで、放出量が正味ゼロとなっている状況〕で満足せず、すでに存在している二酸化炭素の量を安全なレベルまで削減する必要がある。どれもみんなわかっていることだが、経済や文化や技術が複雑に組み合わされた人間のシステム――私たちもその一部だ――は圧倒されるほど巨大で、移行は遅々として進まない。このままでは、今世紀中に気温が四℃上昇する可能性が現実味を帯びてくる[4]。

こうした気温上昇の大きな理由は、世界のエネルギー消費量の増加で（このあと何十年も増加し続けると予想される）、しかもこのエネルギーのほとんどは、化石燃料の燃焼によって生み出される。そうなると、地球温暖化を物理学の視点からとらえるなら、必要な選択肢に迷いはない。エネルギーの消費量を大幅に減らし、化石燃料の燃焼で発生した二酸化炭素を大気圏に進入する前に封じ込め、炭素を燃焼させずにエネルギーを生み出さなければならない。ただしこうした物理方程式が、社会経済や政治のシステムに支えられた現実の人間の世界に組み込まれると、当然ながら事態はさらに複雑になる。世界を脱炭素化して地球温暖化を解決することなど簡単だというのは戯言で、そんな発言をする人は誰でも愚か者か偽善者のどちらかだ。今回の問題は、人間社会がこれまで直面した問題のなかでも最も複雑で、解決が難しい。しかも人類は、問題の解決を自分で難しくしている。すなわち、豊かな世界で既得権益を享受する人たちの行動によって問題解決は遠のき、それ以外の人たちは余計な苦労を背負い込んでいる。なかでもグローバル・サウスの最貧層は、気温が上昇した世界の影響を最も受けやすい。私たちがこうした問題を引き起こしたのは、人類として様々な能力や欠点を併せ持っているからだ。だから、人類として問題の解決に当たるしかない。

世界が行動を起こし始めた明るい兆しはいくつも確認されている。まず、地球温暖化の危機が人間によって作り出されたことは、いまでは世界中のほとんどの人が認めている。地球の平均気温が産業革命前よりも一℃上昇した二〇一五年、各国政府の代表がパリに集まり、気温上昇を二℃未満に抑え、二一〇〇年までの上昇を一・五℃以内にする「努力目標を立てた」。二〇二一年のグラスゴー気候合意には国別排出削減目標が盛り込まれた以外にも、パリ協定の目標達成に向けた重要な対策が決定された。なかでも注目に値するのが、再生可能エネルギー発電量の目標値を大幅に引き上げたことだ。いまでは既存の石炭火力発電所を使い続けるよりも、太陽光発電所や風力発電所を新たに建設するほうが安上がりになった。イギリスでは、再生可能エネルギーの発電量が、化石燃料の発電量をすでに定期的に上回っている。しかも、再生可能エネルギーのコストの大幅な低下と同時に、能力の向上も進んでいる。ソーラーパネルも風力タービンも充電池も電気自動車も、改良されて効率が高くなった。さらに、こうした形で生み出された電気を送電網に送り出す技術も大きく向上した。再生可能エネルギーに関しては、何もかも改善する一方だろう。

こうした進歩に期待を膨らませるかもしれないが、残念ながら排出量の減少はむろん現状維持でさえ、この程度ではとても達成できない。気温上昇を一・五℃以内に抑えるためには、全世界の排出量を二〇二五年までに半減し、二〇五〇年までにネットゼロを達成する必要がある。ところが現実には、温室効果ガスの排出量は相変わらず増え続け（新型コロナのパンデミックで大型工場が操業を停止しても、年間排出量は増え続けている）、気温は上昇し、氷の融解は進み、気候変動は悪化する一方だと科学者は予測する。実際、今日の二酸化炭素レベルは、産業革命前の平均を五〇パーセント以上も上回っている。

今世紀末までに気温上昇を二℃未満に抑えることはおろか、一・五℃以内という「無難な」目標を達成することも、このままではとても不可能だと多くの科学者が考えている。ほとんどの国では、国別排出削減目標の達成に向けた進歩が十分とは言えない。かりに忠実に達成されたとしても、国家目標そのものが不適切なので、気温上昇を二℃未満に抑えるための役には立たない。おまけに、多くの国は温室効果ガスの排出量をかなり過少申告しているので、気候変動対策に関する誓約を行なっていても、欠陥のあるデータに基づいている。排出量の多さでは世界第一位の中国と第三位のインドは、二〇二〇年に比べて二〇三〇年には排出量が増えると予想される。そして二〇二一年には、北極圏内に位置するフィンランドの都市サッラが、二〇三二年の夏季五輪の開催地に立候補する意向を表明した。北極海では二〇三五年、氷のない夏が初めて到来すると予測されている。

気候モデルの予測によれば、気温の上昇はこのまま続き、二一〇〇年には産業革命前よりも三℃から四℃高くなるという。これが地球の平均気温であることを忘れてはいけない。この計算から海を取り除くとどうなるか。極地や人々が現在暮らす陸地では、気温の上昇が二倍になる可能性がある。つまり二一〇〇年までには、気温が一〇℃上昇するかもしれない。まだ先の出来事だと思うなら、その頃まで誰が生きているか考えてみるとよい。たとえば私の子供たちは八〇代になって、彼らの子供は中年になり、孫もいるだろう。いまの私たちの行動が、子供や孫の世界を形作っている。そしてそれは、いまとは様変わりした世界だ。

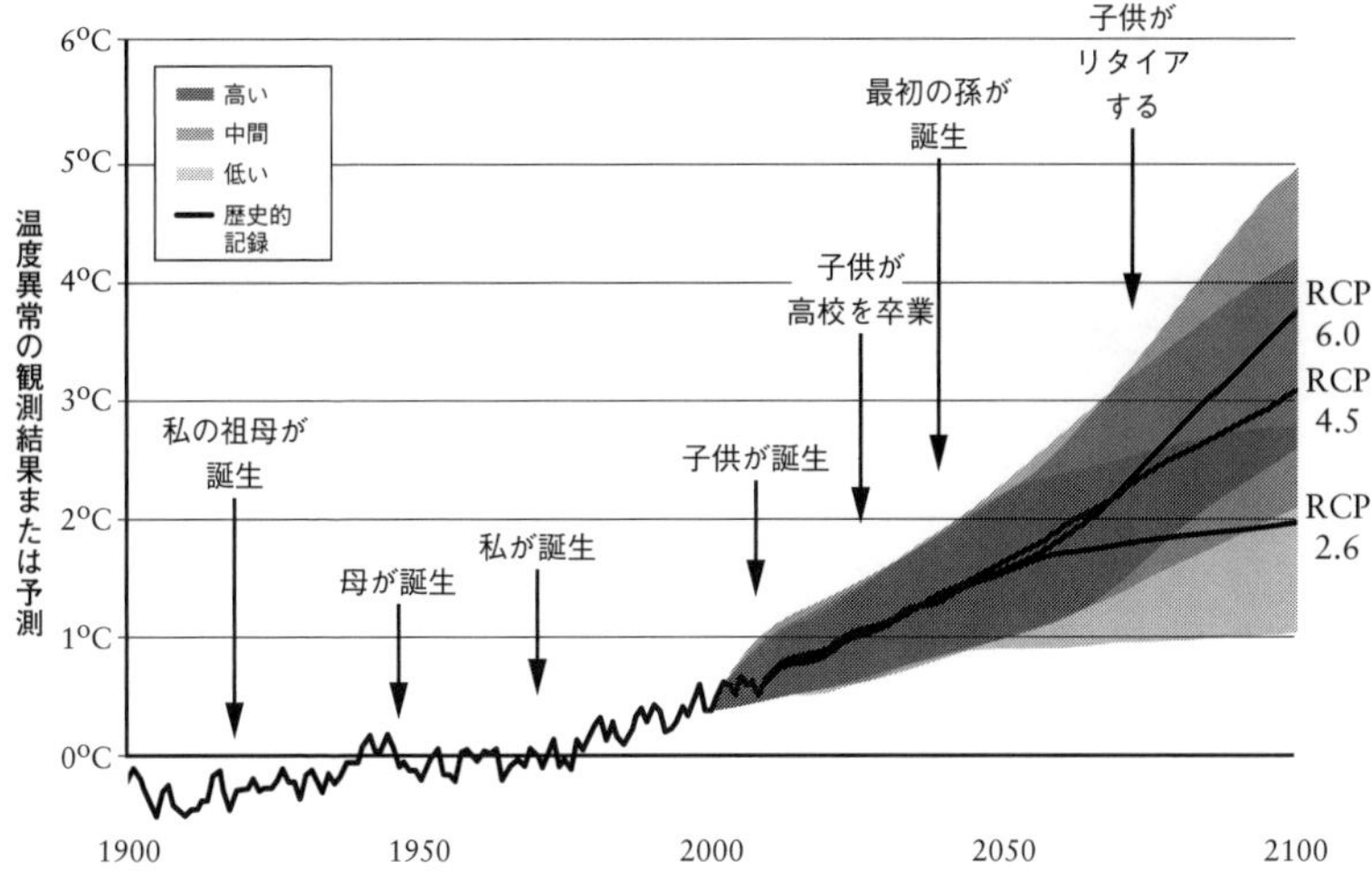

地球温暖化の進行：あなたが生きているあいだに気温はどれだけ上昇するか。

ではここで、今世紀末までに地球の平均温度が四℃上昇する可能性について考えてみよう。これは間違いなく実現可能で、ほとんどの人が認識している以上に可能性が高い。だから私がその理由を説明しても、我慢してお付き合い願いたい。未来の排出量に関しては様々なシナリオが考えられるが、気候モデル専門家はそれぞれのシナリオに基づいて気温の変化を予測している。たとえば「気候変動に関する政府間パネル」（ＩＰＣＣ）は、四つの異なる経済的シナリオを描き出し、今後一世紀にわたる地球の変化の可能性を示した（総称して代表濃度経路、略してＲＣＰと呼ばれる）。「ＲＣＰ８・５」は、経済活動で脱炭素化がほとんど進まず、従来通りの方針を続けた場合のシナリオ。「ＲＣＰ６・０」は高位安定化シナリオで、排出量が二〇六〇年にピークに達してから急激に減少する。「ＲＣＰ４・５」は中位安定化シナリオで、排出量は二〇四〇年にピークに達してから減少する。「ＲＣＰ２・６」は、排出量が最も低いシナリオ。二〇二一年に開催されたＣＯＰ26（国連気候変動枠組条約第二六回締約国会議）で

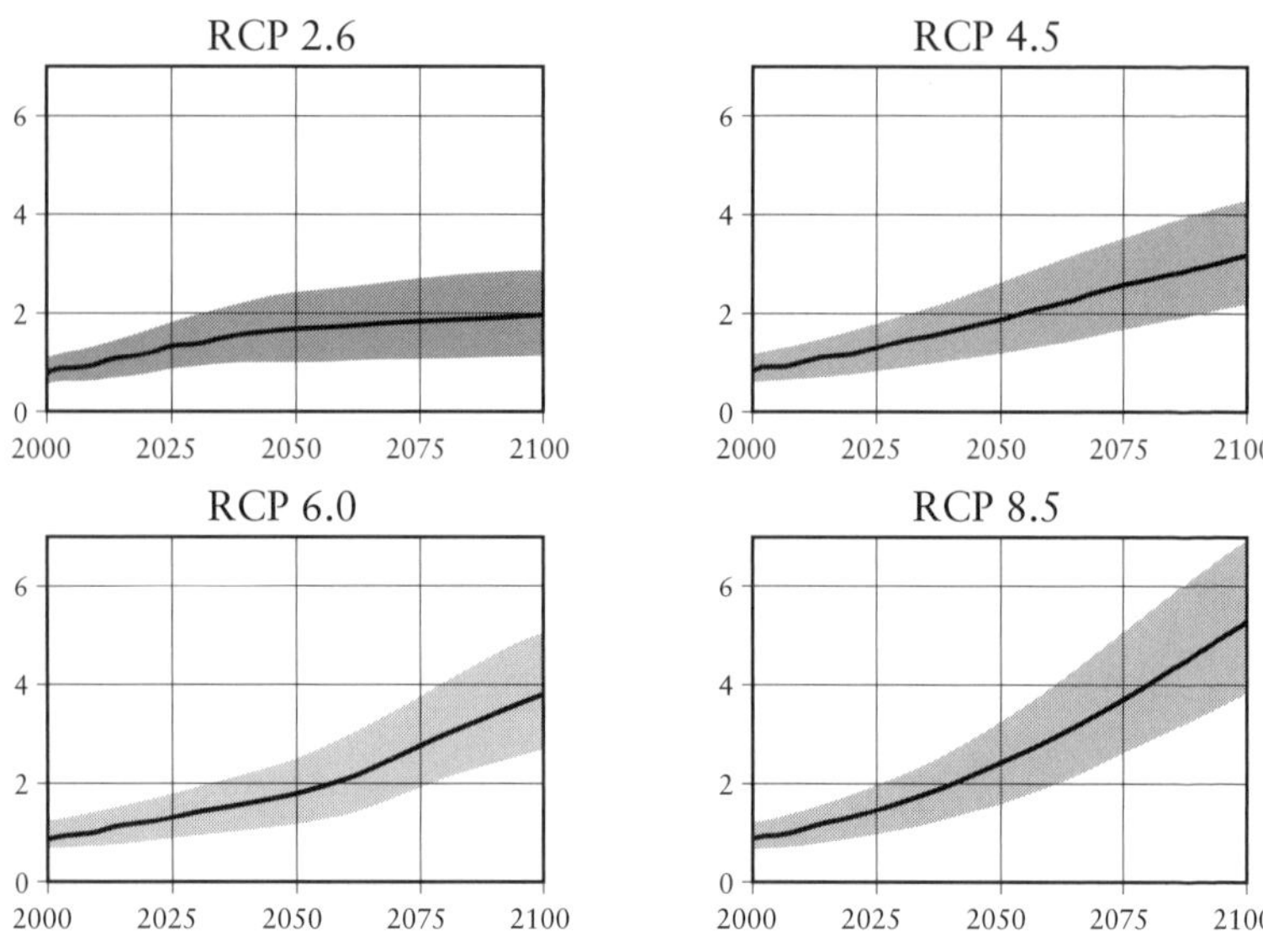

気温はどれだけ上昇する可能性があるか

イギリス気象庁は、世界経済が排出量削減を目指す道筋を複数想定してモデル化し、それぞれに関して世界の平均気温の上昇を予測した。気温は、濃い色の部分のどこかに当てはまる可能性がある。

締結された現在の政策が実行されれば、未来はＲＣＰ４・５とＲＣＰ６・０のあいだに落ち着くと予想され、ＲＣＰ４・５のほうがわずかに可能性は高い。つまり二一〇〇年までに気温が四℃上昇する可能性は、まずまず高いと予測される(5)。しかし実際には中位安定化シナリオでも、二一〇〇年よりも早く気温が四℃上昇する可能性はあるし、ひょっとしたら二〇七五年までに実現するかもしれない。

　ちなみに私は、イギリス気象庁が地球の年平均地表温度の変化を（産業革命前と比較して）グラフで描き出した予測を使っている。排出量のシナリオが先ほどと異なるのは、現実世界のシステムを計算に入れているからで、先ほどのシナリオよりも複雑になる。たとえば土壌の温度が上昇すると、生体由来物質の腐敗は

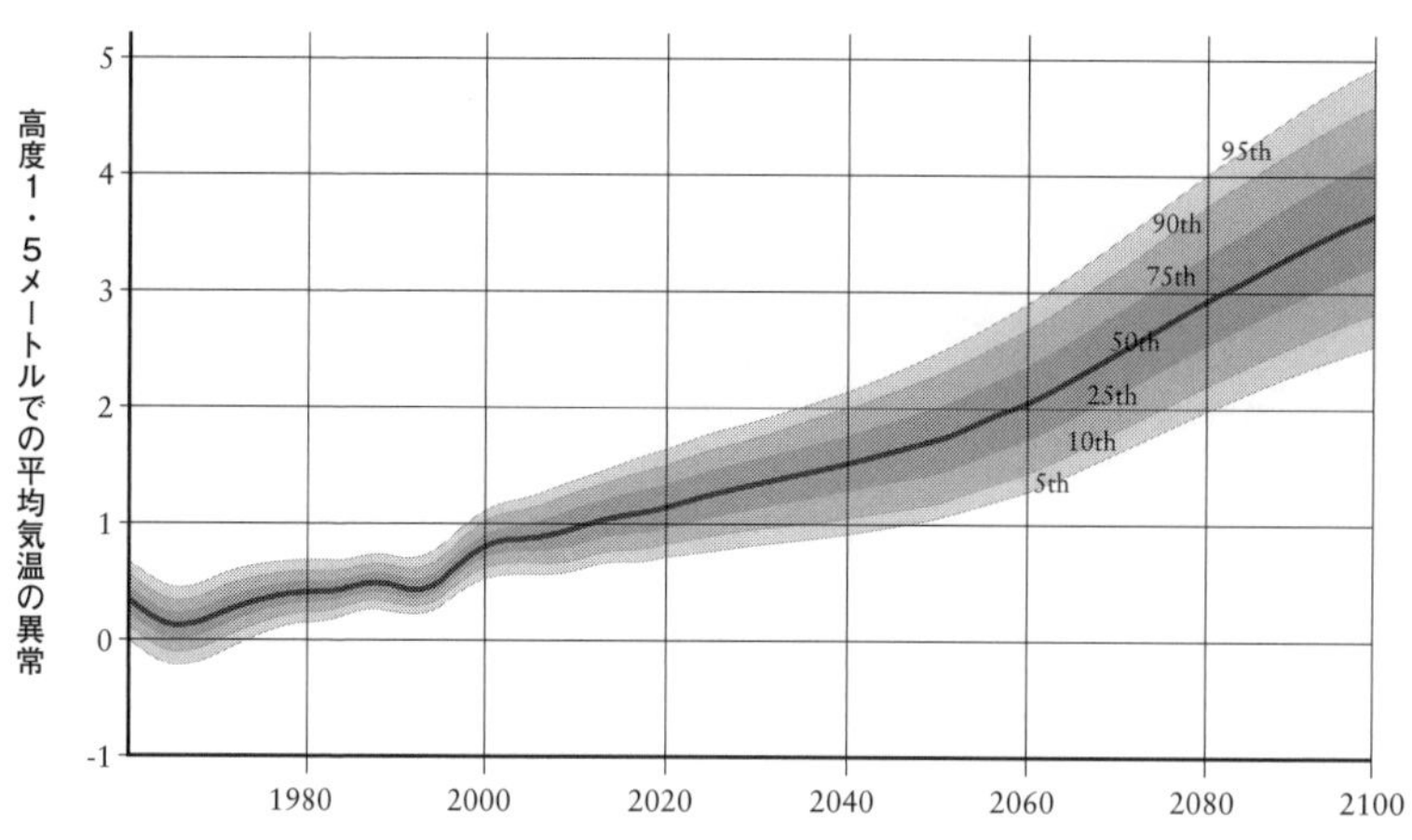

世界が中の上程度の排出量削減のシナリオ（RCP 6.0）に従ったと仮定して、「現実世界」のシステムを計算に入れた場合、産業革命以前のレベルよりどれだけ気温が上昇するか予測した結果（イギリス気象庁）。

速く進行し、その分だけ速く大量の二酸化炭素が大気中に放出される。これらについてまとめた右肩上がりの折れ線グラフからは、モデリングシステムのなかの複合的な不確実性に関する最良の推定値が得られる。たとえば、雲や水蒸気についても評価されるが、一般的なＩＰＣＣの予測ではどちらも取り上げられない。このモデルへの理解が進むと、右肩上がりの折れ線グラフの幅は小さくなるかもしれないが、永久凍土の融解や火事など、まだ十分に詳しく解明されない事柄は残されている。

一〇年ごとに地球の温度が数度ずつ上昇しても、多くの人は特に気にならないだろう。しかし、急激な温度上昇が引き起こす極端な現象は、差し迫った問題として感じられる。熱波、鉄砲水、猛烈なハリケーン、壊滅的な山火事などは、人々の生命を脅かす。

気がかりなのは、いまは穏やかなシナリオを上回るペースで事態が進行している微候が見られることだ。二〇二一年に公表された研究結果によれば、氷の融解は記録的な割合で加速しており、Ｉ

PCCの最悪のシナリオ通りに氷が失われている。[6] 陸からは氷全体のおよそ半分が失われ、それが世界的な海面上昇を招いている。グリーンランドと南極では氷床の融解が過去に例のない速さで進み、このままでは今世紀末までに海面が一メートル上昇する。二〇二一年末には、スウェイツ氷河に大きな亀裂が入り、拡大し続けているという研究報告があった。[7] この巨大な氷河は南極西部に位置し、面積は大ブリテン島やフロリダ州に匹敵する。氷河の棚氷(たなごおり)が五年以内に崩壊して海に漂流すれば、連鎖反応によって氷河全体の崩壊が一気に進むと警告されている。スウェイツ氷河が完全に失われれば、海面はさらに六五センチメートル上昇する可能性がある。しかも、周辺の氷河が巻き込まれて一緒に崩壊すれば、一気に数メートルも上昇するかもしれない。この二五年間には、少なくとも二八兆トンの陸氷が失われた。研究者の計算によれば、これはイギリス全体を一〇〇メートルの厚さの氷床で覆うことができる規模だという。一方、明るく輝く氷が失われると、往々にして色の濃い岩や海が露出する。その結果、太陽の熱は反射されずに吸収され、気温の上昇が加速する。二〇二一年、北極を調査した研究者からつぎのような発表があった。グリーンランドの氷床のかなりの部分はいまや転換点の瀬戸際で、そこを過ぎると、たとえ地球の温暖化が食い止められたとしても、氷床の融解が加速する事態は避けられない。[8] あらゆる事柄を考慮すると、二一〇〇年までに地球の気温が四℃上昇する可能性は高く、それに対する十分な備えが必要とされるだろう。

気温が四℃上昇した世界

地球全体の気温が平均して四℃上昇すると、これまで人類が経験してきた地球はなくなり、認識できないほど様変わりするだろう。

世界の気温が四℃上昇したことは以前にもあった。それは人類誕生よりもはるか昔、およそ一五〇〇万年前の中新世の出来事だ。当時は北米大陸の西部で火山の大噴火があって、大量の二酸化炭素が放出された。海面は、今日よりもおよそ四〇メートル高くなった。アマゾン川は逆流し、カリフォルニアのセントラルバレーは大海原になった。外洋はヨーロッパからカザフスタンまで広がり、インド洋も取り込む一方、南極にも北極にも緑豊かな森が生い茂った。大気中の二酸化炭素濃度はおよそ五〇〇ppmにまで上昇する。今日なら、二酸化炭素の排出量を最も思いきって抑えた場合の楽観的なシナリオに匹敵する数字だ。ただし、この地球温暖化は何千年もかけて進行したので、動物にも植物にも適応する時間があった。しかも当時は、世界の生態系が人類によって損なわれていない。

人類にとって、二一〇〇年の世界は暗澹たるものだ。生物種は生息地から移動して、新しい環境に何とか適応しようとするが、結局はその多くが絶滅に追いやられるだろう。海には広大なデッドゾーンが広がる。温度が上昇した海水に汚染物質が流れ込むと、藻類が大量に発生し、海洋生物の生存に欠かせない酸素が欠乏するからだ。おまけに、二酸化炭素が海水に溶け込むと酸化が進み、甲殻類やプランクトンやサンゴが大量に死滅する。気温が二℃から四℃上昇すれば、二一〇〇年よりもずっと以前にサンゴ礁は消滅する。魚を育ててくれるサンゴ礁がなくなれば、魚の生息数も地球全体で激減するだろう。

二一〇〇年の時点では、海面はおそらく二メートル上昇するだろう。その頃には、氷のない世界の実現がかなり近づいている。グリーンランドや南極西部の氷床が転換点を超えてしまえば[9]、その後の数世紀は海面がいまより少なくとも一〇メートルは上昇する。さらに二一〇〇年の時点では、他の氷河もほとんど消滅すると思われるが、そのなかにはアジアの多くの重要な河川の水源となっている氷河も含まれる。

湿度が高い赤道ベルトは幅が太くなり、アジア、アフリカ、オーストラリア、アメリカ大陸の熱帯地域は極端な暑さに見舞われ、一年の大半は居住不可能な場所が増えるだろう。暑さに強い生物種から成る熱帯林は、この湿地帯でも十分に生い茂る可能性が高い。人間が建設したインフラや農業が消滅すれば、二酸化炭素の吸収量が増えて濃度が低下するだろう[10]。ただし新しい気候条件は、生長が遅い樹木よりもブドウのようなつる植物に適している。この湿地帯の南と北は広大な砂漠で、ここもやはり農業や人間が居住する可能性は排除される。一部のモデルによれば、砂漠の環境はサハラから中欧や南欧にまで広がり、ドナウ川やライン川などは干上がるという。

南米の未来を予測するモデルによれば、大西洋から吹いてくる貿易風の勢力が弱まる結果、アマゾンは乾燥して火災が増え、熱帯雨林は草地に姿を変えるという。アマゾンにとってそんな転換点は、森林破壊が引き金となって到来する。残された森林は、湿度の高い生態系を構築して維持するので、多少の干ばつには対処できる。しかし、伐採されて劣化した森林からは、湿気が容易に失われるため、サバンナのような状態になってしまう。二〇五〇年までにアマゾンを含む熱帯雨林では、二酸化炭素の排出量が吸収量を上回る可能性が高い。

そんな未来は間違いなく、いまよりも恐ろしくて危険な世界だ。温暖化が進めば地球のかなりの部分が居住不可能になり、食料の確保にも苦労するだろう。いま食物を育てている場所の多くは、ヒートストレスや干ばつの影響で農地として使えなくなる。激しい雨が降るようになっても、土壌の温度が上昇すれば水分の蒸発が速くなり、新鮮な水の確保にほとんどの人が苦労するだろう。世界の食料価格が高騰すれば、飢えに苦しむ何千万もの人たちが路上や都市、さらには国境の向こうに追いやられる。今日、海抜が低い島や沿岸地域の多くには地球の全人口の半分ちかくが集中しているが、海面が上昇すれば居住不可能になってしまう。その結果、二一〇〇年までにはおよそ二〇億の難民が発生するという予測もある[11]。

気温が四℃上昇した世界など、考えるだけでも恐ろしい。何十億もの人々が住む場所を奪われる。そんな世界が実現しないことを願うばかりだ。産業革命前よりも気温が一・二℃上昇した現在でも、すでに世界中の場所が過去一〇万年以上なかったほどの暑さを経験している[12]。南極に緑の森が生い茂るような様変わりした世界を未だに経験していないのは、変化には時間がかかるからにすぎない。いまや世界中のシステムが様々な変化に対応しつつあるが、近年になって大気に引き起こされた変化への対応はまだ完了していない。それには数世紀を要するだろう。

私たちは地球の歴史でも稀（まれ）にみるほど安定した気候に守られて安全に暮らしてきた。おかげで作物は十分に育ち、文明も発達したが、いまやそんな時代も終わりつつある。[13] いや、新しい時代はすでに始まっている可能性もある。その証拠に、私たちはつぎつぎと発生する異常気象に翻弄されている。気がかりなのは、地球の水循環の変化だ。水は蒸発したあと、雨になって地上に降り注ぐパターンが世界中で繰り返されてきたが、気候モデルの予測によれば、循環のスピードがすでに二倍に達し、今世紀末までには最大で二四パーセント加速するという。[14] そうなると、さらに猛烈なハリケーンが頻繁に発生し、大量の雨が降り注ぐだろう。その結果、地球の大事な気象系に変化が引き起こされる可能性も否定できない。そのひとつが熱帯収束帯（ＩＴＣＺ）だ。これは熱帯付近に形成される低気圧地帯で、北半球と南半球の貿易風が合流する領域でもある。ＩＴＣＺではモンスーンが生まれる。そして分布する地域には変動があるので、歴史を通じて生命を育んでくれるときもあれば、死をもたらすときもあり、おそらく古代マヤ文明の衰退にも関わっていたと思われる。地球の温暖化にこれからＩＴＣＺがどのように反応するか、気候モデルの予測は意見が分かれるが、これからの世界は深刻な干ばつに頻繁に見舞われる一方、それとは正反対の猛烈な嵐や洪水も経験するだろう。

二〇三〇年代初めに気温が一・五℃上昇するという予想でさえ、大変な事態だ。ここまで温暖化が進むと、地球の全人口のおよそ一五パーセントが、少なくとも五年ごとに猛烈な熱波にさらされる。一五パーセントといえば一三億人になるが、二℃上昇すれば影響を受ける人は三三億人にまで増える。気温が二℃上昇した地球は、不作に見舞われる機会が倍増し、漁獲高は半減するだろう。しかも海面はすでに、最も悲観的な予測を上回るペースで上昇している。[15]

私たちは生物多様性に依存しているが、未来の世界では大事な生物多様性が失われ、火災から干ばつに至るまで、負の衝撃がいくつも混じり合って常に押し寄せてくる。数十年以内には、世界は紛争が多発して大混乱に陥るリスクもある。そうなれば多くの人命が失われ、ひょっとしたら私たちの文明も終焉（しゅうえん）を迎えるかもしれない。

第2章　人新世の四騎士

世界を一変させる四つの問題

気候変動は脅威乗数であり、人々が社会や環境や経済の分野で直面する他の問題を悪化させる。火事、猛暑、干ばつ、洪水の四つは、今世紀に私たちの世界を一変させるだろう。この人新世の四騎士〔訳注：新約聖書の『ヨハネの黙示録』に記述がある四人の騎士になぞらえている〕によって、世界は人類にとって住みにくい傾向をますます強めている。それでは、ひとつずつ紹介していこう。

火事――人々が立ち退きを迫られる

オーストラリアのニューサウスウェールズ州の南海岸で暮らすヘレンおばさんは、二〇二〇年の初日の出を見られなかった。元旦の空は煙と灰で真っ黒に覆われ、その暗闇で、同じように不気味なオレンジ色の炎が昼夜を問わずめらめらと燃え続けた。その日、おばさんは荷物をまとめて浜辺に避難した。他にも、自宅が炎に囲まれた何百人もの住民が、犬や猫、馬や鶏を連れて避難してきた。道路は通行不可能になり、炎が雷鳴のような音と共に燃え広がるなか、コミュニティ全体が安全な場所を求めて水の近くに避難した。それでも炎はどんどん迫ってくる。最後は潮が満ちたおかげで、ボートによって救助された。

数日後、同じ浜辺には何千羽もの鳥の死骸が打ち上げられた。アカクサインコ、ミツスイ、ヒインコ、コマドリ、キンショウジョウインコ、ムナグロシラヒゲドリ、キイロオクロオウム。いずれも海に避難したが、煙を吸い込んで衰弱したすえに命を落とした。

ヘレンおばさんは数週間のうちに自宅から二度の避難を余儀なくされたが、同じ州の北部の田舎に住む姉のマーギおばさんは、一度の避難ですんだ。しかも事前警告があったため、貴重品や写真や書類を持っていくことができた。火事が収まると、マーギおばさんは自宅近くで消火活動に加わった。防具を装着し、七五歳の老体の背中に水をかついで険しい林道を上り下りして、黒焦げになった樹木のあいだでくすぶる地面に水をかけた。

「大変な重労働で、怖かったわ」とおばさんは言いながらも、これはニューノーマルだと認める。火事と共に生きるとは、こういうことなのだ。火事がいつ発生するかわからず、ストレスから決して解放されず、いつでも避難できるように荷物をまとめ、地元のコミュニティに頼り、汚染された空気を吸い込む。資産価値は減少し、保険に加入できても料金はうんと高く設定される。そして大きな火事が発生するたび、地元のコミュニティは衰退していく。なかには火事のリスクが高すぎて、存続できなくなった場所もある。小さなコミュニティは地図から消去され、拡張計画は否定される。人々が安全に暮らせる場所は、オーストラリアで減少する一方だ。

もしも世界中が新型コロナのパンデミックに襲われなければ、二〇二〇年は衝撃的な「パイロセン」として幕を開けていただろう。パイロセンとは炎の時代、すなわち火新世を意味する。[1]この年の新年を何百万ものオーストラリア人が、むせかえるような煙のなかで過ごした。山火事はすさまじく、これまで想像もできなかったほどの猛威を振るった。火事はあちこちで燃え広がり、記録的な熱波が押し寄せ、リスクの高い地域からの退去を一〇万人以上が勧告され、同国で最大規模の避難が始まった。

このオーストラリア史上最悪の森林火災は、いまでは「ブラックサマー」と呼ばれるが、これは気

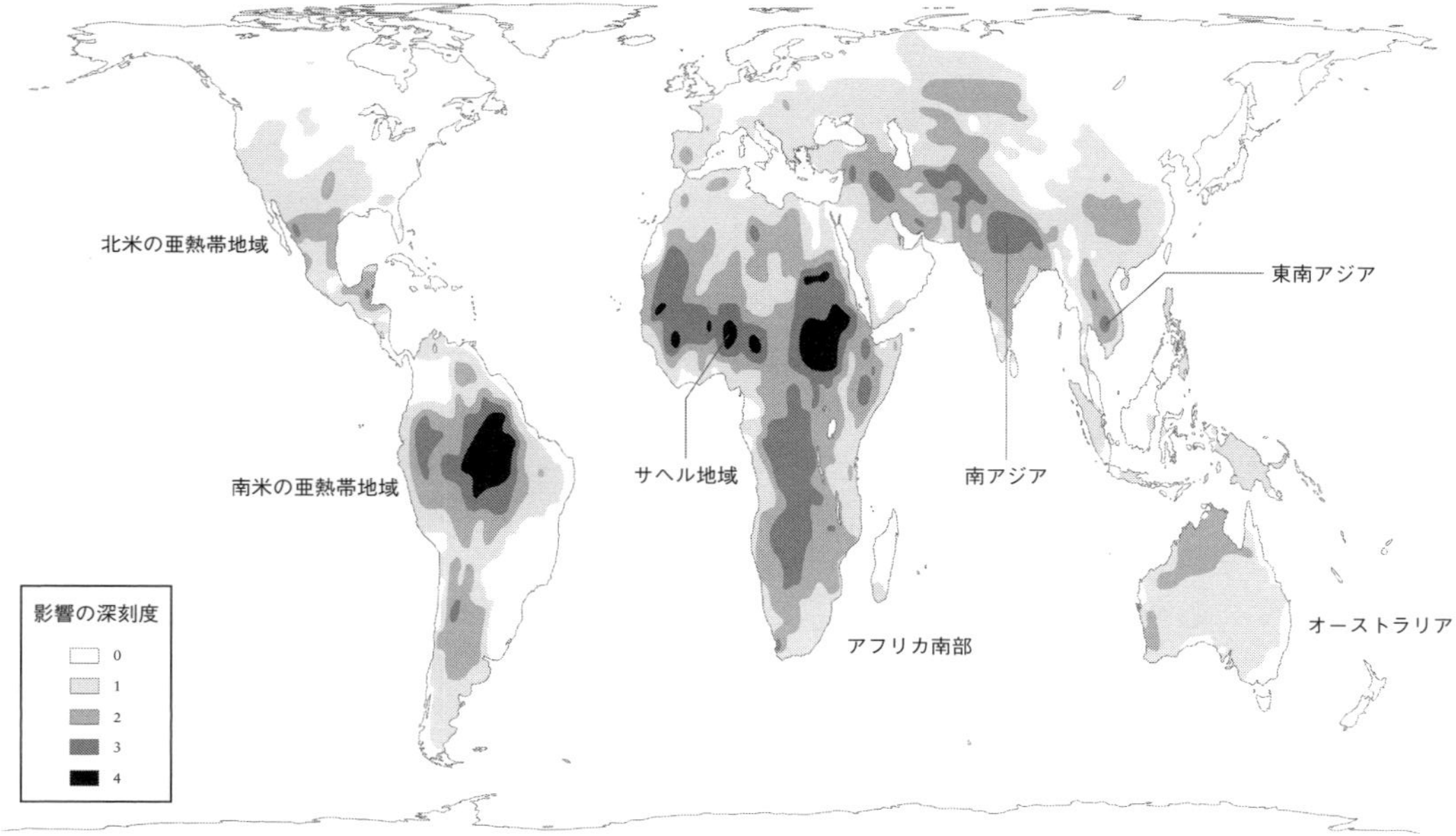

この地図は、産業革命以前よりも地球の気温が4℃上昇したと仮定した場合、複数の深刻な影響が同時にもたらされる地域を示した。影響には、熱中症のリスク、川の氾濫、干ばつ、山火事のリスクなどが含まれ、現在の食料不足の指標も考慮された。

候変動の直接的な結果としてもたらされた。二〇一九年は、オーストラリアで最も暑く、最も乾燥の激しい年だったのだ。いまやこうした出来事は「ノーマル」になり、その影響は今後何十年間も続くだろう。森林から遠く離れた都会に暮らす人たちも煙に圧倒され、有害な汚染物質に何カ月間も苦しめられた。全人口の八〇パーセント以上が影響を受け、三四人の命が失われ、六〇〇〇棟の建物が崩壊した。しかし、本当の被害はそれだけではない。煙による汚染で四〇〇人が早すぎる死を迎え、おそらく胎児や新生児にも影響はおよぶ。煙による死者は、炎による死者の一〇倍にのぼった。オーストラリアは移民の国で、移民の人口は増え続けている。しかし、耐え難い暑さや煙との戦いに一年の四分の一から半分を費やすような国に、これからもわざわざ住むことを選ぶだろうか。

火事は在来種に恐ろしい影響をもたらした。逃げまどうカンガルーや鳥を撮影した写真を見せられ、世界中の人たちが胸を痛めた。木の上で立ち往生したコアラは、炎に包まれて絶叫しながら命を落とした。三〇億頭ちかくの野生動物が全滅し、現代史上稀にみる惨事が生態系にもたらされた。とにかく壊滅的な被害がもたらされたため、オーストラリアの科学者はこれをオムニサイド、すなわち皆殺しと呼んでいる。燃えては若返るサイクルを繰り返して生長した樹木に支えられてきた森も、これほど激しい山火事が各地に広がって頻繁に発生するようになると、さすがに回復力を失いつつある。

オーストラリアのブラックサマーで猛威を振るった山火事は、世界の傾向を反映している。カリフォルニアからブリティッシュコロンビア、ヨーロッパ、そしてアジア、アマゾン、インドネシアに至るまで、山火事はあちこちで深刻化している。森林はもともと湿気が多いが、気候変動によって高温で乾燥した状況が発生したため、落雷で発火しやすくなった。おまけに、冬の雪や雨の量は減少した。さらに侵入性の害虫が大量発生した結果、樹木は燃えやすくなった。カリフォルニア州は二〇二〇年に過去最悪の山火事を経験し、およそ一六八万ヘクタールが焼きつくされ、一〇万人が避難して、およそ三〇人の命が奪われた。[2] 強風地域では、垂れ下がったり破損したりした送電線が発火する事態を防ぐため、一部の電力会社が電気の供給をストップした結果、影響を受けた世帯は暗闇のなかで恐ろしい状況を耐え忍んだ。世界では二〇二〇年、ジャイアント・セコイアの一〇分の一が火事の被害を受けたと考えられる。山火事を発生させる空模様の日――気温が高く、湿度が低く、強風が吹き荒れる日――は、カリフォルニア州の一部で二一〇〇年までに倍増し、二〇六五年までには四〇パーセント増加すると予測される。

二〇一九年には、干ばつに見舞われたアマゾンで大量の煙が発生し、数千キロメートル離れた沿岸都市サンパウロでも空が真っ黒に覆われた。ヨーロッパでは、山火事が発生した複数の国で住民が避難を迫られ、特にギリシャやポルトガルなど南欧諸国は記録的に深刻な被害に遭った。もはや火事の脅威から安全な場所はなく、湿地帯でも猛威を振るう。世界の極寒の地も例外ではない。北極圏の森林でも火災は発生し、シベリアやグリーンランドやアラスカでは激しい炎が燃え広がった。気温が氷点下五〇℃に達した一月にも、シベリアの雪氷圏では泥炭火災が発生している。このいわゆるゾンビ火災は、北極圏とその周囲の地中の泥炭で一年中くすぶり続けているが、それが発火して地上で火災が発生すると、シベリア、グリーンランド、アラスカ、カナダの北方林に燃え広がっていく。二〇一九年には猛烈な火災がシベリアのタイガ〔訳注：北半球の亜寒帯に広がる針葉樹林〕を四〇〇万ヘクタール以上も焼き尽くした。火は三カ月以上も燃え続け、煤と灰の雲は、EU加盟諸国を合わせたほどの大きさにまで膨れ上がった。モデル予測によると北方林や北極のツンドラでの火事は、二一〇〇年までに最大で四倍まで発生件数が増える(3)。

これからの数十年間、アメリカではすべての国立公園で火災が発生するだろう。火事のリスクは西海岸で高いが、五大湖やエバーグレーズなどの湿地帯でも増えて、全体の発生件数は五倍になる可能性がある。火事のモデルによると、世界のなかでも「ヨーロッパ地中海盆地とレバント、南半球の亜熱帯地域（ブラジルの大西洋岸、アフリカ南部、オーストラリア中東部の沿岸）、アメリカ南西部とメキシコで激増すると予測される」[4]。大規模な火事からは、煙がもくもくと勢いよく立ち上る。これは火災積雲で、煙は成層圏まで達すると、ちょうど火山が噴火したときの煙のように、地球を何カ月にもわたって循環する。

火事は森林を破壊するだけでなく、地球の気温を上昇させる。植物が燃えると（二酸化炭素が発生し）、おまけに土壌の炭素が燃焼によって二酸化炭素として放出されるからだ。ブラックサマーの火災では、一二億トンもの二酸化炭素が生み出された。これは、世界中の民間航空機から一年に排出される二酸化炭素の量に匹敵する。そして、地中でくすぶり続けるゾンビ火災は地球の気候にさらなる脅威をもたらす[5]。なぜなら通常の火事よりもずっと長く燃え続け、土壌や永久凍土の奥深くまで熱を伝えるからだ。その結果、通常の火事の二倍の量の炭素を放出する。

火事は世界中で増加している。火事は不愉快であり不健康で、多大な損失をもたらす……そのため人々は、火事が発生する場所から逃げる道を選択する。いや、選択するというより、そうせざるを得ない。たとえば、火事が引き起こす汚染について考えてみよう。火煙や灰や未燃粒子は健康に有害で、特に喘息持ちの人には深刻な影響がおよぶ。二〇二〇年の後半、夏のうだるような暑さのあいだ、アメリカのオレゴン州で暮らし、幼い子供のいる私の友人たちは、森林火災からもくもくと立ち上る煙のため窓を開けられなかった。コロナ禍による行動制限のせいで、よそに住む友人や家族のもとに避難する選択肢はなかった。最後は炎に囲まれて家から逃げるしかなかったが、車のなかで数日間を過ごす羽目になった。火事で避難したあとに自宅や職場が破壊された人たちは、さらに不幸な目に遭った。なかには、今回は家や職場を再建して戻ってくる人もいるだろう。その次も戻ってくるかもしれない。でも、そのあとはどうなるのか。多くの人は、決断を迫られる。保険会社は、危険な地所の保険契約を拒否する[6]。政府は、危険な場所に建物を再建することや居住することを禁じる。映画『ドント・ルック・アップ』を監督し、気候変動を黙示録的に風刺したアダム・マッケイは、二〇二二年一月、つぎのようにツイートした。「住宅保険を解約された。カリフォルニア南部は火事と洪水のリスクが高すぎるそうだ[7]」。私も個人的に、同様の困難に陥った友人を何人か知っている。なかには、保険監督官が契約取り消しの一時停止を命じた地区もあるが、長続きはしないだろう[8]。

友人たちは、森林地域から立ち退く可能性について話している。田舎に住む人たちは、消防活動が充実している都会に移り住んでいる……ブラックサマーから一年以上が経過しても、オーストラリアでは多くの家族が未だに住む家を失ったままだ。世界の最富裕国のひとつに数えられるオーストラリアで、仮設住宅での生活を余儀なくされている。

もっとうまく対処すれば、火事のリスクを最小限に抑えるためにできることは多い。それでも結局、世界で気温の上昇と乾燥が進み、雷の発生回数が増えれば、山火事のリスクは高くなる。その結果、火事のリスクが高い地域の住民は立ち退きを迫られる。

猛暑──熱波が人命を奪う

火事はその破壊力と猛威でマスコミに大きく取り上げられる。これに対し、火事と同類の猛暑はそれほど目立たないが、むしろこちらのほうが命取りになる。いまの世界は三〇年前と比べ、気温が五〇℃を超える日が二倍に増えた。

歴史の大半を通じ、大多数の人は驚くほど狭い気温の範囲で暮らしてきたが、そこは気候に恵まれた場所で、食料が大量に生産された。しかし世界の温暖化が進むと、この気候帯は熱帯から離れ、いまや何十億もの人たちが危険なまでの高温にさらされている。これまで地球温暖化のほとんどは、海によって吸収されてきた。その量たるや気が遠くなるほどで、二〇二〇年だけでも吸収された余分なエネルギーはおよそ二〇ゼタジュール（20×10^{21}ジュール）で[9]、一秒につき、広島に投下された原子爆弾のおよそ一〇個分に相当する。これは海洋生物に深刻な問題を引き起こす。なぜなら、深層水と表層水が混じり合って栄養分や酸素を循環させる大事な現象がスローダウンするからだ。さらに私たち人間にとっても恐ろしい。なぜなら気候パターンが乱れ、命にかかわる極端な出来事が発生する可能性が増えるからだ。

これまで海は、陸地で進行する地球温暖化をカモフラージュするために貢献してきたが、それでも温暖化は進み、ペースを速めている。二〇七〇年までには、人類の三人にひとりが、二九℃以上の年間平均気温を経験する可能性がある。現在ここまで高い気温は、灼熱(しゃくねつ)の砂漠の定住地に限られる。[10] しかし、二〇七〇年まで数十年間も待つ必要はない。気候モデルによると現在の地球の気温は過去よりも一・二℃高くなると予想されてきたが、すでにそれを上回るペースで気温は上昇している。二〇二一年の夏、デスバレー〔訳注：カリフォルニア州とネバダ州の境に位置する砂漠地帯〕は、何と五五・六℃を記録した。ラスベガスでは四七・二℃。カナダでさえ気温は四九・六℃に達し、一〇年間の平均を上回った。異常な暑さは極地にも影響をおよぼしている。二〇二二年三月、南極では平年よりも四〇℃以上高い気温を記録した。同じ日に北極の観測所では、気温が平年を三〇℃上回った。

猛暑は高い湿度を組み合わされると、特に危険が大きい。ところが今では、二〇五〇年までは予想されなかったほど高レベルの湿度を経験している。地球の気温が一℃上昇すると、大気中に含まれる水蒸気はおよそ六パーセント増加する。これが命にかかわる恐れがあるのは、私たちは汗をかいて水分を蒸発させ、体の熱を奪って体温を下げることで暑さに対処するからだ。湿度が高いと汗は蒸発しないので、体がオーバーヒートしてしまう。

猛暑に高い湿度が加わったときの影響を測定するため、科学者はいわゆる「湿球」温度を計算する。湿球温度とは、蒸発による冷却で到達できる最低の温度を指す。具体的に湿球温度計で測定する場合には、温度計の球部を濡れたガーゼなどの布で包み、熱が奪われた状態の気温を測る。湿球温度が三五℃を超えると「生存の閾値(いきち)」を上回るので、健康な人でも熱中症で六時間以内に命を落とす可能性がある。三五℃というと低いような印象を受けるが、湿度が五〇パーセントで気温が四五℃にほぼ匹敵するレベルで、体感温度は七一℃まで上昇する。[11]たとえば二〇〇三年にヨーロッパが熱波に襲われたときには、湿球温度が二八℃で七万人が命を落とした。そして二〇二〇年には限定的な場所――ペルシャ湾の沿岸、インドやパキスタンの川の流域――で、人類史上初めて湿球温度が閾値の三五℃を超えたことを科学者が発見した。幸い、どれも一、二時間継続しただけの一時的な現象に終わったが、これからはこうした出来事がめずらしくなくなるだろう。

二〇七〇年までには、地球の熱帯域はサハラ砂漠のような猛暑を定期的に経験するようになるだろう。この地域にはおよそ三五億人が暮らし、アメリカ、アフリカ、アジアの各大陸の大部分が含まれる。今世紀末には、熱帯域の幅は数千キロメートル拡大すると予想される。それまでに気温はぐんぐん上昇し、外で活動できる時間が数時間に限られる場所も出てくる。ある研究によれば、インドの一部や中国東部では、「日陰で換気の良い場所でも、健康にまったく問題のない人さえ命を落とす」という。[12]極端なホットスポットには、北米の中緯度地方、地中海、アフリカのサヘル〔訳注：サハラ砂漠南縁部の半乾燥地域〕、急速に砂漠化が進行する南米のアマゾン奥地などが含まれる。これらの地域で暮らす人たちは、生き残るために移住する必要があり、それは二〇七〇年よりもずっと早くから始まるだろう。二〇七〇年代までには激しい熱波の発生件数が一〇年ごとに増えて、数十億人がその影響を受けると考えられる。

深刻なアーバンヒート〔訳注：人工的な排熱などが原因の、都市に特有の熱〕の発生件数は一九八〇年代の三倍に増えて、世界人口の五分の一がすでに影響を受けている。[13]今後三〇年間で亜熱帯気候帯は拡大し、高緯度地域も含まれるようになり、幅がおよそ一〇〇〇キロメートル広がるだろう。ロンドンはバルセロナ、モスクワはブルガリアの首都ソフィア、東京は中国湖南省の長沙のように感じられる。ロンドン市民にとって、これはありがたいのだろうが、地球全体ではそうもいかない。気温が一・五

℃上昇するだけでも、世界の四四カ所のメガシティの四〇パーセント以上が、危険な猛暑を毎年経験するようになる。二℃上昇すれば、一〇億人が猛烈な暑さにさらされ、四℃上昇すればその数は三五億人に増加すると、イギリス気象庁は二〇二一年に分析した。しかもここでは、人口の増加が考慮されていない。

気温が一・五℃上昇すると、二〇三〇年代までにEU加盟国だけでも、猛暑による死者が毎年三万人に達すると予想される。二〇一〇年にロシアが猛烈な熱波に襲われ、それが二カ月ちかく継続したときには、市内の安置所に死体が積み重ねられ、火災が制御不能に陥って壊滅的な被害をもたらした。そして、道路のアスファルトが溶けるのを防ぐためにタンカーを使った放水作業が行なわれた。もっと赤道に近い場所、すなわちインド亜大陸やアフリカの一部では、すでに猛烈な暑さを経験しているが、さらなる熱波が追い打ちをかけ、大惨事を招くだろう。空調設備が広く普及しなければ、平均的な夏に何万人もの死者が出て、畑や道路や建築現場など、屋外で作業する労働者は特に深刻な被害を受ける。気温が二℃上昇した世界でアフリカ諸国が熱波を生き残るためには、空調設備に何百億ドルも投資する可能性がある。国際エネルギー機関（IEA）の予測では、二〇五〇年までに空調設備の需要が大きく膨らむと、必要な電気供給量も激増し、その規模は、アメリカとEUと日本の発電能力の合計に匹敵するという。二一〇〇年までには、気候変動はひとりひとりの人に致命的な被害をもたらすようになる。死者の数は、今日あらゆる伝染病で命を落とした犠牲者の合計に匹敵すると、二〇二〇年の研究では報告されている。(14) この研究の筆頭著者は、多くの高齢者がすでに猛暑の間接的な影響で死亡していると述べ、つぎのように指摘する。「この状況は新型コロナのケースと不気味なほど似ており、既往歴や基礎疾患の持ち主が最も影響を受けやすい。もしもあなたが心臓に問題を抱えている状態で何日も猛暑にさらされたら、最後は衰弱しきってしまう」

人間と動物の健康や農業にもたらす影響以外にも、猛暑はインフラに問題を引き起こす。たとえば、

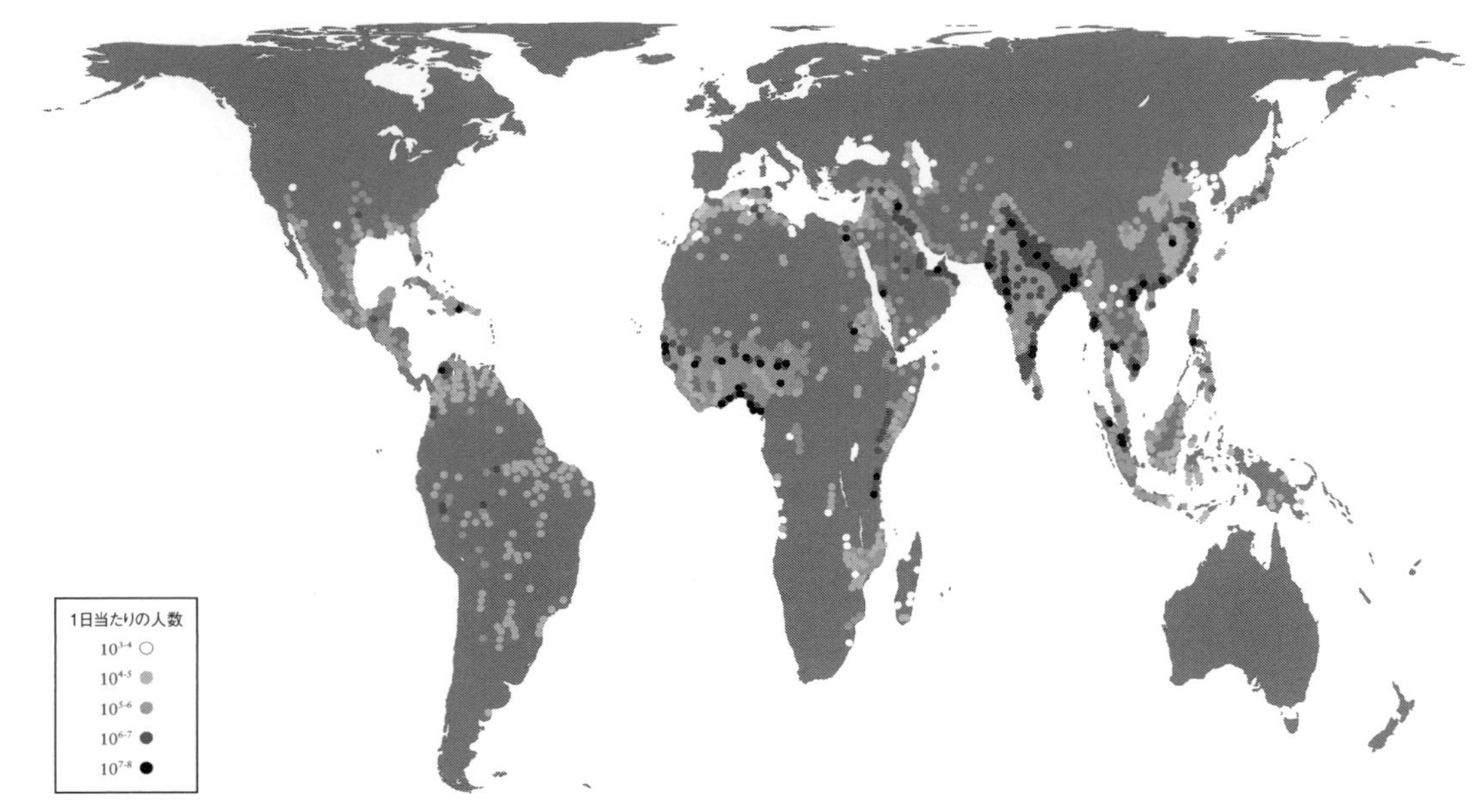

1983年から2016年にかけて、都市環境に暮らす人々が異常な暑さを経験する割合は年々増加している。

道路や鉄道の線路や橋は暑さで歪(ゆが)んでしまう。実際、世界の気温が〇・一℃上昇するごとに、道路の陥没は一〜三パーセント増加する。[15] さらに猛暑は、発着予定の飛行機を地上に待機させてしまう。気温が四三℃を超えると、飛行機は離陸が難しくなるからだ。[16] 私たちがまったくの別世界にいきなり放り込まれると、社会は様々な問題に直面するだろう。

激しい熱波の影響で世界の一部が居住不可能になると科学者が予想する日の実現は、以前よりも早くなりそうだ。新しいモデルでは、世界の気温がそれほど上昇しなくても、その日は到来すると認識されている。当初の研究では、気温の上昇が五℃の閾値を超えれば、人類の大移動が始まると考えられたが、いまでは気温上昇の範囲が三℃から四℃のあいだに引き下げられた。しかも気温の上昇が二℃未満でも、少なくとも一〇億人が移住を迫られるだろう。[17]

モデルによれば気温が四℃上昇すると、世界が猛烈な熱波に襲われる日は、今日の三〇倍以上に増えて、アフリカでは少なくとも一〇〇倍に増加する。[18] しかも、問題が発生するのは熱帯だけでない。中緯度地域、さらには亜寒帯も、毎年何カ月も異常な高温を経験するだろう。赤道から緯度三〇度圏内のほとんどの地域は、極端な暑さを最大で二五〇日間経験する可能性があり、その結果として熱帯も亜熱帯も「様変わりして」、一年の多くを猛烈な暑さのなかで過ごすことになると、二〇一八年の研究は予想する。[19] プラス四℃の世界では、地球の陸地の半分、そして世界人口のほぼ四分の三が、殺人的な猛暑を一年に二〇日以上経験するだろう。たとえばアメリカでは南部の州が、現在のデスバレーの状況を上回る高温を毎年経験し、気温が三七℃を超える日は一年に八週間以上に増える。アラスカ州の内陸でも、年間気温は三五℃を超える。これが大都市にとってどんな意味を持つのか考えてほしい。ニューヨーク市は毎年二〇〜五〇日間、殺人的な猛暑を経験する。ジャカルタはそれどころではない。殺人的な猛暑を来る日も来る日も経験する。

気温がここまで上昇すれば、その結果として必然的に、世界中で死者が増加する。熱波に関連した超過死亡は、アメリカで五〇〇パーセント、コロンビアでは二〇〇〇パーセントも増えると予測される。[20] 将来の猛烈な熱波から最大の危険にさらされるのは、ガンジス川とインダス川流域の人口が密集した地域に集中する。南アジアのこの場所には、世界人口のおよそ五分の一が暮らしている。そして研究者によれば、インド北東部とバングラデシュでは湿球温度が生存の閾値を超える可能性があり、南アジアのその他の地域の大半でも臨界閾値に近づく可能性がある。年々暑さが過酷になる地域に残って死の危険を冒すか、それとも住み慣れた場所を離れて移住するか、一〇億人ちかくの住民が選択を迫られるだろう。一方、中国のリスクに注目する研究者は、世界で最も人口が多い国の最も人口が多い地域（華北平原）で、居住可能性が制約される可能性を警告している。[21] 殺人的な熱波と危険な湿球温度が、華北平原と中国の東海岸で予想される。しかも、今後三〇年間で排出量が中位安定化（RCP4・5）のシナリオに沿って進行したとしても、深刻な事態は回避できない。この地域には少なくとも五億人が暮らし、上海（人口三四〇〇万）、杭州（人口二二〇〇万）などの大都市が含まれる。

不平等も人命を奪う

猛暑と高い湿度が引き起こす厄介な問題は、空調設備や海水の淡水化によって克服できると考えるかもしれない。結局のところ、砂漠地帯に位置して本来は住むことができないドバイやドーハといった都市は、これを実行に移している。カタールなどは屋外にまでエアコンを導入し、スポーツスタジアム、歩道、屋外市場、食事エリアでも冷房を稼働させている。このトリックのおかげで、いまや一人当たりの温室効果ガス排出量は世界最大になった。[22] たしかに一部の地域では、原則として屋内で暮らせば、一部の住民は予想よりも長く暑さを耐えられる。冷房が効いた室内にこもって活動は夜中に限定すれば、あるいは強力な冷却服で身を守れば、暑さをしのぐのも不可能ではない。[23]

しかし、エネルギーや水にかかるコストを度外視して極端な形で適応するのは不可能ではないが、こうした戦略は都市社会のごく一部が対象で、効果も限られている。地域の住民は結局のところ、食料などの資源を国外からの輸入に大きく依存する。豊かな湾岸諸国でさえ、食料安全保障に関する不安が絶えず付きまとうことを考えてほしい。この地域には、常に水が流れる河川も湖も存在しないので、新型コロナ危機のような衝撃的な出来事に弱く、影響が強く感じられる。アラブ首長国連邦（ＵＡＥ）などの国は、食料の九〇パーセントを輸入している。現在では世界の食料の半分は、肉体労働に頼る小規模農家によって生産されている。しかしこれから世界の温暖化が進めば、外で肉体労働に従事できない日が増えるので、生産性が低下して食料安全保障が脅かされる。ベトナムのコメ農家は危険な暑さを避けるため、すでに夜中にヘッドランプを付けて田植えを行なっている[24]。カタールでは早くも五月から、午前一〇時から午後三時三〇分のあいだは屋外での労働を禁止しなければならない。気候変動に関するランセット委員会の報告によれば、異常に高い気温と湿度のせいで、二〇一八年にはすでに労働時間が一五〇〇億時間も失われたという[25]。

地方で農業が経済的に実行不可能で現実的に継続できなくなるまで、どのくらいの人数が農業を維持できるかによって、この失われる労働時間の数字は二倍にも、さらには四倍にも増加する可能性がある。国際労働機関の試算によれば、今世紀中の気温の上昇が一・五℃にとどまる最も楽観的な温暖化のシナリオでも、ヒートストレスの増加で世界の生産性は大幅に低下して、二〇三〇年には八〇〇〇万人分の常勤の仕事が失われるケースに匹敵する損失をこうむるという。これだと、世界経済の損失は二兆四〇〇〇億ドルになる。それでも控えめな予測で、農業や建設業など屋外の仕事が日陰で行なわれることが前提になっているが、そんなケースが少ないことは言うまでもない。いまでもすでに温度と湿度が適度に調節されている富裕国は、暑い戸外での汚れ仕事の多くを気温の高い貧困地域にアウトソーシングしている。そのため貧困地域の人々は、富裕国の人々が涼しい環境で生活できるようにＵＶカットのシャツやエアコンを生産し、大理石張りのホテルのロビーを建設するため、人いきれでうだるような暑さの工場や「搾取工場」でヒートストレスや脱水症に苦しみ、くたくたになるまで働き続ける。

こうした変化は、すでに存在している社会的不公正を悪化させるだろう。富裕国でも、畑で作物を収穫するために耐え難い熱波のなかで働くのは、貧困国からの移民であるケースが多い。人口密度が高い貧困地区は、樹木が整然と植えられた高級住宅地よりも概して温度が高い。そして女性や子供は、熱波で命を落とす可能性が男性よりも高い。実際、気候変動の影響などの災害から女性が被害を受けやすいことは、複数の研究から明らかにされている。極端な現象が発生すると強制退去させられる可能性が高く、仕事を失い、収入が減少する恐れもある。そして男子よりも女子のほうが、教育の機会を奪われやすい。女性の六〇パーセントが農業に従事しているが、男性よりも仕事量は多く、しかも情報にアクセスする機会が男性よりも少ないので、その分だけ適応に苦労する。

不平等は人命にかかわる。アメリカでの研究によれば、誕生してからの一〇年間で、猛暑は健康から教育まであらゆる事柄に有害な影響をおよぼすが、最貧地区で暮らす子供への影響は特に深刻だ[26]。アフリカ系やラテン系の住民が圧倒的に多い貧困地区は、同じ都市の高級住宅地に比べて平均気温が二・八℃高い。しかもエアコンが設置されている世帯は高級住宅地の半分の可能性が高く、猛暑にさらされる時間が長くなる。こうした格差を生み出す人種差別的な住宅政策は、誕生前の段階からすでに影響を与えている。というのも、猛暑は妊娠のリスクになるからだ[27]。危険な影響は、貧しいアフリカ系のコミュニティで特に顕著だ。これからアメリカ南部は熱波や気候変動からきわめて深刻な影響を受けると予想されるので、今後数十年間は状況が悪くなる一方だろう。

干ばつ——農業が不可能になる

地球の温暖化が進むと、たとえ湿度が高くなって海に降る雨の量は増えても、陸地の降水量は減少する。いまはすでに大干ばつの時代に入っているのかもしれない。地球の気温が四℃上昇するまでには、陸地は砂塵嵐(さじんあらし)の影響でダストボウルの世界になっているだろう。

いまでは南アジアや南米を中心に、何億もの人々が山岳氷河に依存しながら暮らしている。この貴重な水源が消滅すれば、穀倉地帯がまるごと失われるリスクが発生する。南アジアでは少なくとも一億二九〇〇万人が、生活に必要な水を上流からの雪解け水に大きく依存している。その他にパキスタン、アフガニスタン、タジキスタン、トルクメニスタン、ウズベキスタン、キルギスで合わせて二億二一〇〇万人が同じ水源に頼っている。モデルによれば、この地域の一部は今後一〇年間で「水の供給が頭打ちになり」、そのあと今世紀末までは、氷河が後退して消滅する結果、供給量は一気に減少する。

二〇五〇年までには、地中海やオーストラリアやアフリカ南部でも年間降水量が減少する可能性をモデルは示している。最も大きな減少幅が予測されるのは南米の上半分で、そこにはブラジルと周辺国の大半、さらにはアマゾン熱帯雨林のほぼ全域が含まれる。研究者の予測によれば、アマゾン熱帯雨林は世界のどこよりも激しい乾燥を経験する。

私は地球の変化をあちこちで目撃してきたが、そのなかでも干ばつは、最も多くの人たちに影響をおよぼす。かつて世界の辺境を旅したときには、干ばつによって農業が成り立たなくなり貴重な食料が失われた結果、人口が減少して最後は誰もいなくなった農村をこの目で観察した。一方、ムンバイやナイロビやリマなど拡張を続ける世界の都市では、貧民街が不規則に広がり、死に絶えた村からもたらされた結果を目撃した。たとえばインド北部の山岳地帯にあるウッタラーカンド州では、四〇〇万人以上（人口の四〇パーセント）が住み慣れた場所を離れ、誰もいない「ゴーストビレッジ」が八〇〇ちかくも残された。気温が上昇して干ばつが深刻化したため、高地での農業がほとんど不可能になったのだ。そしてペルー、ボリビア、コロンビアなど南米全域でも、農村は長期にわたって壊滅的な干ばつに苦しんでいる。しかもアンデス山脈の氷河が消滅したため、以前のように雪解け水を灌漑用水に利用できなくなった。

つい二〇年前、ボリビアの高地にあるオベルヘリアは、農村として栄えていた。ここで生産されたトウモロコシ、キヌア、ジャガイモ、アボカド、フルーツは、首都ラパスの市場で販売された。ところが二〇一〇年までには、気候変動が村全体を荒廃させた。長引く深刻な干ばつによって作物は枯れ、家畜は命を奪われ、ついには村が死に絶えた。私がここを訪れたときには、九人の高齢者が残っているだけで、掘っ立て小屋で生き長らえていた。かつては農業を営み、風雨にさらされた顔をした七五歳のルチアーノ・メンデスは、口いっぱいに含んだコカの葉を嚙(か)みながら身の上話をしてくれた。それによれば、何年も凶作が続いた結果、七人の子供たちは村をつぎつぎと離れ、残っていた最後のひとりも三年前、家族を連れて出て行った。「雨季なのに、数日ごとに全部で二〇分しか雨が降らない。最初は牛が、つぎにロバが死んだ。山羊がいちばん頑丈だ」

最初は若い男性が故郷をあとにするが、まだ幼い子供も混じっている。つぎに家族全体がアンデスの村を離れて町や都市に向かう。彼らはすぐに見分けやすい。コロンビアから中米まで目指して移動を続けるが、ケチュア人独特のショールに包んだ所持品を肩に背負い、何週間も続く野宿で疲れ切っている。発展途上国での農村から都会への移住が南米大陸で最も多いのも、ちっとも意外ではない。自作農は、一度でも凶作に見舞われると耐え難い空腹に苦しむ恐れがあるが、いまやコメから小麦までほとんどの主要作物の生産量が減少している。

『ランセット』誌掲載の研究論文のある試算では、地球の気温が二℃上昇すると、一日の一人当たりの食料入手可能性が二〇五〇年には（今日と比べて）九九キロカロリー減少し、飢餓寸前の人たちには深刻な問題が引き起こされる。しかも、ヒートストレスの条件下では食用作物から栄養分が失われる。たんぱく質や亜鉛や鉄の含有量は、今日のほぼ五分の一まで減少するだろう。それは人類に悲惨な影響をもたらす。「二酸化炭素のレベルが上昇すれば、新たに一億七五〇〇万人が亜鉛不足に陥り、新たに一億二二〇〇万人がたんぱく質不足に陥る」と研究者は警告する。[28]

何が問題かといえば、私たちは直接的にも間接的にも植物から食料を確保していることで、植物が生長するためには水を必要とする。人類の活動によって温暖化が進むと、水が土壌や葉っぱから蒸発するスピードは加速する。しかも雨は定期的にも大量にも降らなくなる。こうしてヒートストレスを受けた植物（そして動物）は、以前よりもたくさんの水を必要とする。要するに、地球温暖化が進むにつれて農業の継続は困難になり、多くの場所で不可能になるので、関係者は移住を迫られる。しかし人類は食べなければ生きられないのだから、一刻も早く解決策を見つけなければならない。

猛暑そのものも作物にダメージを与える。植物の細胞や組織や酵素はおよそ三九℃で破壊され、植物全体が死滅することも多い。気温が三〇℃を超える日を一日経験するごとに、トウモロコシの収穫量は一パーセント減少し、干ばつになるとその割合が二パーセントに近づく。つまり熱波が三週間続くと、収穫量の四分の一が減少する可能性がある。地球の気温が四℃上昇すると、中緯度地域では気温が四〇℃後半、亜熱帯地域では五〇℃後半まで上昇し、作物の損失を補えなくなるという研究報告もある。

たとえばアメリカはトウモロコシの収穫量の半分を失い、現在のコーンベルトの大半も影響を受ける。干ばつを計算に入れると、損失量は八〇パーセント以上にまで跳ね上がる。これは単に国内の大惨事として片付けられない。アメリカ、ブラジル、アルゼンチン、ウクライナの四カ国からのトウモロコシの輸出は、世界全体の九〇パーセントちかくに達するのだ。地球の気温が四℃上昇すれば収穫量は激減するので、輸出にまわす分はなくなる。そして、私たちの食事カロリーの五分の一を世界中で提供している小麦も、同様の脅威にさらされている。この数十年間で、深刻な干ばつが世界の小麦生産におよぼす悪影響は倍増した。二〇五〇年までには、西はイベリア半島から東はアナトリアやパキスタンに至るまでの小麦ベルトのほぼ全域、ロシアの南部地域、アメリカ西部とメキシコで深刻な水不足が予想される。

モデルによれば今世紀末までに、世界の地表の半分以上が「乾燥地」に分類される。影響を受ける地域の四分の三以上は発展途上国にあるが、超乾燥地帯はアラスカ、カナダ北西部、シベリアにも出現する。乾燥地に分類されない地域も、以前より深刻な干ばつを頻繁に経験するだろう。そこにはヨーロッパ大陸全体が含まれ、例外はアイスランドぐらいだ。世界では、二一〇〇年までに新たに三〇億人が水ストレスに苦しみ、世界人口の三分の一は淡水に十分アクセスできなくなる。これは衛生状態に悪影響をおよぼし、病原体を体内に取り込むリスクが高くなる。[29]

地球の大部分は、畜産業や農業にとって不適切な場所になる。農村での生活が不可能になれば、人々は移住するしかない。

洪水——人類の大部分の生活が脅かされる

世界でもきわめて人口の多い地域を含め、地球の広大な地域は深刻な水不足のせいで住めなくなるが、世界の大都市の多くを含む他の場所で暮らす人々は、正反対の問題に直面するだろう。それは多すぎる水によって引き起こされる。

温暖化が進んだ世界で一気に量が増えた水は、主に三つの方法で私たちを悩ませる。まず、海水温が上昇すると海水が膨張し、海面水位が上昇する。つぎに、陸の温度が上昇すると氷が解けて、鉄砲水が川やデルタに押し寄せ、沿岸では水位がさらに上昇する。そして大気の温度が上昇すると、以前よりも激しい嵐が発生し、ゲリラ豪雨に見舞われる。いずれも人々の生活を脅かすが、低地、あるいは海岸や河系の近くの住民は、特に深刻な影響を受ける。ということは、人類の大部分が影響を受ける。たとえば海面は、すでに予測を上回る速さで上昇しており、今世紀末までには一メートル上昇する可能性がある。これは世界の都市に大惨事をもたらしかねない。ほとんどの都市は沿岸に位置し、全部で何億もの人々が暮らしているのだ。

海面の上昇がもたらす大きなリスクのひとつが、地下水の塩水化だ。たとえばバングラデシュでは、すでに農業が深刻な影響を受けている。コメ農家は田んぼをエビの養殖場に作り替えなければならない。なかには土地を捨て、ダッカの繊維産業で働く者もいる。さらに、海面が上昇すると暴風雨の被害が深刻化し、海岸の浸食が進むので、保険をかけられなくなった家を住民が捨て、農村での暮らしを断念せざるを得ないコミュニティが増加する。私がダッカで話を聞いたスラムの住民は全員、これが理由で村から逃げてきた。

海抜が低い島や環礁は、特に将来の見通しが暗い。モルディブやツバルなどの国は、早くも二〇五〇年には住めなくなるだろう。浸食が進み、海水が地下水にまで染み込めば、土壌や植物やインフラが破壊されてしまう。一方、現在の国際法は、国の排他的経済水域――漁業、鉱業、観光業の権利を含む――を海岸線から測定する。したがって海岸線が後退したり消滅したりすれば、それと一緒に海の経済領域も後退または消滅する。この二重苦によって、陸と海の経済が同時にリスクにさらされる。

たとえ地球の気温の上昇が一・五℃に抑えられたとしても、何億もの人々が影響を受ける。海面の上昇にさらされる陸地に少なくとも五〇〇〇万人が暮らしている国は多い。中国、インドネシア、日本、フィリピン、アメリカなどが含まれる。もしも地球の気温が二℃上昇すれば、少なくとも一三六のメガシティが影響を受け、今世紀末までの損害費用は全部で一兆四〇〇〇億ドルに達する。防潮堤などの防御手段で海面の上昇を抑えるための費用は、すでに法外に高い。アメリカだけでも、今後二〇年間で海防にかける費用は四〇〇〇億ドル以上になると予測される。小さなコミュニティで暮らす住民のための長期的な出費は、一人当たり一〇〇万ドルになると見られる。

平均すると、海面が一センチメートル上昇するたびに、一七〇〇万人が住み慣れた場所を離れることになり、二一〇〇年までには何億人もが移住を迫られるだろう。ベトナムでは二〇五〇年までに南部の全域と、中部と北部の大半が海抜以下になると予想される[30]。フロリダ州の沿岸は、気候変動に伴う住宅危機の徴候がすでに見られる。豪華なウォーターフロントの住宅が購入するにはリスクが高くなりすぎると、まずは売り上げが急減し、つぎに価格が暴落した。二〇一八年には、被害を受けやすい地域の売り上げが、安全な地域よりも二〇パーセント落ち込んだ。その前にはハリケーン・サンディがおよそ六五万戸の住居を破壊して、八五〇万の住民への電気の供給が途絶えたので（一部では数カ月続いた）、購入に慎重になったのだ。

一〇万キロメートルにわたる海岸線に人口が密集するヨーロッパも、深刻な影響を受けるだろう。沿岸の高潮の被害を受ける住民の数は、今日では年間に一〇万人だが、二一〇〇年までには三六〇万人に増えると予測される。最も経済的打撃を受けるのはイギリスで、つぎはフランス、イタリアと続く。そしてオランダは、高潮から国土を守るための「デルタプログラム」に、すでに年間一二億～一六億ユーロを費やしていることを忘れないでほしい。ロンドンとベネチアも、高潮対策用の水門にかなりの投資をしている。沿岸都市を守る費用はおそらく年間何千億ユーロにものぼるだろう。海面の上昇が続いて海抜以下の場所に暮らす人々が増えている現在、こうした防御を怠れば、計り知れない損失をこうむるリスクがある。今後数世紀という長い目で見れば、気温が四℃上昇した世界では、今日の沿岸都市はどこも存在できない。そうなると、いつどのように都市を捨てるかが問題になる。ある科学者のチームは、二〇一六年につぎのように記した。人類が「今世紀の後半、海面の上昇に適応するための時間はきわめて限られるだろう。青銅器時代の幕開け以来、これだけの規模の海面上昇は経験していない[31]」。

洪水の問題は、海岸から離れた場所でも深刻化するだろう。なぜなら地球の気温が上昇すると、大気中の水蒸気量が増えて、対流活動が活発化する。その結果、異常な気象現象がさらに激しさを増し、発生する頻度も増える。とてつもない量の雨が降り、作物や家屋や道路を押し流し、生活に大きな損失を引き起こすだろう。科学者によれば、南アジアや東アジアのモンスーン地域はただでさえ降水量が多いが、気温の上昇にどこよりも敏感に反応する。気温が一℃上昇するごとに、降水量はおよそ一〇パーセント増加するという。今日では、過去一世紀に経験したことがないような洪水が発生しているが、今世紀末までにはその頻度がメグナ川で八〇パーセント、ブラマプトラ川で六三パーセント、ガンジス川で五四パーセント増加すると予測される。しかもこの三つの川は、流出量がピークに達する時期が重なる可能性が高い[32]。おまけに、激しい暴風雨をもたらすサイクロンは勢力を強め、しかもベンガル湾で発生するので、海に流出できる水は少なくなる。バングラデシュは世界でも特に人口密度が高い国なので、何千万人もの住民がなす術もなく、定期的に発生する――あるいはほぼ絶え間なく発生する――洪水に直面することになる。

二〇二二年三月、山火事を生き延びたマーギおばさんは、再び世界から孤立して、保存用の缶詰食品で食いつないだ。おばさんは今回、すさまじい洪水で被災した。「雨爆弾」が発生し、オーストラリア東海岸では大雨が何日も続いたのだ。リズモーにあるおばさんの家は被害に遭った。近所の家の多くは完全に破壊され、町の中心部からは以前の面影がすっかり失われた。私のもとには、増水した川をコミュニティセンターが流されていく写真が送られてきた。水位の上昇や土砂崩れで逃げ場を失った人々は、ヘリコプターでの救助を待つしかなかった。何十万もの住民が避難命令を受けたが、多くの家は破壊されたため、全員が帰宅できるわけではなかった。

洪水は、モンスーン地域から遠く離れた場所でもますます深刻な問題になる。北半球では激しい雨の影響で、川を流れる水が五〇パーセント増加する。すでに洪水が発生しやすいたくさんの町や村、そして洪水地帯に建てられた家屋は、リスクが高い地区が増えれば放棄され、保険の適用外になるだろう。そしてこれは、都市の多くの地域にも当てはまる。二〇二一年にはハリケーン・アイダがニューヨーク市を直撃し、多くの犠牲者を出したが、その多くは浸水したアパートの地下に暮らしていた貧しい住民だった。

いま私が住んでいる築一二五年のビクトリア朝風の家は、ロンドン郊外の丘の上に建てられている。水文予測によれば洪水の被害に遭う恐れはないが、ふもとの多くの家や学校、店や交通機関は川のそばにあるので、安全とは言えない。ロンドン市長執務室の分析によれば、今後数十年間でロンドンの学校の五分の一が、洪水の影響を受けやすくなる。私の家の床が浸水しないのはありがたいが、社会から孤立して活動できる人は誰もいない。周りじゅうが水浸しになれば安心していられないし、確実に影響を受ける。自宅の周辺の道路――そのうちの二本は古代ローマ時代に建設された――は高架にする必要があるし、敷設から一世紀が経過した鉄道線路も同じ対策が必要だろう。しかもこれは、ひとつの都市のひとつの行政区のごく一部の話にすぎない。

ハリケーンやサイクロンなど熱帯特有の気象システムは、今後さらに威力を増し、頻繁に発生するようになる。しかも、緯度の高い地域にまで範囲が拡大するだろう。モデルの予測では、地球の気温が四℃上昇すると強力なエルニーニョ現象の発生回数が二倍に増える。その結果、降雨帯が一〇〇〇キロメートルも移動して、世界中が壊滅的な被害を受けるという。一九九七年から一九九八年にかけて大規模なエルニーニョが発生したときには、通常なら乾燥地域の南米で大洪水が発生し、海洋生物が壊滅的な被害を受け、気象関連の災害で二万三〇〇〇人の命が失われた。そして一九九八年から一九九九年にかけて大規模なエルニーニョが発生したときには、アメリカ南西部が過去最悪の干ばつを経験し、ベネズエラでは鉄砲水と土砂崩れでおよそ五万人の命が奪われた。中国では激しい暴風雨と洪水で二億人が強制退去を命じられ、バングラデシュでは国土の半分が水浸しになった。一方、ラニーニャ現象も北大西洋でハリケーンの季節に猛威を振るう。その影響で一九九八年には、過去に経験がないほどの破壊力を持つハリケーン・ミッチが発生し、中米のホンデュラスやニカラグアを直撃して一万一〇〇〇人の命を奪った。こうした異常気象はこれから常態化するだろう。赤道周辺の低緯度に位置する低圧帯は特に脅威で、安全な場所への避難を迫られる人は数百万人に達するだろう。

最も可能性が高いシナリオ

住みやすい地球は、努力しても無駄な目標ではない。まだ私たちには状況を逆転させる力があるのだから、挑戦しなければならない。気温を一℃下げるごとに、世界は安全になる。〇・一℃ずつでも下げていけば、大きな結果につながる。

そうは言っても、地球の気温はすでに一・二℃も上昇している。したがって、それを一・五℃下げるためにはすぐにでも大胆に行動する必要がある。いま直ちに温室効果ガスの排出をゼロにしたとしても、地球の気候システムには惰性が備わっているので、地球の気温はそのあと数年間上昇を続けてから下がり始める。しかしこの惰性――体系的なタイムラグ――を都合よく利用すれば、一気に流れを逆転させるための時間は残されている。実際、世界のリーダーたちは気候変動対策に間違いなく真剣に向き合っている。たとえば二酸化炭素排出量が世界で最も多い中国は二〇六〇年までに、二番目に多いアメリカは二〇五〇年までに、排出量のネットゼロを公約している。世界各国がネットゼロの目標を達成すれば、今世紀末までの地球の気温上昇は二・一℃まで抑えられる可能性がある。ただしこれは難しい課題であり、私たちにその覚悟ができていることを裏付ける証拠はほとんど見られない。気温上昇を一・五℃までに抑える目標を実現するためには、短期間で取り組める解決策を積極的に導入する必要がある。実現する方法はいくつもあるのだから、挑戦しなければならない。具体的な方法については、本書であとから説明する。

厳しい現実とは向き合わなければならない。本書の執筆時点で最も可能性が高いのは、今世紀末までに地球の気温が三～四℃上昇するシナリオだろう。緩和策が功を奏して大幅な気温上昇が食い止められたとしても、この程度は覚悟しなければならない。すでに述べてきたが、そうなると世界の広大な地域が居住不可能になり、そこには世界のほとんどの人々が現在暮らしている場所も含まれる。これがいつ実現するのか、魔法で正確に当てることはできない。それでも温室効果ガスの排出量が現在のレベルでも、すでに世界は何百万もの人々にとって以前より危険な場所になっており、気温が一℃上昇するたびに事態は悪くなる一方だろう。当初これはしばらくの間、最貧国の人々にとってははるかに大きな問題になる。最貧国の人々は身近な自然環境に大きく依存しており、しかもグローバル・サウスで最も深刻な影響を受ける場所で暮らし、エアコンも外部からの食事も提供されないので、変化する状況から身を守ることができない。しかしほどなく、これはすべての人にとっての問題になるだろう。

これらの問題をさらに複雑にしているのが、未だに増え続けている世界人口だ。気候変動と貧困の影響が最も大きな地域の一部は、特に増加が著しい。たとえ世界で人口増加のペースが鈍っても、アフリカでは二一〇〇年までに四倍に増えると見られる。そうなるとこの地域では、いまより大勢の人たちが猛暑や干ばつや破壊的な暴風雨の被害を受ける。その結果、食料や住宅や資源の供給はますます困難になるので、いまより多くの人々が供給不足に苦しむ。世界人口は二〇六四年にピークに達すると予測され[33]、その後は減少を始め、今世紀末までに今日のレベルに落ち着くと見られる。地球の気候や生態系や水の利用可能性に大混乱が生じる時代に人口が数十億も増加した後に減少すれば、人類の適応能力にはさらなる圧力がかかる。

これからの私たちは、とんでもない世界に直面する。今日人口が最も多い地域のほとんどは住みにくい場所になり、そこにはアジア、アフリカ、ラテンアメリカ、オセアニアの多くが含まれる。これは私たち人類にとってまったく新しい状況だ。いまや増え続ける人口を受け入れられる余裕があって、しかも居住に適した場所は、どんどん少なくなっている。おまけに社会的・地政学的に大きな制約が加わる。それでも私たちは、何とか対処しなければならない。

今世紀に私たちが直面する危機は規模も範囲も半端ではないが、過去何十万年ものあいだに人類は、他にもいくつもの危機を経験してきた。そしてそのたび、移住することで生き延びてきた。移住は問題ではなく解決策であり、常にそうあり続けてきた。これから本書で紹介していくが、移住は最古のサバイバルトリックなのだ。

第3章　故郷を離れる

人類は移住でつくられた

移住は、私たちが今回の危機から脱するための手段になる。

そもそも私たちは移住によって、いまのような姿を手に入れた。今日のように、アイデンティティや制約が地政学的に決定される状況では理解しにくいかもしれない。しかし歴史的視点に立つと、ナショナル・アイデンティティや国境のほうが、むしろ例外であることがわかる。探検や冒険が目的にせよ、大惨事を逃れて安全な場所を目指すにせよ、新天地でチャンスを求めるにせよ、魂が神に導かれるにせよ、貿易や芸術活動が目的にせよ、拉致されたにせよ、人類は移住を繰り返しながら地球全体に広がり、それが地球の様相を変えた。今日あらゆる人を支えている人間のシステムは、基本的に人類の大移動によって創造されたものだ。

人類にとって、移住と協力は切っても切れない関係にある。誰とでも協力するからこそ移住することもできるが、移住を何度も経験したおかげで、今日の協力的なグローバル社会が形成されたのも事実だ。人類にはどんな習性があり、そのおかげでどのように地球や気候を支配するようになったのか理解してはじめて、これから前進すべき道は見えてくる。よくまとまった集団で移動する能力は、人類固有の長所である。だからそれをうまく生かせば、現在直面する環境危機を乗り切って繁栄することも可能だ。

どこにでも暮らせる能力

移住は、自然界で広く利用されている生き残り戦略だ。多くの生物種は、食料や天気の季節的・地理的変動に応じて場所を変える先天的な能力を進化させてきた。オオソリハシシギやアトランティックサーモンなど、様々な動物が危険で困難な長旅に出発するのは、生物としての本能に突き動かされるからだ。私自身、この本能を実際に感じることができる。新型コロナのパンデミックで数カ月にわたって行動を制限され、そのあいだほとんど家にこもり続けた挙句、二〇二一年が始まっても明るい未来が期待できないと、私は一種の渡りの衝動に圧倒された。渡りの時期が訪れた鳥のように、「じっと落ち着いていられなくなった」のである。不眠に悩まされ、日常の活動が中断されるなど……顕著な兆候が表れた。籠に閉じ込められたコマツグミは、何度も繰り返し北へ飛び立とうとする。たとえ外の様子を見ることができなくても、ガラスの壁に繰り返し体当たりする。[1] あるいはヒメハマシギの消化器官は、移動の厳しさに耐えられるように萎縮している。特定の餌を取りつかれたように食いだめし、パフォーマンス向上薬まで口に入れる。[2]

人類もまた、一カ所に落ち着けない生物種だ。ほとんどの人は、わざわざ家から離れた場所で時間を過ごし、そのための出費も厭わない。それは必要不可欠な資源や食料を確保するためでなく、知らない場所での経験を楽しむためだ。私たちはもはや遊牧民の生活様式とは縁がなく、移住を際限なく繰り返すわけではないが、新しい場所を探求することへの情熱や好奇心は持ち続け、たとえ数日間でも普段とは違う場所で暮らしたいと思う。[3] 家に閉じこもり、急を要するときしか外出しないのは普通ではないし、むしろ異常だ。

自然界を広く研究した結果からは、いかなる生物種にとっても世界各地への分散は、絶滅を防ぐための最も効果的な戦略であることが明らかにされている。しかし、複数の環境に適応できる生物種は少ない。ほとんどは、自分が生息しやすい限られた環境（ニッチ）に絶妙に適応している。従来とは異なる場所に移住しても、異なる種に進化することなく地球全体に広がったのは、霊長類のなかでは人類だけである。

ヒト族（ホミニン）の先祖はある時点で、どこにでも暮らせる能力を手に入れた。しかし、このすごい能力と引き換えに、独特のニッチに適応する生来の傾向を失った。身体が大きく、多くのカロリーや資源を必要とする人類のような生き物にとって、これは進化を脅かすリスクだった。それでも進化できたのは、人類は脳の適応能力が優れ、しかも社会性がきわめて高かったからだ。おかげで血縁関係のない大勢の人たちと協力して支え合い、資源やアイデアや知識を共有することができた。しかも人類は、自分たちのニーズに合わせて環境を変化させる方法を学んだ。さらに、異なる様々な環境に適応するためのスキルや行動を身に付ける方法も学んだ。その結果、人類は移住によって環境の課題を克服し、部族間の衝突や縄張り争い、さらには食料や資源の不足を解決し、近親交配や病気を回避して生き残ってきたのである。

良い気候条件を求めて、最終的に狩猟採集民は世界各地に広がった。ただし、それは単独行動ではなかった。人類は、協力を前提とする集団行動に依存した。進化を促してくれたニッチを飛び出し、遠くまで移動する際のリスクやエネルギーを分散させるため、協力関係を網の目のように張り巡らせた。当時は更新世で、今日の私たちからは想像もつかない世界だった。ヨーロッパやアジアの北部や北米の三分の一を厚い氷床が覆い、氷のない地表には、夥（おびただ）しい数の巨大な哺乳類が徘徊（はいかい）していた。乱獲によってとっくに絶滅したものの、そこには恐ろしい肉食動物も数多く含まれた。こんな恐ろしい世界を無事に移動するためには、柔軟性を備え、集団に支えられなければならない。そして今世紀には、どちらも必要になるだろう。

人類と共にモノも移動する

ただし、私たちは身ひとつで移動するわけではない。いま暮らしている場所を見回してみよう。あなたがいまの場所――新しい「ニッチ」――で生き残れるのは、別の環境から様々なモノを持ち込んだおかげだ。たとえば私は、食料や水、自宅のあらゆるインフラや調度品を持ち込んだ。現在の環境に由来するものは、足元の地面と空気しかない。それ以外のものはすべて、複雑に入り組んだグローバル・ネットワークに依存している。それは地球のあちこちに移住した何千もの人々によって支えられており、おかげで世界各地のモノが私のもとに届けられる。

人類の移動は、重要な二次移動に支えられている。それはモノの移動だ。たとえば私たちの遠い先祖は、水を持って移動した。小袋に入れた水を携行したおかげで、持久力を失わずに何日も狩猟を続けることができた。他には、石斧(せきふ)や木の柄(え)のついた槍(やり)など、獲物を殺して切り刻み、処理するための武器や、火打石などの道具も欠かせなかった。必要な資源を持ち運びできる能力のおかげで、殺伐とした荒野を踏破して、長い距離を移動できたのである。こんなことができる動物は人類しかいない。おかげで制約から解放された結果、生涯にわたり、さらには何世代にもわたり、様々な技術を開発できるようになったのである。

そうなるとつぎは、資源の移動が協力関係のなかに組み込まれ、それをきっかけに集団内や集団同士の交易が始まった。資源の確保に伴うエネルギーコストは、交易のおかげで大きく減少し、特に長期間にわたる移動には恩恵がもたらされた。さらに、新しい場所で新しい生活を始める際のリスクも軽減される。私たちホモ・サピエンスの先祖が登場するまでには、集団のあいだに強力な社会的ネットワークが構築され、遠く離れた場所との資源の交換が可能になり、人間同士のつながりも密になった。その結果、人類は遠くまで移動する能力を発達させ、最終的にアフリカをあとにして、アジア、オーストラリア、ヨーロッパ、南北アメリカに入植したのである。

私たちホモ・サピエンスが絶滅した旧人類よりも優位に立ったのは、おそらく支援ネットワークを通じて資源を交換できる能力のおかげだった。現生人類がネアンデルタール人に取って代わると、人口密度は少なくとも一〇倍に増加した。環境収容力がこれほど増加したのは、貴重品を「貨幣」として利用して富が移転されたからだと考えられる。貝殻ビーズなどが貨幣として使われた。ネアンデルタール人も様々な装飾品を作ったが、広く交易を行なったかどうかは明らかにされていない。これに対して私たちの先祖は、遠くから原材料を集めて交易を行ない、それを使って付加価値のある品を作り、それもまた交易の対象にした。交易――資源の組織的な移動――のおかげで、私たちの先祖は大きな社会的ネットワークを構築し、集団の規模を拡大し、文化を発達させ、過酷な環境での復元力を強めた。交易のおかげで集団は、特定の文化活動に専念しながらも、あらゆるニーズを満たすことができた。その結果、私たちの先祖は複数の大陸で土地を占領することができたが、ネアンデルタール人はユーラシア大陸の外に敢(あ)えて踏み出さなかった。

今日では、狩猟採集を営む民族は狩猟シーズンのあいだ複数の集団（バンド）に分かれ、一年に数回盛大に行なわれる祭りのあいだ、およそ一週間だけひとつの民族として集合する。こうしてみんなが集まると、肉や物語や資源が交換され、新しいアイデアや技術や道具に注目が集まり、装飾品が値踏みされ、交易関係が強化される。祭りに参加する準備として、現代の狩猟採集民社会、たとえばカラハリ砂漠西部のクンなどは、ダチョウの卵殻と貝殻で宝飾品を作るために長い時間を費やす。完成品は、他の集団の縄張りに移動する権利と交換され、そうすれば、自分たちの縄張り以外での狩猟や採集が可能になる。大昔の集団も、移動する際は交易に助けられた。というのも、交易によって環境リスクは分散されるからだ。もしも部族の縄張りで水場が干上がり獲物が不足しても、交易を通じて権利を取得すれば、離れた別の部族の縄張りから食料を確保することができる。

狩猟採集を営んだ人類の遠い先祖は移住を繰り返したが、その頻度は少しずつ増えていった。人類が進化の歴史の大半を過ごした更新世は過酷な環境だったため、人口は一貫して少なく、集団同士の交流の機会も限られた。その証拠に、アフリカを離れた比較的小さな集団から枝分かれした子孫のあいだには、遺伝的差異がわずかしか見られない。ちなみに複数の異なる遺伝子によって制御される皮膚の色は、先祖が移動した範囲を目で確認できる手段として役立つが、緯度が高くなって太陽の光が弱くなるにつれて、概して（メラニンが失われて）色は薄くなる。メラニンは紫外線から肌を守ってくれるが、その一方、肌が太陽光と反応して生成される重要なビタミンDの量を減少させる。チンパンジーの皮膚の色は薄いが、体毛に覆われていない人類は太陽光のダメージから皮膚を守るため、メラニンが増えて黒い皮膚に進化した。ヨーロッパ人といえば白い皮膚が馴染み深いが、そうなったのは驚くほど最近のことだ。つい四〇〇〇年前まで、ヨーロッパ人は（目は青いが）皮膚も髪の毛も黒かった。

最後の氷河期が終わるまでには、全人類が移動を繰り返すようになり、ひとつの季節が終わるまでじっくり腰を落ち着けることはなかった。部族が定期的に集まる機会はあっても、ほどなくすると、持続可能な人口密度の集団に分散した。たとえば最初のブリトン人〔訳注：ブリテン島に渡来したケルト系の先住民〕は定住しなかった。狩猟目的でやって来ても、シーズンが終わると大陸とつながった陸橋を渡り、大陸の南の暖かい土地に移動した。

農業と定住のはじまり

移住は、私たちの遺伝子と文化を多様化した。たとえばヨーロッパ北部では、石器時代から青銅器時代にかけて重要な大移動が三度あって、すべてのヨーロッパ人の遺伝子構造を劇的に変化させた。当時の人口が少なかったことは、変化を促す大きな原因になった。およそ一万八〇〇〇年前から始まった第一波では、狩猟採集民がバルカン半島から北に移動した。この狩猟採集民の遺伝子は、未だにヨーロッパ人の遺伝子のおよそ三〇パーセントを占めている。第二波では、農民がアナトリアから北に移動した。この農民はおよそ八〇〇〇年前にやって来ると、[4]当初は現地の狩猟採集民と交わらずに暮らした。第三波はまだ五〇〇〇年前の出来事で、家畜を連れた遊牧民がユーラシア大陸の大草原地帯から、農民が暮らす定住地へと移動してきた。

人類の地理的所在地が固定され、土地に定住するようになったのは、二回目の大移動がきっかけだった。当時、先祖の生活様式が狩猟採集から定住地での農業へと移行すると、地域の資源にはさらなる圧力が加わった。農作物の栽培が始まると、地球の風景は劇的に変化する。人類が生き残るため、土地の生産性を高める必要が生じた。実際、畑に種を蒔いて作物を育てるようになると、収穫物から恩恵を得るまで離れることができない。こうして農業は、移動を繰り返してきた人類の行動パターンを根本的に変化させた。私たちは土地に縛られるようになった。たとえ所有していなくても、アイデンティティは土地と結びつけられた。ただし農業による定住は、当初は一時的なもので、土地が消耗すれば引き払い、再び移動を始めた。

今日では気候変動が私たちを住み慣れた土地から追い立てているが、かつての気候変動はそれとは異なる変化の鍵となる存在だった。気候変動は人類を定着させたのだ。人類が農業を始めるようになったのは、地球の気候変動のおかげだったのである。最後の氷河期のあいだ、地球の大気には二酸化炭素がほとんど含まれなかった。濃度はおよそ一八〇ｐｐｍしかなく、光合成は非常に効率が悪かったため、地球全体の植物の数は現在の半分にすぎなかった。二万年前の遊牧民族にとって、定住するのは不可能だった。野生の草原には細長い草が生えていたが、家畜の群れを長期間にわたって放牧させるには不十分で、ましてや農業など無理だった。ところが八〇〇〇年前になると、大気中の二酸化炭素濃度は二五〇ｐｐｍにまで上昇し、植物の生産性が劇的に向上した。おかげで狩猟採集民は食料を探し求めて遠くまで移動する必要がなくなると、家畜の群れを長期間同じ場所で放牧できるようになった。定住地は十分に安定したため、灌漑用水路から穀物を保管するサイロまで、様々なインフラへの投資が実現した。

ただし農業、特に初期の農業は生活様式が不安定で、多くの人たちが飢えに苦しみ、危険と隣り合わせの生き方をした。定住した人間によって乱獲が行なわれれば、地域の野生生物は激減したはずだ。そして凶作になっても、新しい牧草地への移動は以前よりも難しくなった。サバイバルキットの重要なツール、すなわち移動する能力が衰え、最も必要とされるときに機能しなくなったのだ。たとえば、九一〇〇〇年前から八〇〇〇年前にかけてのアナトリアの遺跡発掘場から得られた証拠によれば、当時は人口が急激に増加しただけでなく、でんぷん質で低たんぱくの粗末な食事の影響で、骨の異常や虫歯の割合も大きく増えた。このように健康面で不利な点はあるものの、食料確保のために土地を利用する手段として農業は最も効率が高い。しかも移動を伴わない生活ならば、女性は出産の間隔を短くすることができる。赤ん坊や幼児を抱えて移動する負担から解放されるからだ。そうなると子供の数は増え、その分だけたくさんの土地が必要とされた。このように農業は人口を増やし、大勢の人たちを新たな形で各地に分散させ、重要な影響をもたらした。

人口統計学者は定住社会の進化をモデル化し、人口が一定のレベルに達して絶え間ない移動が困難になると（さらに資源枯渇率が低くなると）、はじめて定住生活は実現すると結論した(5)。要するに、定住社会と農業は、人類が移動性の動物種として成功したおかげで進化したのだ。農業は文明の誕生と発展を促した。ただし社会的幸福は損なわれ、不公平の多くは今日まで残っている。平等だった社会が定住をきっかけに、社会的に不平等な傾向を強めた証拠は残されている。今日のトルコで発掘されたチャタル・ヒュユク遺跡からは、当時の定住生活を知る手がかりが発見されている。すでに八〇〇〇年前、泥レンガの家が何百も立ち並ぶ都市だったが、きわめて平等な社会だったことが証拠から確認できる。しかし六五〇〇年前までに社会は変化を遂げ、世帯間に不平等が生じ、自分勝手な人物は厳しく罰せられた。たとえば、意図的に攻撃された傷跡が残された頭蓋骨も発見されている。

定住は社会的に明らかに有利だった。定住をきっかけに人口は増え、複雑な文化の発展が促された。しかし一カ所に落ち着いていると、安全が確保できなくなったときに悪影響を受けやすい。たとえば気候変動は、これまで常に移住のきっかけになってきた。地球の気温が低くなると、人々は常に南の新天地を求めて赤道方向に移住した。そして気温が高くなると、常に北へ移住した。一万二九〇〇年前の氷河期はきわめて過酷で、ヨーロッパの一部は五〇年間で気温が一二℃も下がった。そのため狩猟採集民は、南の中東まで移住する。そしておよそ一万年前から気温が徐々に上昇すると、今度は北への移住を始めた。

農業が発明され導入された場所ではきまって、かつては遊牧民が放浪していた土地に農民が入植した。アフリカで最初の農業は、およそ八〇〇〇年前にいまのサハラ砂漠東部で始まった。ところが六〇〇〇年前の気候変動で乾燥が進んで砂漠が広がると、農業が終焉する稀なケースとなり、遊牧民による牧畜や狩猟採集が復活した。やがておよそ四五〇〇年前、アフリカ西部のバントゥー系民族がヤムイモの栽培を始め、西や南に向かって大移動を始めた。そのため、狩猟採集民の大きな集団だったサン人らは肥沃な土地から追い出され、人口も減少し、サン人はサバンナで細々と暮らすようになった。同様に南北アメリカ大陸でも、トルテカ人やアステカ人が移住して先住民のコミュニティを追い出した後、新たに農業を始めた。

すでに述べたように、定住農業によって人口は増加したが、限界もあった。土壌から作物が取り込む窒素などの栄養分の不足を補う手段として、農民は数千年にわたって生体物質のリサイクルに主に依存してきた。畑に茎や牧草を放置して腐植させるだけでなく、家畜の糞(ふん)や人糞など手に入るかぎりの有機物を加え、輪作を実践した。しかし人口が増えると、同じ畑から供給する作物の量を増やす必要が生じた。ところが一九〇九年、ドイツの化学者フリッツ・ハーバーが、空気中の窒素を植物が吸収できる形に変換する方法を発明した。そしてカール・ボッシュは、それに基づいて工業生産する方法を考案する。こうして合成肥料の時代は幕を開け、人口増加への対策として直ちに効果を発揮した。いまでは私たちの体に含まれるたんぱく質の半分は、ハーバー・ボッシュ法に由来したものだ。数十億の人々が合成肥料のおかげで、パンやコメやジャガイモを毎日食べられるようになった。こうして地球の窒素循環を一変させた合成肥料に助けられ、人口は八〇億にまで膨れ上がり、人類は地球で優位な立場を手に入れたのである。

現代の農業で生産される食料は世界各地に送られる。おかげで人類の大半は、狭い地域に何世代にもわたって定住し続けることが可能になった。こうした地域は人口密度が高く、食料はほとんど生産されない。ほとんどは外部から食料などの資源を購入して確保する。

遊牧民の大移動

農業が発明されると、人類は移動を繰り返す生活を捨てて一カ所に定住した。もちろん、これは簡単な話ではない。食料を探し求めることをやめたからと言って、移動をすっかりやめるわけにはいかない。そもそも農業は不安定なビジネスで、全住民のカロリー摂取量は環境条件に左右される。たとえばおよそ三二〇〇年前には、中東が異常気候に見舞われて干ばつが三〇〇年間続いた結果、文明のネットワーク全体が崩壊した(6)。

「[私たちの]家は食料が不足している。すぐにでもここに来てくれないと、飢え死にしてしまう。あなたの土地からは、生きている人間がひとりもいなくなるだろう」。この手紙はシリア商人が各地に派遣した部下たちのあいだで交わされたものだ。当時はレバントからユーフラテス川に至るまで、都市が軒並み食料不足に陥った。地中海からメソポタミアに至るまで、この地域を数世紀にわたって支配してきた王朝のすべてが崩壊しつつあった。エジプト新王国時代の最後の偉大なファラオ、ラムセス三世の埋葬殿の壁には、陸からも海からも大移動の波が押し寄せ、遠方からの謎の侵略者と武力衝突があったことが記されている。シュメール人は気候難民の侵入を防ぐため全長一〇〇キロメートルにおよぶ壁を設けるが、効果はなかった（難民の一部はさらに北の地域に定住し、バビロンという都市を建設し、新しい文明を生み出した）。数十年のうちに、青銅器文化を持つ世界全体が崩壊した。この崩壊の恩恵を受けたのが、平原を移動して暮らす遊牧民だった。

世界各地の広大な平原は風が常に吹き荒れて土壌が乾燥しており、農業にふさわしい環境ではないが、馬などの草食動物には極上の牧草が提供される。そのため遊牧民や狩猟民は、何千年にもわたって大平原を活動の拠点として利用してきた。しかもその多くは商人としての評判を高め、畜産物を農産物などの資源と交換するだけでなく、ときには定住者に奇襲をかけて貯蔵品を奪い取った。こうした形の移動が戦略として効果を発揮したおかげで、人類は地球でも特に過酷な環境を生き延び、遺伝子や文化や資源を複数の大陸に広げていったのである。

中央アジアのステップから現れたヤムナ人は、遊牧民としておそらく最も高度な文化を発達させた。どの民族よりも早く馬を家畜として飼い慣らし、その馬を使っておよそ五〇〇〇年前にヨーロッパを征服して定住した。この三回目にして最後の遊牧民による大移動の結果、すべてのヨーロッパ人のDNAに変化が引き起こされた。ヤムナ人の異様な外見には目を奪われたはずだ。ヨーロッパで農業を営んでいた先住民が、それまで見たこともない人種だった。色白で黒い目をした戦士で、ブロンズの装飾品を身に着け、馬に乗って突進し、荷車を馬に引かせていた。その高度な金属細工や細かい模様の刻まれた土器は、スコットランドからモロッコまで各地で発掘されている。さらにヤムナ人は、イラン北部に起源をもつインド・ヨーロッパ語を持ち込み、ユーラシア大陸で最初にマリファナの取引を始めた。ヤムナ人や近隣の集団によって切り開かれた交易路は、数千年後にシルクロードの一部になった。

ヤムナ人に圧倒的な変容力があったのは、よく整備されたネットワークの存在も理由のひとつだ。移動を繰り返す複数の集団から構成されるネットワークが張り巡らされ、大陸全体を網羅したコミュニケーションシステムが成り立っていた。しかも彼らは、交易にも優れた手腕を発揮した。結局のところ集団の移動では、協力と交流のネットワークの構築が成功のカギを握る。そしてヤムナ人は、タイミングにも確実に助けられた。ペストでヨーロッパ大陸が壊滅状態になってほどなくやって来たのだ。その移動は、いかなる基準からしても暴力的な侵略だった。小さな集団がいくつもヨーロッパじゅうを荒らし回り、戦斧（せんぷ）や新しい飛び道具の弓矢など、高度な武器で先住民を圧倒した。現地の遺伝子プールのおよそ九〇パーセントはヤムナ人によって失われ、現在のスペインとポルトガルでは男性のDNAがすっかり置き換わった。

数世紀のうちに、ヤムナ人の移動はヨーロッパの社会や文化や遺伝子に革命的な変化をもたらし、その結果として青銅器時代が到来した。今日、ヨーロッパのほとんどの人たちは色が白く、世界の半分の人たちがインド・ヨーロッパ語を話す。ヨーロッパ人のDNAの少なくとも七〇パーセントは、アナトリアから八〇〇〇年前に農民としてやって来た集団か、五〇〇〇年前にステップからやって来た集団のいずれかによって持ち込まれた。残りの三〇パーセントは狩猟採集を営む先住民のDNAだ。ヨーロッパ人のDNAに重要な変化が引き起こされたのはこれが最後だが、文化に変化が引き起こされるのは最後ではなかった。

それから数千年間、戦士たちはステップから何度も繰り返し襲来しては、農業を営む定住地や都市を略奪し、農民に寄生して人口の少ない平野を占領した。しかし、馬に餌を与えられる場所まで継続的に後退する必要があり、やがてそこに定住するようになった。これが、たとえば古代ギリシャやオスマン帝国の起源だ。こうして風のように大地を駆け抜ける戦士たちは帝国をつぎつぎ滅ぼしては、遺伝子プールに痕跡を残した。今日、チンギス・カンのDNAは生きている男性のおよそ二〇〇人にひとりに残されており、総数はおよそ一六〇〇万人にのぼる。

海も侵入者の移動を助けた。ペリシテ人（「海の民」）は、エジプトやカナン（現代のイスラエルにほぼ相当する）を繰り返し攻撃し、最終的に定住した場所はパレスチナ〔訳注：ペリシテ人の土地という意味〕になった。バイキングも定住者の集落に定期的に寄生した。小回りの利く軍船を乗り回し、沿岸部に住む人たちに奇襲攻撃をかけた。「バイキング」とは「攻撃」を意味する言葉で、ベルセルクと呼ばれる異能の狂戦士が、忘我状態で襲いかかることもあった。こうした攻撃を受けたコンスタンティノープルの聡明な総主教は、八六〇年にこう嘆き悲しんだ。「野蛮人がこうしていきなり出没し、激しい雹（ひょう）の嵐のように暴れ回るのはなぜだろう」

農業が拡大すると、遊牧民の集団のほとんどは消滅するか、一カ所に定住した。しかしいまでもモンゴルのステップやマサイマラやパタゴニアの草原を、牧畜民は移動して暮らしている。そして耕作限界地や草原を、持続可能な形で上手に利用している。

海を越えて広がる

人類の大移動は、新しい土地や資源を発見するためにも促されてきた。旺盛な好奇心と勇気に後押しされ、住み慣れた安全な世界を飛び出し、深い海や極地、さらには宇宙空間まで探索した。大移動によって人類は地球のあちこちに分散し、遺伝子だけでなく文化的習慣や信仰や技術を各地に広めた。

ポリネシア人は何千年にもわたり、島の制約された環境での人口過多や内乱に対処するため移住を繰り返してきた。ポリネシア人は海流に関して高度な知識の持ち主だった。その知識と夜空の星の位置を頼りに、大海原を何千キロメートルも巧みに航海し、ハワイからインドネシアまで遠くの島々を占領した。

対照的に、ヨーロッパの海の探検家は新世界（そして旧世界の新しい場所）を発見しても、大体はすでに先住民が存在していた。そのため、移住した集団が友好的に接したケースは滅多になく、狙いを定めた土地で資源や土地を奪い取り、先住民を別の場所に追い出した。外からの侵入者は現地の文化を軽んじて、代わりに自分たちの文化を押しつけた。こちらのほうが本質的に優れていると確信したからで、その結果、一部の人間は「未開人」だという人種差別的なアイデアの種が蒔かれた。それでもこうした長い航海からは新しい人たちと接触する機会がもたらされ、人類もその活動もグローバル化し、世界に関する知識は充実した。その半面、死や病気がもたらされ、確立された文化が破壊され、環境が劇的に変化するという負の遺産もあった。入植者と先住民の子孫のあいだには未だに力の不均衡が根強く、過去から受け継がれた社会経済的な不平等は隠しようがない。

移住は世界の産業化を促したが、環境の変化や国家の富の充実を支える強制労働の担い手を確保する手段として、移住が利用されることもあった。奴隷制は古代からの習慣だったが、大西洋をはさんだ奴隷貿易はビジネスとして確立され、巨大な規模に膨れ上がった。アフリカから連れてこられた奴隷の人数は、四〇〇年間でおよそ一二〇〇万人に達した。主に若い男性が故郷の大陸から別の大陸に強制的に連れてこられた蛮行の遺産は、遺伝子、文化、社会、人口のいずれにも永続的な影響をもたらした。それまでもアフリカの人々は数千年前からヨーロッパやアジアに存在していたが、その数は比較的限られていた。そしてアフリカの奥地にまで移動するヨーロッパやアジアの人々の数もわずかだった。それはアフリカの地理がもたらした結果でもある。アフリカ大陸は砂漠や密林が広がり、川は航行不能だった。他には気候と生態系の影響もあった。ユーラシア大陸で採用された農法は、熱帯にはふさわしくなかったのだ。しかもアフリカの風土病は、外からの入植者には命取りになった。そのため世界のなかでもアフリカは奴隷貿易が始まるまで、ユーラシア大陸と活発に交流する機会から取り残された。それでも結局、残酷な恥ずべき歴史的出来事によって、南北アメリカ大陸でも海の向こう側でも遺伝子や文化が多様になった。陰では、大勢の人たちが塗炭の苦しみを味わったのである。

遺伝子や文化が混じり合う

今日では遺伝子、人間、文化、技術のいずれも大きく混じり合っているが、こうした多様性や複雑さの多くは、人類の移住への欲求がもたらしたものだ。交易に伴う恩恵に注目し、社会規範も遺伝子も技術も異なる民族との協力を決断したのである。その結果、私たちの社会ネットワークも社会の集合知も拡大し、人類は貴重な天然資源を求めて環境を探索する行動に駆り立てられた。ときには集団と集団のあいだで資源と一緒に文化的習慣が移動する。人々が移住して新しい集団の仲間入りをする際、一緒に技術を持ち込むときもある。最近では集団遺伝学、考古学、古生物学、言語学が進歩した結果、人類大移動の遺産の全容を以前よりも詳しく把握できるようになった。たとえば、海を渡ってきたアングロ・サクソン人がブリテン島のどこに定住したのか、具体的な町の場所まで確認できるのは、遺伝子プールに変化が引き起こされた場所を確認できるからだ。それに比べ、ローマ人やバイキングやノルマン人の侵略によってイギリスの文化の歴史は大きく変容したものの、生きている人間の細胞のDNAには、その記録の痕跡はわずかしか残されていない。

移動が繰り返されると、遺伝子の組換えが人類にとって有利な形で進行した。遺伝子の混合や組換えからは、しばしば新しい変異体が生まれた。たとえばヤムナ人は、大人になってもミルクを消化できる遺伝子を持ち込んだが、これは放牧の環境に遺伝子が適応した結果として得られたものだ。こうして新たなカロリー源が加わると、栄養不足で成長を阻まれてきた農民に大きな利益がもたらされたはずだ。ヤムナ人の白い皮膚も、色の黒い農民にはありがたい贈り物だっただろう。ビタミンDを食料から摂取できる手段をほとんど持たず、しかも北の冬は日照時間が短いので、ビタミンDを生成しやすい白い皮膚は役に立ったと考えられる。小さな集団では、わずかな利点でも遺伝情報に組み込まれれば、その遺伝子が増殖する可能性がある。

過去数世紀は、複数の民族がかつてないほどの規模で混じり合った。大勢の人たちが紛争を逃れ、あるいはより良い生活を求めて大陸を横断し、真にグローバルな世界が生み出された。なかには必要な労働量を確保するため、国が移民の受け入れを主導するケースもあった。そのおかげでオーストラリアやカリフォルニア州やイギリスの国民保健サービスは急速に発展した。さらに季節労働者はドバイに向かい、学生は学園都市に、科学者はＣＥＲＮ（欧州原子核研究機構）などの国際共同研究機関に集まった。実際、移住者で構成される共同研究室で科学的な発見や進歩が実現するのは、決して偶然ではない。イノベーションの発達を促し、研究方針を統一し、アイデアを多様化するためには協力体制が欠かせない。

このように移住は、人間社会にとっての特徴というだけでなく、必要不可欠な要素だと言ってもよい。移住が徹底されないと、文化も遺伝子も複雑な形に発達できず、社会は生き残りに苦労して、絶滅する可能性もある。たとえばこれは、狭い場所で孤立して暮らしたカナダのパレオ・エスキモーに実際に降りかかった運命だ。パレオ・エスキモーは厚い氷に覆われた荒海を越えてシベリアから北米まで航海すると、およそ六〇〇〇年前にカナダに定住した。カナダ南部で高度に発達した文化を持つアメリカインディアンの先住民と縄張りを共有したものの、意識的に孤立状態を選んだ。やがて時間が経過すると困難に見舞われ、ついに絶滅したのである。彼らの健康は近親交配のせいで悪化した可能性があり、文化も退化した。よその集団とのコミュニケーションが不足したため、跡形もなく消えてしまった。

社会的ネットワークは相乗効果を生み出すので、つながりを持たない人たちの寄せ集めでは達成できない成果が、まとまりのある集団では可能になる。移住には困難な問題が付きまとうが、その克服には協力ネットワークが役に立つ。さらに、頼るものがない土地で生きていくための助けにもなる。

たとえば最初に到着した集団は、あとで同じ出身地からやって来る集団を受け入れるためのネットワークを準備する。要するに、移住は地球全体で無計画に繰り返されるのではない。大勢の人たちが過去に残してくれたルートや経路を受け継ぎ、その足跡をたどっていく。十字軍やシルクロードの商人や植民地独立後のディアスポラ（民族離散）からは、踏み固められた道がもたらされる。

異なる人種など存在しない

このように移住は、人類の歴史を通じて続けられてきた。時には大きな集団で、時には少人数で移住して、すでに社会が確立されている土地にやって来ることもたびたびだった。別の部族の縄張りに入り込むことには危険を伴うが、この行為が常態化していくうちに、私たちの先祖は他の霊長類の行動と一線を画した。たとえばチンパンジーは、侵入者を例外なく攻撃し、しばしば殺してしまう。対照的にほとんどの人間社会では、よそ者を歓迎する社会規範が定着しており、集団の評判や指導者の名声は、よそからの訪問者を快く受け入れるかどうかに左右される。

そして私たちは、家族のつながりも最大限に利用する。人間の集団同士の交流が敵対的ではなく、協力的なことが多いのは、集団同士で交易するほうがずっと大きな利益がもたらされるからだが、もうひとつ、人々の近縁性も見逃せない。義理の家族も含む拡大家族は、しばしば集団の境界の外まで広がる。そのためほとんどの人は、異なる地区や国、さらには大陸に暮らす人たちとも密接な関連性を持つ。だから、地球上のほとんどの人は複数の言語を話すのである。人類は近親者以外とも、驚くほど密接に関わり合っているのだ。他の生物種は遺伝子の多様性が高いが、それに比べて誰もが遺伝的に非常によく似ている。ふたりの人間を無作為に選んでDNAを比較してみると、違いは平均で〇・一パーセントしかない。これは無作為に選んだ二匹のチンパンジーのDNAの違いよりもはるかに少ない。集団のあいだの遺伝子クラスターの違いは、たとえばスリランカ人とスウェーデン人のように異なる大陸の集団の場合もわずかでしかない。これには大昔の急激な人口減少も関わっているが、人類の大移動が交易ネットワークの発達によって容易になり、交配が進んだのが大きな理由だ。人類誕生の地であるサブサハラ・アフリカ〔訳注：アフリカのサハラ砂漠より南の地域〕は、世界人口の八分の一にとっての故郷であり、遺伝的多様性は世界で最も大きい。西アフリカの人と東アフリカの人のDNAの違いは、ヨーロッパ人と東アジア人の違いの二倍になる。こうして人類は何十万年もかけて複雑な進化を遂げてきたが、社会は人々を「黒」か「白」にきっちり分類する。まるで肌の色は二種類しかなく、それによって遺伝子の「純度」や「人種」が決定されると考えているようだ。

人類は相互の関連性が密で、しかも遺伝的類似性も強い。つまり、生物学的には異なる人種など存在しない。世界中の誰もが同じ先祖から進化している。私たちと特定の土地との結びつき――ナショナル・アイデンティティ――は文化的なもので、任意の時点の状況に基づいて決定されるものだ。ほとんどは、子供の誕生時の母親の所在地が出身地と見なされる。遺伝的特徴はオーバーラップし、文化や地理の境界を越えて拡散している。そのため集団内部の遺伝的変異性は、集団同士と少なくとも同程度に高い（厳格な文化的規範によって異なる集団同士の結婚が禁じられていても、集団内部の遺伝的変異性は高いことが証拠から明らかにされている）。

先住民のいる場所を侵略し、故郷を逃げ出し、使命に駆り立てられ、未開の地を探検し、あちこちを放浪し、奴隷貿易の犠牲となり、人々は大移動を経験してきた。戦うため、働くため、あるいは一攫千金を夢見て、住み慣れた土地から移動した。おかげでこの一〇〇〇年間に遺伝子はずいぶん混じり合ったが、最近の数世紀はその傾向が特に顕著だ。人類の家系図の枝同士が絡み合う機会が増えると、多人種混合集団が形成される。この傾向が続けば最終的に、目に見える違いを頼りに内集団の民族が外集団に偏見を抱くのは不可能になるだろう。(7) 気候変動が進めば、あと数世代のうちにこの動きはさらに加速する可能性がある。たとえばヨーロッパの人々と西アジアの人々の遺伝的差異は、この一万年で半分以下に減少した。要するに、生物学的「人種」という誤った考えに基づいて指摘される違いには、もはや信憑性がなくなるだろう。

都市の影響力

異文化間の交易ネットワークの中心は都市である。そして、都市は孤立したままでは存在できない。商人や外交官や職人の交易ネットワークに依存して、新しい資源やアイデアを持ち込む。都市の住民の社会的ネットワークは村の住民と大きく異なり、アイデンティティや土地との結びつきも同じではない。村の住民に比べて、知らない人たちとの交友関係が広い。そしてネットワークが拡大すれば、実りある交流が実現する可能性が増えて、ひいてはイノベーションが促される。要するに都市は文化を生み出す工場であり、多彩で密度の濃い集団を引き寄せる。さらにあらゆる社会的ネットワークと同様、相乗効果を持っている。都市の人口が一〇〇パーセント増加すれば、イノベーションは一一五パーセント増加する。

歴史を振り返ってみると、チャンスを求めて人々が都市に移ると技術の進歩が加速して、文明や著述活動や近代産業経済が生み出された。ただし都市は新しい伝染病の温床になるので、健康が損なわれ、死者が劇的に増加した。実際に二〇世紀まで、都市は非常に危険な場所で、農村地域からの移住が絶えなかったため、かろうじて人口を維持できた。衛生設備や下水道や近代医学が登場してようやく、都市は比較的安全に住める場所になったのである。

遺伝子の都市への影響は、都市そのものよりも長続きする可能性がある。たとえばおよそ四〇〇年前、西アフリカのクバ人のカリスマ的指導者のシャアム・ア゠ムブルは、今日のコンゴ民主共和国の中部から南西部にかけて王国を建設した。これは地域の多くの民族集団から構成される、大きな洗練された都市国家だった。信じられないほど近代的な政治制度が導入され、憲法、行政官の選挙、陪審員による裁判、公共財の供給、社会的支援なども存在した。さらにイノベーションの中心地として栄え、手工芸品で有名になった。一九世紀末にベルギーの植民地になると、この素晴らしいコスモポリタン国家は著しく衰退したが、その遺産は生き続けている。その証拠にクバ人を先祖に持つ集団は、同じ地域の他の集団に比べて遺伝的多様性がずっと大きい。

世界の大都市はどこも移住してきた集団によって創造され、ヨーロッパのローマやベネチアのように難民の集団で形成されるケースも多い。これから史上最大の集団移動を経験するようになれば、人口一〇〇万の都市が一〇日ごとにひとつ誕生することになる。今後数十年間は都市化の大半が、アフリカやアジアの農村地域から賃金労働を求めて移住してくる貧困層によって進行するだろう。彼らのほとんどが暮らすスラムは、人口密度が一ヘクタールにつき二五〇〇人と高く、それでも共用のトイレはふたつか三つしかない（アメリカの平均的な家庭と同じ数だ）。今日では数十のメガシティが存在するが、二〇五〇年までには統合が進んで一〇程度のメガリージョンにまとまるだろう。たとえば中国では香港と深圳（シンセン）と広州が統合され、一見すると境界が取り払われた都市で一億人以上が暮らすことになる。そんなメガリージョンは、ひょっとしたら都市国家よりも大きな影響力を持つかもしれない。

実際、都市への権力の委譲はすでに進行しており、移住から気候変動対策まで、国家に代わって様々な問題に取り組んでいる。たとえば、難民や移民の流入を管理するのは国民国家のはずだが、現実には都市当局が担当することが多い。住民が現地で生まれたにせよ、合法的または不法な移民にせよ、彼らの住居や仕事などの問題を決定するのは自治体の役目になっている。「アーバンビザ」の発行を始めた都市も多く、たとえばニューヨークのＩＤＮＹＣプログラムの場合、ニューヨークに在住していることの証明（電気料金請求書など）になるものがあれば、身分証明書が発行される。市長による世界統治を提唱するベンジャミン・バーバーはつぎのように語る。「流入してくる移民集団の居住を認め、統制や登録や監督を手がけるのは実質的に都市であり、国民国家の許可を得るわけではない。国民国家は移民を統制する立場にないし、実際のところ統制に関わっていない(8)」

いまはまだ過渡期であり、都市は高度な有機体だ。大きく成長するほど、活動もイノベーションも速やかに進行する。

何もかもが移動性に優れている世界のおかげ

人類の大移動の物語は、私たちの遺伝子や文化や景観の物語であり、いずれも何千年もかけて変化を遂げた。さらに、人類の大移動の物語は遊牧生活と移動農業の物語、草原の遊牧民と農民の絶え間ない争いの物語、さらには拡大した後に消滅した帝国、地球の最果ての地まで到達した探検家、彼らの足跡をたどった人々の物語である。あるいは、所属する場所がある者と、その反対に追い出されて家や国家を失った者の物語である。そして最後に、人類が創造した最高のニッチである都市と、そこに惹きつけられる何十億もの人たちの物語でもある。

私たちは自ら構築して維持するネットワークを通じ、世界中に拡散している。このネットワークが密で結びつきが深ければ、移住は容易で社会は繁栄する。逆にネットワークが分断されれば、移住は制約されて社会も文化も衰退する。たとえ自分は移住しなくても、先祖は間違いなく移住した。そして現代世界の機能は、外からやって来るヒトや資源に全面的に依存している。ヒトの交流やモノの交換だけでなく、話す言葉、口に入れる食べ物、鑑賞する音楽も……何もかも、人間の世界が移動性に優れているおかげで存在している。

ところが今日では、多くの国が国境を封鎖したり壁を築いたりするため、移住への障壁がかつてないほど増えている。しかし今後は世界人口が一〇〇億に達する一方で資源は限られ、人口統計学上の危機が到来すると予想される。こうして過去最大の環境問題に直面するときに、生き残りにとって最も重要な手段を十分に活用せず、自分の首を絞めるべきではない。人類が入念な計画に基づき、自由に移動して新天地に分散してこそ、地球規模の難題に対処できる。しかしすでにおわかりのように、集団での大移動は残酷な流血の事態を伴う。今日の私たちが暮らす世界はテクノロジーが高度に発達しているが、大惨事が発生する可能性は常に存在している。それでも今回は、地球全体が一丸となって努力する必要がある。大切な地球を全人類が共有していることを認識し、合法的な計画に基づいて集団での移住を安全かつ円滑に進めなければならない。

第4章　移民を締め出す愚行

もしも国境が取り払われたら

一八〇〇年、世界の人口は一〇億に達したが、それまでにはおよそ三〇万年を要した。ところがそれからわずか二〇〇年で、人口は六〇億になった。そして二〇年後の二〇二〇年には、あと少しで八〇億のところまで迫った。私たち人類は、体の大きな動物のなかでは群を抜いて数が多い。こうして進化に成功したのは、先祖が移住を繰り返したことが大きな理由だ。

人類はあちこちに暮らしているが、地球全体に均等に分散しているわけではない。むしろ、世界の人口は一部に集中している。比較的狭い地域に大勢の人たちが密集しているかと思えば、ほとんど人がいない地域もある。たとえばバングラデシュでは、一平方キロメートル当たりに居住する人、すなわち人口密度が一二五二人にのぼる。これは隣国インドのほぼ三倍、そしてオーストラリアの四〇〇倍以上の数字だ。オーストラリアの人口密度はわずか三人にすぎない。

地球を訪問した異星人はこうした状況を見て驚き、バングラデシュという場所には、食料をはじめ世界的に需要の多い資源の大半が存在していると考えるかもしれない。しかし地球をもっとじっくり観察すると、実際のところ人類はさらに狭い地域に集中していることがわかるだろう。それは都市だ。たとえばマニラの人口密度はおよそ四万二〇〇〇人。ムンバイのスラム街のダラビでは、わずか二平方キロメートルの場所に一〇〇万人がひしめいている。

これはかならずしも悪いことではない。自分や子供たちが良い人生をおくるための最高の機会が提供される場所にみんなが集まるのは、道理にかなっている。食べ物が十分に確保され、安全な居住環境が提供され、学ぶことや働いて稼ぐことが可能な場所を探し求める。その点、都市では他とは比べものにならないほど素晴らしい恩恵が得られる。しかし、「最高の機会」がもたらされる場所を地図で確認してみると、矛盾点に気づく。良い人生をおくるチャンスが最も高い場所は、地図上でほとんどの人が暮らしている場所と一致しないのだ。これには、異星人の訪問者は確実に当惑するだろう。結局のところ他の生物種は、最も住みやすい場所に生息することを選択し、特定のニッチに合わせて進化している。ところが人類は、自ら問題を招いている。

世界の人口の大半は二七度線の付近に集中している。この緯度は従来、気候が最も快適で土壌が最も肥沃な地域だったが、いまやそれは変化しつつある。こうした気候変動に適応するためには、ニッチの移動に合わせて北に移動しなければならない。気候ニッチは世界中で極地の方向へ移動しつつある。平均すると、それは一日に一一五センチメートルのペースだが、一部の地域は進み方がずっと速い[1]。生態学者の計算によれば、気候変動の速度は一年に〇・四二キロメートルだという。つまり、人類をはじめとする生物種が同じ気候条件を享受し続けるためには、これだけの速さで赤道から離れた場所に移動する必要がある。

私たちは生まれる場所を選択できない。最近にせよ大昔にせよ、先祖が移動してきた場所でこの世に生をうける。ただし今日では多くの人たちが、環境の激変にとりわけ影響されやすい場所で暮らし、人口過密や貧困に苦しんでいる。おまけに事態は劇的に悪化すると予想される。そんなとき、過去には新天地への移住が解決策になったが、今日の問題の多くも移住で解決される可能性がある。しかも、移住する人たちの問題だけが解決されるわけではない。特に経済的には、移民を受け入れる国も送り出す国も様々な形で利益を得るだろう。

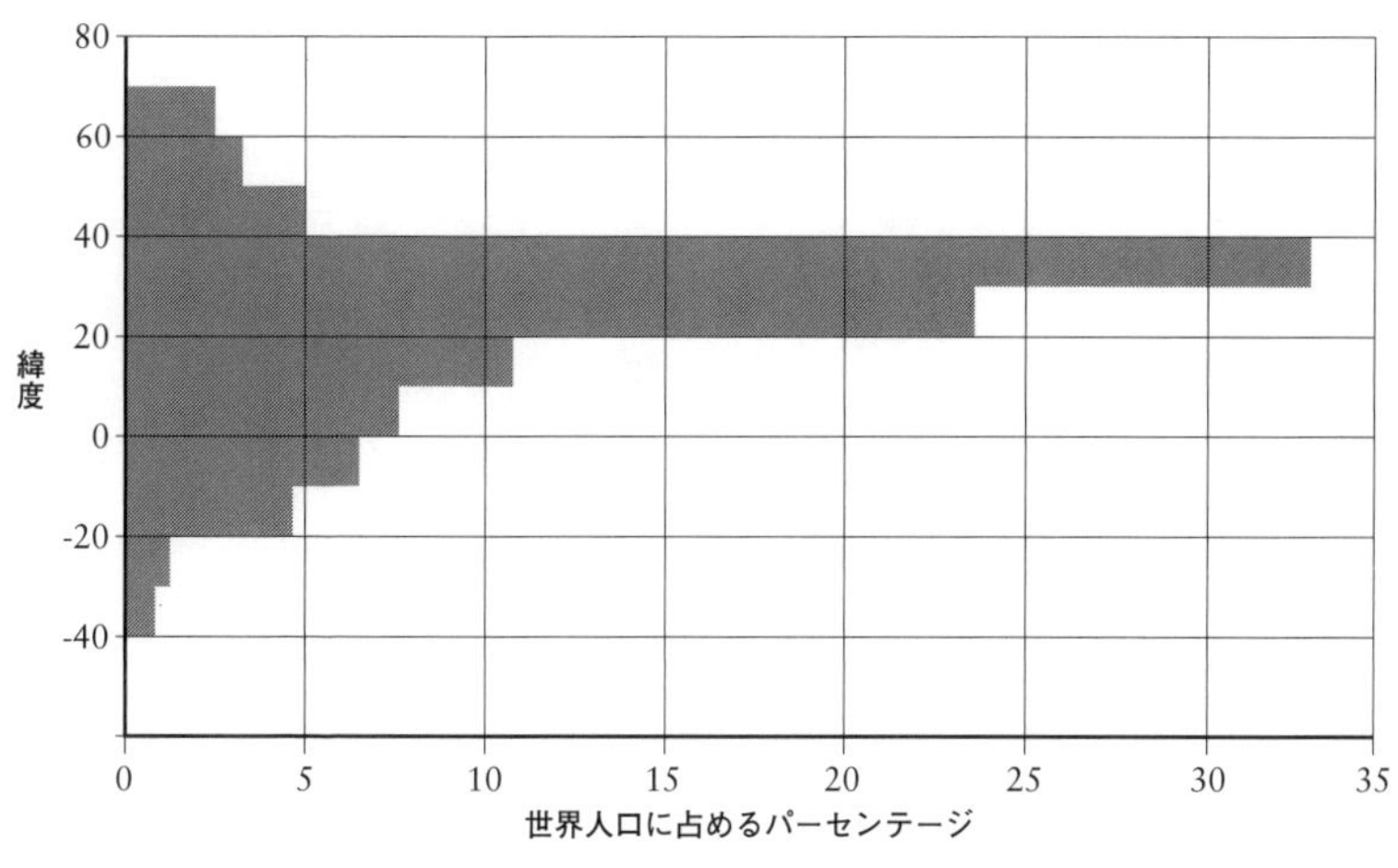

数十億の人類にとって居住可能な気候ニッチ〔訳注：マイナス数値の緯度は南緯を示す〕。

厄介なのは、住み慣れた場所を離れてどこか安全な場所に移ろうとすれば、多大な困難に直面することだ。人類は「ニッチ」利用の柔軟性に優れているので、いかなる環境でも暮らすことができるが、それは生きる力を与えてくれる社会的ネットワークに支えられているからでもある。だから、このサポートシステムを離れることはためらわれる。新しい目的地でこうしたネットワークに参加できないリスクがあれば、不安は募るばかりだ。これでは、まともな生活などできない。

国境は大きな障害になるシステムだ。祖国を離れる際にも、新天地に選んだ国に入る際にも、国境によって移動は制約される。一九世紀末には、世界人口の一四パーセントは世界各地を渡り歩く移動型の生活をおくっていたが、いまではわずか三パーセントにまで減少した（ただし、総人数はいまのほうがずっと多い）。しかしこうした移動型の人々は、世界のＧＤＰのおよそ一〇パーセントに貢献している。金額にすると六兆七〇〇〇億ドルになり、祖国にとどまっている場合よりも、三兆ドルも利益は増える(2)。複数の経済学者の計算によれば、もしも国境が取り払われたら、世界のGDPは一〇〇～一五〇パーセントも跳ね上がり、年間に少なくとも九〇兆ドルが追加される。[3] これから説明していくが、上手に管理すれば、移住はすべての人に恩恵をもたらす。

恩恵をもたらすとは、にわかに信じられないかもしれない。すでに限界まで拡張された社会福祉制度に、移民はさらなる負担をかけるのではないか。社会福祉制度は私たちの税金で支えられているのに、移民がただ乗りするのは不公平ではないか。生まれた場所に住み続けてきた人こそ、仕事などの機会を提供される存在としてふさわしい。それなのに、よそ者の移民のほうを優先すべき理由があるだろうか。こうした主張はメディアで大きく取り上げられ、ポピュリストの政治家は言葉巧みに説得するが、ここでは事実に目を向けてみよう。その内容には、驚かされるかもしれない。

差別も抑圧も必然ではない

移民への反論のほとんどは、本物の純粋なナショナル・アイデンティティの存在を根拠にしている。つまり、国家には「帰属する」人と、そうでない人がいるという発想だ。ドナルド・トランプの極端な反移民政策が「人種科学」や優生学とリンクしていることも、私にとっては意外ではない。[4] ちなみに本書を執筆中、アフリカ系の政治家のデイヴィッド・ラミー――一九七二年にロンドンで誕生して以来、ずっとこの地で暮らしてきた――は、国営ラジオ局の番組でこう尋ねられた。「あなたはイングランド人を自称できるのですか」。電話での質問者は、自分の先祖はアングロ・サクソン時代にまで遡るが、ラミーは明らかにアフリカ系カリブ人である点を指摘した。この質問は、伝統や植民地主義やナショナル・アイデンティティ、あるいはそれ以上のことについて多くを解明する手がかりになる（一〇八六年におよそ一〇〇〇人が国王から直接土地を授けられたが、ドゥームズデイ・ブック〔訳注：イングランド王ウィリアム一世が作成させた土地台帳〕によると、そのなかでイングランド人がわずか一三人だったことには注目していない）。しかし根本的には、これはある人物が、肌の色の濃い人間は自分と同じ「白い」部族のメンバーにはなれないと主張しているものだと解釈できる。ここに「帰属する」のは自分の部族だけで、自分たちだけが土地の正当な所有者だと宣言している。この質問を愚かな人種差別として片付けるのは簡単だが、ここからは、偏見には進化の長い歴史に根差していることを理解できる。

人類は部外者を疑って不信感を抱きやすいので、よそ者には大事な資源を共有する価値がないと説得されやすい。実際に今日では、多くの国でこうした説得の事例に事欠かない。ひとつの社会集団のなかで誰もが信頼し合える能力は、人類の生き残りにとって非常に重要である。そのため人類は、自分には帰属する「部族」があることを証明するために数えきれないほど多くの方法を進化させてきた。部族を信頼して忠誠を誓えば、身の安全が守られ、他にも様々な恩恵が提供される。ここで重要なのは、人類が帰属する社会集団は——ハチやアリなど他の社会性動物と異なり——同じ遺伝子を共有する家族だけで構成されるわけではないことだ。そのため誕生した瞬間から、自分たちの部族の社会規範、すなわち行動や文化的習慣を意識的にも無意識にも学んでいく。他人と社会規範を共有するほど、相手がどんな行動をとるのか予測しやすくなるので、自分のために一肌脱いでくれる人間として信頼できるかどうか判断しやすくなり、ひいては交流や意思の疎通に伴うコストが低下する。ただし、部族への忠誠が部内者のあいだで共有されるということは、部外者が存在しなければならない。部外者は私たちを利用しようとするが、大事な資源を横取りされては困るから、簡単に信用してはいけない。

外集団への偏見は幼少時から叩(たた)き込まれる。反感を抱く対象は個人ではなく文化的な違いであるかのように装うときは多いが、実際のところ外集団への偏見は認知パターンとして深く根付いている。人々は、同じ集団のメンバーとのつながりを感じ、たとえば誰かがつらい思いをすれば、脳は共感の反応を示す。ところが、別の誰かが外集団のメンバー、たとえばスポーツファンでも応援する対象が自分と異なる事実が判明すると、もはや共感できない。相手を外集団のメンバーとして確認することで、内集団の特徴は明確になり、集団への結びつきが強化されるのだ。

個人のアイデンティティは集団との結びつきが強い。そのため、もしも帰属する部族を変更すると、どちらの部族とも一体感が失われ、疎外感が強まり、心の健康が損なわれる恐れがある（たとえば統合失調症の発生率は移民のほうが高い）。集団との一体感を切望するのは、内集団のメンバーになれば身の安全が守られ、他にも様々な恩恵がもたらされるからだ。

人々の外見や文化的背景が似通っているほど、集団の象徴や社会規範の重要性は高まる。たとえば北アイルランドのカトリック教徒とプロテスタントは、ルワンダのツチ人とフツ人と同様、外見がよく似て同じような言葉を話すので、儀式や宗教や食べ物など、些細（ささい）な違いを何でもよいから強調する必要があった。あるいは他の集団と戦う物語を創造すれば、集団のアイデンティティが巧みに作り出される。物語のなかで自分たちは正しい人間であり、ヒーローや不当に扱われる犠牲者として描かれる。こうした物語に強い説得力があれば大きな効果が発揮され、社会的によく似た個人でも敵対集団のメンバーと見なすようになり、殺し合いも厭わなくなる。

集団は存在を脅かされたときに最も結束力を強め、部族の利益を必死で守り抜こうとする。五歳の子供でさえ、危機に瀕（ひん）すると集団に協力的で従順になる。ちなみに男性の兵士集団は一丸となって戦うとき、生き残る可能性が高い。司令官は理解しているが、部隊全体が同士のために命を捨てる覚悟ができているからだ。

政治家は、集団が脅威にさらされていることを口実にして国の制度を強化するだけでなく、政治的に多様な社会の団結を図る。別の集団との競争や対立を巧みに利用するのだ。ナショナリズムの台頭も、これによって説明できる。ナショナリズム発現の背景には集団への脅威がある。しかもこれはフィードバックループとして機能するので、移民や近隣諸国からの脅威が迫っていると熱弁を振るわれると、集団は納得させられてしまう。しかし実際のところ今日、こうした国々の大半が経験しているのは外からの脅威ではない。むしろ、内部が社会的に分断されて不公平が生じている。富裕層と貧困層、農村と都市、大学教育を受けた者とそうでない者とのあいだで格差が広がっている。部族意識にとらわれる可能性は誰にでもあり、歴史のなかで発現する機会もあったが、決して回避できないわけではない。部族意識には社会規範が介在しており、その社会規範は協調的にも排他的にもなり得る。差別も抑圧も、移民にもたらされる必然的な結果ではない。

移民への不安は和らいでいる

人類の文化には大きなパラドックスが存在する。人類には部族意識の傾向がある一方、すでに述べたように、複数の部族同士が協力し合うネットワークを構築し、アイデアや資源や遺伝子を交換している。私たちは社会戦略を研ぎ澄まし、よそ者を自分たちの集団に歓迎する能力を発達させた。おかげで別の集団の人間とも同じ集団の人間とも協力することができる。その証拠に、地球上のほとんどの人たちは複数の言語を話し、多くの人たちが複数の集団とのあいだで家族を共有する。両親は同じ集団でも、別の集団にいとこがいるかもしれない。私たちのネットワークは複数の集団に広がっている。そして社会的ネットワークを構成する各ノード（集合点）――各個人――が、幅広いネットワークを独自に構築していく。要するに私たち全員が、数次の隔たりの範囲内で結びついているのだ。たとえばデイヴィッド・ラミーはイギリスで誕生し、両親はガイアナ出身だ。先祖のなかには、今日のガイアナやバルバドスで数世紀にわたり、オランダ人やイギリス人の奴隷にされたアフリカ人だけでなく、スコットランド人も含まれる。それは、奴隷をレイプした可能性が高い。つまり彼は、奴隷と奴隷所有者のどちらの血も受け継いでいる。イギリスが第二次世界大戦後に国の再建を始めると、彼の両親は英国民として、イギリスの植民地から本国に招集された。要するにラミーは、イギリス人、イングランド人、ロンドン市民、ヨーロッパ人、アフリカ系カリブ人と、実に多彩なアイデンティテ

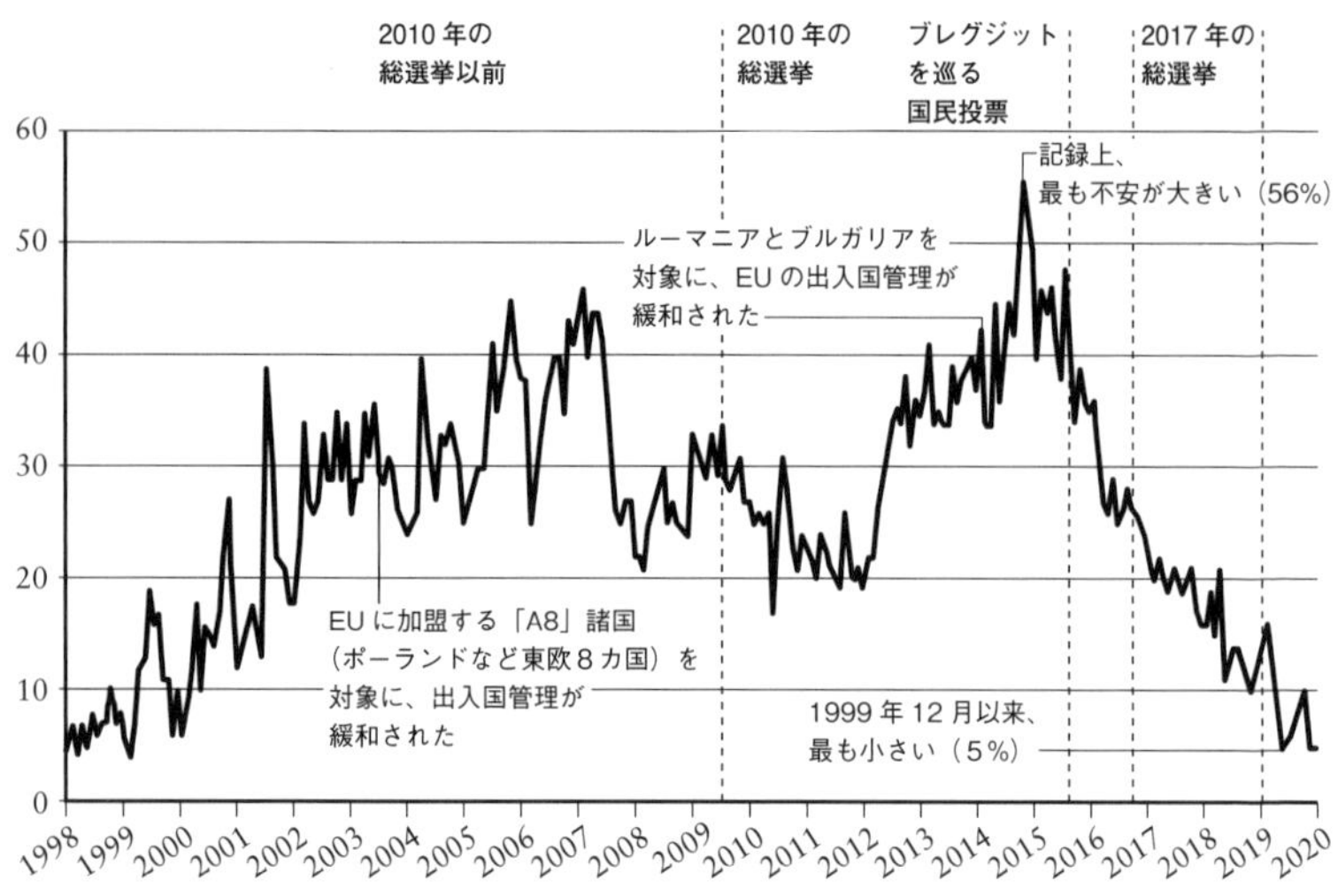

移民への不安は、今世紀で最も小さい

ィを受け継いでいる。同様に私たち全員のなかに、数次の隔たりの範囲内で様々な先祖が混在している。それが肌の色に表れず、目立たないだけだ。

部族意識は移民に厄介な状況を引き起こす可能性があるが、証拠を見るかぎり、実際には弱体化している可能性がある。特に若者やメルティングポットの都市ではその傾向が顕著だ。都市では、外集団を明確に区別して「純粋な」内集団を生み出すのが難しいという事情が考えられる。イギリスではブレグジットにもかかわらず――いや、もしかしたらブレグジットのおかげで――移民への不安は和らいでいる。イプソス社の調査によれば、いまでは今世紀で最低のレベルにまで落ち込んでいる。

ミレニアル世代は世界のどこでも、ナショナリティを人種の観点からとらえる可能性が非常に低い。概して移動性を尊重し、愛国心よりも生活コストの上昇のほうに関心が強い（バートランド・ラッセルはつぎのように定義した。愛国心にとらわれると、些細な理由で人を殺した

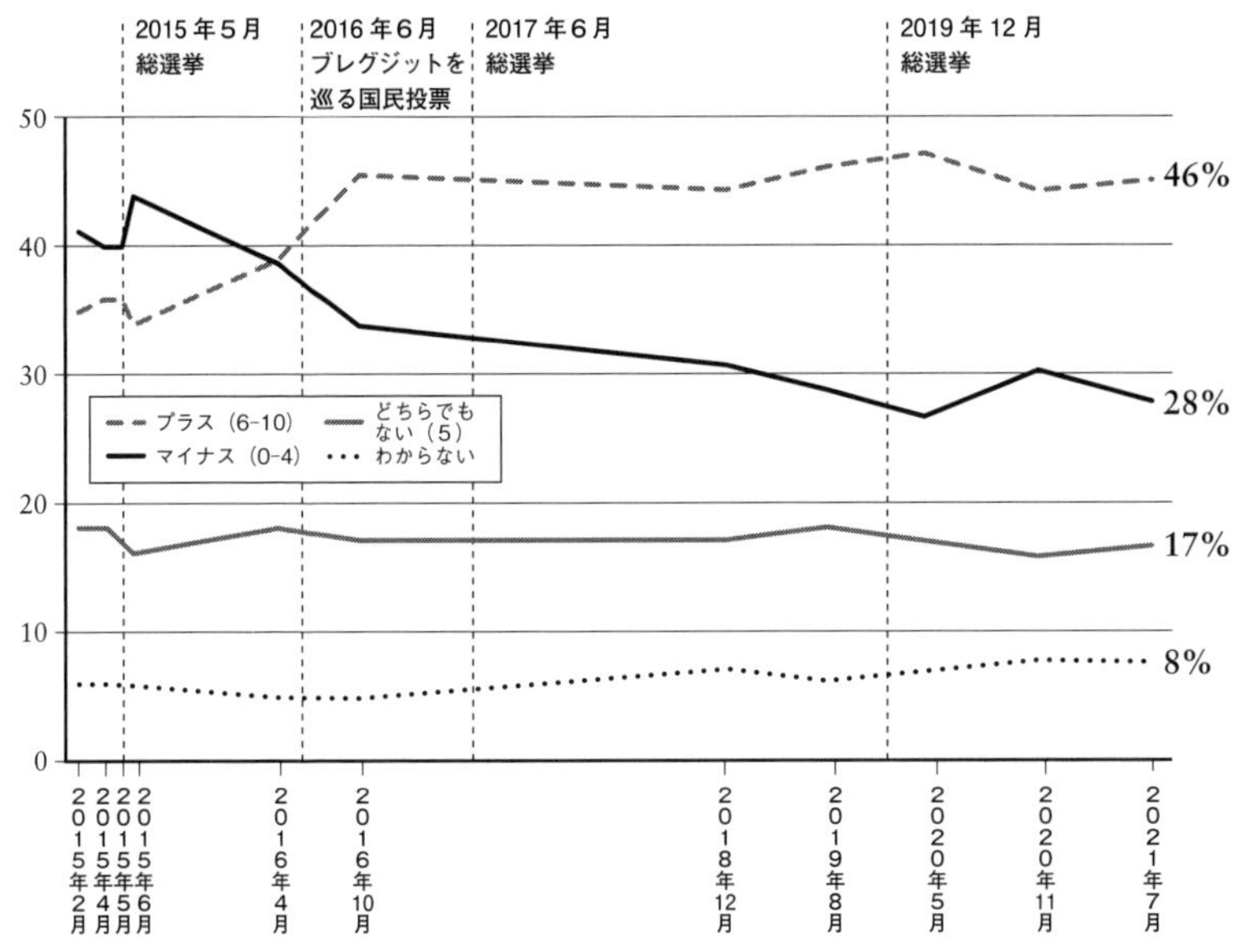

ブレグジット後の文化戦争。移民に好意的なイギリス人の姿勢は変わらない
質問：移民はイギリスにプラスとマイナスのどちらの影響を与えたか。0から10までの段階で評価してほしい（0は「非常にマイナス」、10は「非常にプラス」）。

くなる一方、殺される機会が増える）。ナショナリストの指導者の方針のもとでは皮肉にも、概して若い市民が祖国を離れたくなるように仕向けられてしまう。しかし若い世代の優先傾向を疎かにしてはいけない。私たちが今日創造に取り組んでいるのは、若い世代の未来なのだ。

国民国家は最近の発明品

国境を利用して外国人を締め出す発想は、比較的新しいものだ。かつて国家は、ヒトの流入よりも、流出を食い止めるほうにずっと関心が強かった。なぜなら、国家には労働力と税収が必要とされたからだ。たとえば古代ローマの法律は、農民や労働者を農地に縛り付けた。中国では、国内を移動するときには書類がかならず必要とされた。同じものは、中世のヨーロッパにもあった。たとえば一六〇〇年代にイギリスの労働者が出稼ぎするためには、地元で発行される許可証が必要とされた。行政区の貧民を救済するためには、「利益を譲り渡す」わけにはいかなかったからだ。同様に中世イスラムのカリフ国家では、国内の別の場所に移動するためには、税金受領書を提示する必要があった。このように人民の国外への流出を食い止めようとする文化は、近代になっても存続した。一八一六年、『タイムズ』紙の社説は他国への移住を希望する人々について、「貧乏人の愚か者」か「生まれつき下劣な……社会から見捨てられた悪人だ」と、こき下ろした。

パスポートは通行許可証で、それを持っているかぎり、外国の領土での通行や行動の安全が保証された、入国は制約されない。ただし時代によっては、入国料金の徴収にこだわる地元当局が城門（*porte*）を関所として活用し、料金を支払ってはじめて通過（*pass*）を許された。一方、海港は開かれた交易の中心地と見なされたので、書類を提示する必要がなかった。

このように緩やかだったのは、一八世紀末よりも以前には、個人のナショナリティは政治的な意味をほとんど持たなかったことが大きな理由だ。誰もが民族的・文化的アイデンティティを持っていても、それによって、生活の拠点である政治集団が定義されるわけではなかった。

人類は狩猟採集を営む小集団を結成したが、人口が増えると村に定住し、それにつれて社会的構造は複雑になり、村同士は緩やかなネットワークで結ばれた。こうした協力関係があったからこそ、困難を乗り切り、食料を確保し、身を守ることができた。しかしその一方で私たちのほとんどは、充実した社会的交流を維持できる相手がおよそ一五〇人に制約される。これはダンバー数と呼ばれ、人類学者のロビン・ダンバーが発見したものだ。彼は霊長類の脳の大きさと群れの大きさとのあいだに相関関係を見出し、社会の複雑さは脳の認知能力に制約されると仮定した。一五〇人というダンバー数は、狩猟採集民の社会から二〇世紀のクリスマスカードのリストまで、様々な社会集団でほぼ一貫して確認される。このダンバー数を超えて社会が発達するためには、ヒエラルキーのメカニズムが必要とされる。複数の村がひとりの首長のもとで統一されたら、つぎに首長が支配する複数の組織がさらに高位の首長のもとで統一される、という具合に集団は拡大していく。発展するためにはたくさんの村を併合しなければならず、そのために必要ならヒエラルキーの数は増えることになる。

ヒエラルキーが存在すれば、リーダーが大きな集団を統率する際、誰もが一五〇人というダンバー数を守っても支障をきたさない。たとえば首長は自分の身近な人たちと交流する一方で、自分よりもヒエラルキーの高い首長ひとり、さらにはヒエラルキーの低い数人と交流すればよい。こうして社会が複雑になるにつれ、集団行動の範囲は拡大する。市(いち)の立つ町の周辺に村が組織され、税を徴収するためにまとめられ、軍隊に物資を補給するため、あるいは作物の収穫やインフラ建設の労働力を提供するために利用された。このようなヒエラルキーから都市や帝国は進化したが、これは国民国家ではなかった。というのも、つい最近まで世界のほとんどの人たちは小作農で、現実に餓死するリスクにたびたび脅かされたからだ。その結果、人々は大体において自分の身を守るために行動するのが精いっぱいだった。そして指導者は主に戦いに明け暮れ、領土を拡大し、すでに持っている領土を守ることに専念した。

比較的最近になっても、支配者は国内の統治にほとんど時間を費やしていない。オランダとスイスは一八世紀になっても中央政府がなかったし、ベルギーは二一世紀に入っても、ほぼ二年間にわたって中央政府のない時期があった。あるいは、一九世紀に東欧からアメリカにやって来た移民は、自分の出身地の村の名前を言うことができても、大体は国の名前がわからなかった。そんなものは重要ではなかったのだ。誰が直接の支配者かによって、「縦割りに」身分は決定された。征服や相続や結婚を通じ、自分たちの土地――そして自分たち――を誰が支配するようになったのかがアイデンティティの拠(よ)り所だった。別の村の人たちとは、地元の市場での交流がせいぜいで、それ以上の触れ合いはほとんどなかったため、別の村と支配者が同じなのかどうか、利害を共有しているかどうかは重要ではなかった。いずれにせよ、同盟関係や領土は曖昧で変わりやすく、異なる目的で異なる人物の支配下に置かれることもたびたびだった。イギリスでさえ一九世紀まで、複数の方言や言語が共存していた。

このように統治システムが緩いと、複雑な集団行動は制約される。集団行動が可能ならば、食料の生産、税の徴収、戦争、秩序の維持を指導者は強化できるが、その機会が限られてしまった。なかには古代ローマ帝国のように、複雑な集団行動で見事な成功を収めて支配力を強化したケースもあるが、前近代社会は利用できるエネルギーの量がおおむね制約された。それは、人間と動物の労働だ。中世に入って水力が利用されると、生産量が増加して商活動が発展し、社会の複雑化が進んだ。その結果、分権的な封建制度は衰え、代わりに中央集権的な君主制が台頭し、交戦状態がほぼ絶え間なく続いた。ただし、これはまだ国民国家ではなかった。

変化の種は一六四八年に蒔かれた。この年、ドイツ北部でふたつの平和条約が調印されると、三十年戦争を最後に、数世紀にわたって何百万人もの犠牲者を出した戦争に終止符が打たれた。ヨーロッパのウェストファリア条約は本質的に、既存の王国や帝国といった政治的集団の「主権」を宣言した。その結果、他の国の内政への干渉は許されなくなった。ただし、主権国家を規定するのは指導者の系譜であって、人々のナショナル・アイデンティティが入り込む余地はなかった。「インターナショナル」(国際的)という単語には何の意味もなく、一九世紀末になってようやく使われ始めた。その頃には石炭火力発電が普及したおかげで、生産活動が飛躍的に拡大して工業が発達し、それが社会の複雑化を促した結果、政府も集団行動も複雑さを増した。そのため、新たなタイプの政府が必要とされるようになったのである。

支配者の血統ではなく市民のナショナル・アイデンティティによって規定される国民国家は、革命をきっかけにして誕生した。ラテンアメリカでパイオニアとなったのは、ヨーロッパからの入植者の子孫にあたるクレオールで、スペインの支配下からの独立（そして自分たちの社会的地位の向上）を目指した。ヨーロッパでは、国民国家はフランスの革命家によって創造された。一八〇〇年の時点では、フランスでフランス人を自認する人はほとんど存在せず、フランス語を話す人は全体のおよそ一〇パーセントにとどまった。それが一九〇〇年までには、全員がフランス語を話すようになった[5]。時代が下って一九四〇年、ウィンストン・チャーチルはフランスとの完全な政治統合を目指してこう呼びかけた。「フランスとイギリスはもはやふたつの国家ではなく、仏英連合を結成すべきだ」。しかしフランスはこれを拒んだ。

第一次世界大戦が終わり、ヨーロッパではハプスブルク帝国をはじめ、複数の民族を内包する帝国が崩壊した結果、言語や文化に基づいて国境が再編され、国民国家が標準になった。このような国民国家の多くは現実的に妥当だった。農業経済から移行して工業化を進めたマイクロ国家（規模の小さい主権国家）は、石炭や鋼鉄といった必要な資源を常に確保できるわけではないため、成長する見込みが限られた。一方、規模の大きな帝国はガバナンスを強化する必要があるため、管理が難しい。だから国民国家は、経済的に最も効率が良かったのである。世界中の二〇〇あまりの国家は、大昔から国境が変更されていないと思われているかもしれないが、そのほとんどは世界人口が今日の四分の一弱に達した時代に創造されたもので、この点は注目に値する。

国民国家は政治的な変化をきっかけに創造されたが、とにかくゼロから創造する必要があった。たとえば一八六〇年にイタリアが統一されたとき、イタリア語を実際に話す市民は全体の二・五パーセントにすぎなかった。指導者でさえフランス語で会話を交わすほどで、イタリアが創造されたからには、今度はイタリア人を創造しなければいけないという有名な言葉が残されている。

国家の建設にはナショナリズムのイデオロギーの創造が必要とされ、それには友人や家族から成るダンバーサークルで国民を感情的に結びつけなければならない。垂直構造ではなく、水平構造の国家を創造するのだ。したがってナショナル・アイデンティティは、大衆教育やマスメディアによって意図的に育まれた。その結果、新聞などの印刷物によって土地ごとに異なる言葉は標準化され、同じものについて読んで関心を持つ人々から成る水平な言語集団が創り出された。こうしてナショナリティが重要な存在になってくると、身分証明書や現代国家が誕生する準備が整った。

国民国家を支える官僚制度

国旗や国歌、あるいは領土を守るための軍隊は、ナショナリズムの意識を発達させるために必要だと思うかもしれないが、正確を期するなら、ナショナリズムは官僚制度の成功に支えられている。複雑な産業社会を運営するためには政府の介入を強化して、広範囲にわたる体系的な官僚制度を創造しなければならない。ひいてはそこから、市民のなかにナショナル・アイデンティティが形成される。たとえばプロイセンが一八八〇年代に失業手当の給付を始めた当初は、出身地の村で支払われたので、どんな人物がどんな状況下にあるのか把握しやすかった。やがて出稼ぎ労働者にも支払われるようになると、対象となる人物がプロイセン人で給付を受ける資格があるのかどうか、確認するための新たな官僚制度が必要になった。その結果、市民権証明書が発行され、国境が警備されるようになったのである。政府が統制を強めるにしたがい、人々は税金を払えば国から多くの給付金を支給され、投票権など行使できる権利も増えたため、国家に対する当事者意識を持つようになった。国家は、自分たちの国家になったのである。

このように国民国家は、産業革命の複雑さのなかから人為的に登場した人工的な社会構造であり、世界は複数の同質的な集団で構成されるという神話を前提にしている。地球はこれらの集団によって分割され、ほとんどの人は集団への忠誠を最優先するものと見なす。しかしすでに述べてきたように、現実ははるかに厄介だ。ほとんどの人は複数の集団の言語を話すし、民族や文化に関しては多元主義が標準である。ひとりの人物がある「部族」の宗教を信仰し、別の「部族」の料理を愛好するといった具合に、ファッション、言語、文化的背景、生活様式はひとつの集団のものに統一されず、複数の「部族」のアイデンティティが共存している。人々は常に様々な集団への帰属意識を持つものだ。個人のアイデンティティや幸福が人工的な国家集団のアイデンティティと主に結びついているという発想は、多くの政府の前提になっているものの、実はこじつけにすぎない。アイルランドの政治学者ベネディクト・アンダーソンは、国民国家は「想像の共同体」だという有名な言葉を残した。

そうなると、国民国家のモデルがしばしば失敗するのも決して意外ではない。実際に一九六〇年以降、およそ二〇〇の内戦が勃発しており、国家全体の五分の一が一〇年以上の内戦を経験している。[6] 国内が複数の派閥に分裂するような失敗を口実にして、国家は「同種の」単一民族から構築されるべきだという発想を支持する動きもめずらしくない。たとえば、恣意的に創造された国境のなかに複数の集団を押し込めた植民地時代の遺産が、大惨事の原因として非難される。しかし、複数の異なる「民族」から構成される国民国家がうまく機能している事例は多い。シンガポール、マレーシア、タンザニア、あるいはオーストラリアやカナダやアメリカのように、世界中から移民が集まって創造された国もある。いずれにせよ、すべての国家はある程度、複数の集団が共存して形成されている。アラブ首長国連邦などは極端で、多数派の民族が存在しない。誰もが少数派として暮らしている。国民国家が弱体化したり失敗したりするときに問題なのは多様性ではなく、政府の政策に包括性が欠如していることだ。どんな集団に個人が所属するにせよ、公平に扱わなければならない。

不安定な政府が特定の集団を優遇して同盟を結ぶと、国内で不満が増幅し、優遇される集団が他の集団と対立する。そうなると、人々は血縁関係があって信頼できる集団との連携を強めようとする。対照的に、包括的な政策が義務付けられる民主主義国家は概して安定性に優れているが、それでも複雑な官僚制度による支えが必要とされる。国家が失敗するときは、おおむね複雑な官僚制度の欠如が原因である。[7] 官僚制度によって社会には複雑な機能が備わるが、その一方で官僚制度は、国民国家がうまく機能する結果として生み出される。様々な集団を集めて機能の充実したひとつのシステムにまとめ上げるためには、複雑な官僚制度が機能する必要があるが、それと同時に、国家を構成する人々の多様性を官僚が平等に考慮することも求められる。国家は官僚制度を機能させるため、様々な方法に頼ってきた。多様性を取り除くための民族浄化（中国でイスラム教徒ウイグル人のコミュニティが対象にされているように）もあれば、地元コミュニティに権力を譲渡して、国民国家のなかでも自らの問題に関して発言権を持たせて権限を委任する方法もある（カナダ、あるいはスイス連邦の州が該当する）。複数の集団や言語や文化の存在をどれも平等に受け入れることによって、たとえばタンザニアは少なくとも一〇〇の異なる民族集団と言語が共存するにもかかわらず、モザイク国家としてうまく機能している。あるいは、シンガポールは多民族集団の統合を意図的に進めている。結婚の少なくとも五分の一は異人種同士なので、たとえば「チンディアン」〔訳注：中国系とインド系のルーツを持つ人〕といった新しい世代が誕生している。

集団のあいだに不公平なヒエラルキーが存在すると、国民国家がうまく機能するのは難しい。植民地化などを通じて多数派と少数派が共存し、しかも少数派が多数派にヒエラルキーを押しつける場合は特に厄介だ。本人や先祖のナショナル・アイデンティティに基づいて、集団のあいだに大きな不平等が存続してしまう。たとえばオーストラリアの先住民は先祖が土地を発見し、六万年にわたって代々暮らしてきたにもかかわらず、一九六〇年代になってようやく市民権を与えられた。

二〇二一年四月、クリスティ・ノーム知事はこうツイートした。「バイデン政権は不法移民をサウスダコタ州に送り込むつもりだが、ひとりも受け入れるつもりはない。不法移民にはつぎのメッセージを伝えたい……アメリカ人になったら問い合わせてくれ」

しかし、サウスダコタ州がなぜ存在するようになったのか考えてほしい。ヨーロッパからやって来た何千人もの不法移民は、一八六〇年から一九二〇年にかけてホームステッド法を利用してアメリカ先住民から土地を盗み取り、しかも賠償金を一切払う必要がなかったのだ。指導者がこうした排他的な態度をとれば、すべての国民が市民意識を共有できる状況は生まれず、帰属意識を持てる住民とそうでない住民のあいだの溝が深まる。

あらゆる民族を平等に扱う政策が官僚制度のもとで正式に採用されれば、すべての市民のなかにナショナル・アイデンティティを構築するための第一歩が踏み出される。大量の移民の流入にも対応できるはずだ。しかし、何十年、いや何世紀も続いてきた社会的・経済的・政治的な不公平は簡単には消滅しない。結局のところ未だに、ロンドンで生まれて綺麗(きれい)な癖のない英語を話す国会議員が、イギリス人を合法的に名乗ることができるかどうか、肌の色に基づいて問いかけることが許される。それでも公式には、ラミーは問いかけた人物と同じイギリスのパスポートを所有し、同じ権利を持っている。

私たちはどのようにして自由な移動を終わらせたのか

国民国家のモデルはフランスで導入された後に広がったが、同様に入国許可証も普及した。ただし、これはほどなく問題を引き起こした。というのも、産業革命をきっかけに活動のレベルが大きく飛躍すると、生産を支えるために労働力や商取引やマネーの自由な往来が必要になったからだ。そのため、入国許可証の義務付けはすべて緩和される。一八七二年、イギリス外相のグランヴィル伯爵はつぎのように記した。「すべての外国人は、この国に入国して居住する権利を制約されない」。実際、イギリスは亡命者の受け入れに関して輝かしい歴史がある。一八二三年から外国人法が施行される一九〇五年にかけて、外国籍の市民がイギリスへの入国を拒否されることも、国外に追放されることも一度もなかったのだ。一八五三年に『タイムズ』紙はつぎのように明言した。「この国は亡命者を積極的に受け入れる。庇護を求める人物の財産を最後の一オンスまで、命が続くかぎり守り抜く覚悟だ」。イギリスは今日の「敵対的な環境」とはかけ離れていたのである。

国家には人々の国際的な移動を制約する権利があるのかどうか、二〇世紀に入っても法律専門家の意見は分かれた。やがてナショナリズムが台頭してヨーロッパが戦争に駆り立てられると、それまでとは打って変わり、外国人に疑いの目を向け、スパイではないかという不安が掻き立てられた。入国審査が行なわれ、一〇〇年かけて次第に強化され、世界中で実施されるようになった。国境は存在そのものが「他者性」を構築するので、国家は迷わず国境を利用して、内集団と外集団から成るヒエラルキーの維持に努めた。たとえば、アメリカの中国人排斥法（一八八二年）、オーストラリアの白豪主義（一九七三年まで継続する）、イギリスで一九六二年に施行されたコモンウェルス移民法（イギリス国外で誕生した有色人種の市民権を事実上制約した）などが採用される。

世界ではこの数十年間で国境管理が厳格化され、移民に向ける言葉は反感を強めている。なかでも難民への敵意は強く、移民予備軍を抱える国にわざわざ資金を提供し、自国内で監禁してもらう国もあるほどだ。たとえばEUは、リビアが国民の国外脱出を阻止すればその見返りを提供している（この戦略はたいてい失敗する。例外は北朝鮮で、指導部は戦略の実行にかなりの成功を収めている）。デンマークとイギリスは亡命希望者をルワンダに移送して、そこで移民審査を行なう計画を打ち出している。オーストラリアは難民認定希望者をパプアニューギニアやナウル共和国に追放し、収容所に閉じ込めている。暴力を受けたり、医療が不十分だったり、あるいは自殺でもしたりして命を失わないかぎり、何年も幽閉生活をおくることになる。

移民は安全保障上の脅威と見なされるようになり、いまや世界のどの国でも、国境の強化を公約すれば選挙での票の確保に結びつく。移民は仕事を奪い取り、賃金を押し下げ、入院治療から政府給付金まで、ソーシャルサービス全般にただ乗りすると国民は警告される。そして政治家のせいで、ヒトの移動に向ける言葉がきわめて過激になっている。たとえばイギリスでは二〇一二年、「敵対的環境」という公式名の国境政策が導入された。これは多方面で批判され、国連人権理事会からは外国人恐怖症を焚きつけると咎められた。このように人々が、地球上に人為的に引かれた線を越えて移動することを禁じられるのは、行ないが悪いからではない。どんな親からどこで生まれたかによって、移動の自由は制約されてしまう。

いまや世界の人口は八〇億に迫るが、その全員が広い地球のなかで、たまたま誕生した地理的位置に制約されている。入国審査や特権がどのような形で受け継がれるかは国ごとに異なり、何の制約も受けずに地球をあちこち探索できる人もいれば、国境のなかに閉じ込められた人もいる。国境に壁を設けて移民を悪者扱いすれば、移民は命を奪われ、奴隷のように働かされ、ヘイトクライムの対象にされる。しかし、それでも移住を防ぐことはできない。人々はこれからも移住を続けるだろうし、むしろそうすべきだ。これからは移住が避けられない。人々に他の選択肢はないのだから、円滑に進めなければならない。

国境による制約の不条理さ

ヨーロッパでは、地中海が移民との戦いの最前線になっている。イタリアの軍艦が巡回し、EUを目指す小型船の行く手を阻み、代わりに北アフリカ沿岸のリビアの港に向かわせる任務をこなしている。そんな軍艦のひとつカプレラは、合わせて七〇〇〇人以上が乗り込んだ八〇隻以上の難民船の航行を阻止した結果、イタリアの移民反対派の内務大臣から「我が国の安全を守った」功績を名指しで賞賛された。二〇一八年に内務大臣は「素晴らしい！」とツイートし、乗員と一緒に撮影した写真を投稿した。(8) ところが、同じ年にカプレラを調査した警察は、七〇万本以上の密輸タバコを発見した。他にも大量の商品が乗員によってリビアから密輸され、いずれもイタリアで売りつけて利益を確保していた。さらに調査を進めると、この密輸グループはもっと大きな組織の一部であることがわかった。実は複数の軍艦が関与して、大金を生み出すビジネスが成り立っていたのだ。「地獄を訪れるダンテになった気分だった」と、調査の先頭に立ったガブリエーレ・ガルガーノ警察本部長は語った。

この事例からは、ヒトの移動に対する今日の姿勢が不条理極まりないことがわかる。入国管理は必要不可欠だと見なされるが、国境に制約されるのはヒトだけで、モノは対象外である。商品やサービスやマネーの国境をまたいだ移動を可能にするために、多大な努力が払われている。いまやこれはビッグビジネスで、世界中で毎年一一〇億トン以上のモノが出荷される。一人当たり年間一・五トンに匹敵する量だ。ところがこうした経済活動のすべてで重要な役割を果たす人間は、自由に移動することができない。人口統計学上の大きな課題を抱え、深刻な労働力不足に悩んでいる先進工業国が、仕事を切望する移民を雇用する機会を阻まれているのだ。

アフリカからの移民が密輸業者に高額の「輸入税」を払っておきながら、安全に国境を越えられないのは悲劇でしかない。なかには軍事介入の最中に溺れ死ぬ者もいる。安全で合法的な移動ルートがないと、国家は移民から「税金」を徴収する機会を逃し、他にも移民がもたらす多大な恩恵を享受することができない。そしてもちろん移民は、安全かつ安定した環境で新しい人生を始める機会を奪われる。

移住は経済問題であり、安全保障問題ではない

現在、世界中のヒトの動きを監督する世界規模の団体や組織は存在しない。各国政府は国際移住機関に所属するが、これは国連から独立した「関連組織」で、実際に国連の機関というわけではない。したがって国連総会から直接の監督を受けないし、万国共通の政策が設定されないので、各国は移民が提供する機会を十分に利用できない。移民は通常、各国の労働省ではなく外務省の管轄に入るので、

移民にふさわしい労働市場を見つけるための情報や政策の調整がないまま決断が下されてしまう。しかしこれからは、世界中の労働力の移動をもっと効果的かつ効率的に管理する新しいメカニズムが必要とされる。結局のところ、労働力は私たちにとって最大の経済的資源なのだ。他の資源や製品の移動に関して広範囲にわたる世界規模の貿易協定が存在するのに、労働力の移動が妨害されるのはおかしな話だ。

二〇一八年七月、「安全で秩序ある正規の移住のためのグローバル・コンパクト」の最終案が、アメリカを除くすべての国連加盟国、合わせて一九三カ国の承認を受けて成立した。しかし同じ年の一二月に最終案を採択する式典で、これを正式に採択したのは一六四カ国にとどまった。ハンガリー、オーストリア、イタリア、ポーランド、スロバキア、チリ、オーストラリアなどが辞退する側にまわった。この協定は法的拘束力を持たないが、すべての移住者は普遍的な人権を持つ資格がある点を強調し、移住者とその家族へのあらゆる形態の差別の撤廃を目指している。要するに主旨書であり、「各国がそれぞれ移民政策を決定する主権を有する点を再確認している」。そのため影響力は弱く、本来の目的にはふさわしくない。

国際移住機関によれば、二〇五〇年までには最大で一五億人が住み慣れた家を離れなければならないという。別の科学者チームによる最近の分析はさらに数字が大きく、二〇七〇年までに最大で三〇億人に達すると予想している[9]。世界の避難民のほとんどは、グローバル・サウスに集中している。熱帯など、気候変動の影響が最も大きな場所から逃れてくる。これらの場所の多くは人口増加を経験しているが、特にアフリカは増加が顕著で、安全や新しい機会を求めて移住せざるを得ない若者が増えている。そして富裕国にとって移住は、労働力不足に伴う多くの問題の解決策になる。たとえばサブサハラ・アフリカだけでも、今後三〇年間で新しい生産年齢人口が八億に達し、労働力が貴重な資源として提供される。インドや中国はすでに、ミレニアル世代がアメリカやＥＵの全人口よりも多い。

世界の人口のおよそ六〇パーセントは四〇歳未満、そのうちの半分は二〇歳未満で（その割合は増加している）。今後二一世紀のあいだに、これらの若者は世界の人口の大半を占めるようになる。若者たちは精力的に職を探し求め、温暖化が進めばその多くが新天地を求めて移動するだろう。それによって経済成長が促されるだろうか。それとも、せっかくの才能が無駄にされるのだろうか。

移住についての会話は、何が許されるべきかという点へのこだわりが強く、何が起きるか考えて計画を立てることには関心がない。しかし各国は、移住の制約から移住の管理へと発想を転換させる必要がある。少なくとも、経済活動を支える労働力の合法的な移動や流動性を支える新しいメカニズムを構築し、危険を逃れてきた人たちをもっと手厚く保護しなければならない。二〇二二年にロシアがウクライナに侵攻するとＥＵの指導者たちは数日以内に、紛争を逃れてきた難民のための国境開放政策を制定し、ＥＵ圏内に居住して働く権利を三年間の期限付きで与えるだけでなく、住居や教育や交通手段の確保を支援した。この政策は確実に多くの命を救ったが、成果はそれだけではない。時間のかかる難民申請プロセスが免除されたおかげで、地域社会から支援を受けながら自立しやすい場所を目指し、何百万人もの難民が各地に分散できたのである。ＥＵ全体で人々は地域社会やソーシャルメディアや様々な機関を通じて結束し、難民を受け入れる方法を計画した。自宅の部屋を提供し、衣類やおもちゃの寄付を集め、難民キャンプで語学を教え、メンタルヘルスをサポートしたが、そのすべてが国境開放政策のおかげで合法的に行なわれた。その結果、中央政府やホストタウンだけでなく、難民の負担も軽減された。

移住で経験される困難

移民が定住する場所ではかならず活気ある市場が創造されるが、今日の政策はこうした市場の範囲や潜在力を制約している。

移住には資金とコネと勇気が必要とされる。家族や馴染み深い環境や言語から引き離されるので、当初は通常かなりの困難を経験する。最低限必要な食べ物と住居の提供が確実ではないことも多い。仕事目的で移住することがほぼ不可能な国もあれば、親が子供をあとに残していかざるを得ない国もあり、そうなると親は子供の成長を見守れない。中国では同じ世代の子供たちの多くが、春節の休みの一週間程度しか親に会うことができない。国内で移動する人は国外に移動する人よりも多く、その数は三倍におよぶ。しかし、数億人規模の移住者は村にも都市にも落ち着けず、不安定な状態に置かれている。土地に関する時代遅れの法律のせいで村との結びつきを断ち切れない一方、都市には低所得者用住宅、託児所、学校などの公共施設が不足している。村は出稼ぎ労働者からの送金で維持されるが、労働者は土地を失いたくないので農地を売ることができない。土地は唯一の社会保障なのだ。あとに残された孤立無援の子供たちはまだ一〇代のうちから、年老いた親戚の面倒を見なければならない。そして出稼ぎ労働者は都市で家を購入する余裕がないので、やがて退職して村に戻ってくると、同じサイクルが繰り返される。

なかには、移民が都会や外国で働くため人身売買業者に高い料金を支払うケースもあるが、結局は年季奉公を強制される。その境遇は奴隷も同然で、「契約」が終了するまで働き続け、ようやくパスポートを返還されて帰国がかなう。重労働で得られたわずかな収入は故郷に送金される。アジアでは建設作業員として働き、中東やヨーロッパでは家事労働に従事するが、ほとんど保護措置がなく、最終的には性風俗業で奴隷として働かされ、あるいは農業や縫製業の劣悪な作業場で重労働を強いられる可能性がある。

国境は厳重に管理され、合法的なルートへのアクセスは難しく、何百万人もの移民がおそろしい虐待が日常化した状況から抜け出せない。人身売買業者や斡旋(あっせん)者に大金を支払っても、生まれる場所を間違えたという理由だけで物理的な危険や性的な危険に直面する。ほとんどの人たちは私たち全員と同様、生活を改善するために両親と暮らす家や村や国からの移動を目指す。
しかしなかには、命を守るために移住する人たちもいる。

難民キャンプの現場で

バングラデシュの海沿いの町コックスバザールは賑わいを見せるが、ここから南に車で一時間半の場所にあるクトゥパロンには世界最大の難民キャンプがある。二〇一七年には数週間のうちに、樹木が鬱蒼と茂る丘の中腹が丸裸になった。世界の最貧国のなかでも最も貧しい地区に、およそ一〇〇万人のロヒンギャが押し寄せてきたのだ。川向こうのミャンマーで繰り広げられる大量虐殺を逃れてきたのである。

無秩序に広がる収容地域は、社会的にも環境的にも悲劇でしかない。私がここを乾季に訪れたときは、土や砂が風に吹かれて丘から舞い上がり、あらゆるものが埃で厚く覆われていた。キャンプに二時間いるだけで、喉はひりひり痛んだ。でも、雨季はもっとひどいと言われた。雨季になると、地面がむき出しの丘の中腹はぬかるみになるので、難民は大量の汚水のなかを歩いて移動しなければならない。

クトゥパロンにはポリエチレンと竹で作られた避難所が立ち並び、ところどころの狭い路地には処理されないままの下水が流れている。ここで暮らすのは打ちひしがれた人たちばかり。家族を失い、傷を負い、希望を失った人たちしかいない。私が話しかけた人は例外なくトラウマや喪失感を抱え、恐ろしい話を聞かせてくれた。しかし全員から、何よりもつらいのは働くのを許されないことだと打ち明けられた。男性も女性も子供も、誰もが実質的には囚人の状態で、時間は有り余っていても働くことができない。避難所のそばの地面に座り込み、何時間もぼんやりと過ごすしかない。暴力行為——特に女性と子供を標的にした暴力行為——は後を絶たず、人身売買の危険が付きまとう。キャンプのなかでは闇経済が繁栄しているが、キャンプの外のバングラデシュのコミュニティにも、弱い立場の難民にも何の利益ももたらさない。難民は利用され、重荷になるだけだ。

クトゥパロンには住民が暮らし、住居や街路、宗教施設や雑居ビルがある点では都市と言えるが、ある決定的な理由のため都市として機能しない。キャンプの境界に阻まれ、ネットワークがそれ以上に発達しないのだ。都市が経済の中心として機能するのは、いくつものノードが集中し、しかもお互いに結びついているからだ。都市のなかで人々はマネーや資源を交換し、労働力を提供し合い、様々なアイデアを結びつけることによって、部分の総和を上回る成果を生み出す。こうしたやり取りの一部でも制約すれば、経済の成長に歯止めがかかってしまう。たとえば、イギリスはその現実を思い知らされた。イギリスとEUのあいだの移動の自由に終止符を打った結果、労働力が不足して、食料から燃料まであらゆるものが入手困難になってしまったのだ。ボリス・ジョンソン首相（当時）は移民をヘロインにたとえ、企業は「賃金もコストも低い移民をずいぶん長いあいだ乱用することができたが」、今後は関係を断つべきだと訴えた。それでも配送ドライバーや果実の摘み取り作業員など必要不可欠な労働力をどうしても確保する必要に迫られ、緊急ビザの発行に踏み切るしかなかった。イギリスの斡旋雇用連合（ＲＥＣ）が二〇二一年に発表した求人市場のデータからは、同国では二〇〇万人もの労働者が不足していることがわかった。ブレグジット後のイギリスは欧米諸国のなかで、自ら意図的に貿易障壁を設けた唯一の国になったが、経済には予測通りに結果がもたらされた。

バングラデシュの政府は大量のロヒンギャを受け入れているが、難民の認定をしていない。しかし難民に認定されなければ、キャンプを離れて働くことは許されず、教育の機会も制約される。市民としての居場所を持たないロヒンギャは、異国の地で山肌がむき出しの斜面に閉じ込められ、絶望に打ちひしがれている。しかも自国民と移民の分断を強調するかのように、国籍も市民権も持たない弱い立場の人たちを、政府は孤島に移住させ始めた。ベンガル湾に浮かぶ島はサイクロンにたびたび襲われ、洪水に頻繁に見舞われる。
「私たちは市民権がほしい」と、私はクトゥパロンの難民キャンプに収容されている人たちから繰り返し聞かされた。世界の他の場所でも、亡命を申請してから何年間もこうした中途半端な状態に置かれる可能性は高い。そのあいだ、正式な経済に参加して社会の一員となり、新しい人生を始めることは許されない。これは彼らにとって時間の無駄であり、国は機会を提供するどころか、重荷を背負い込んでいる。たとえばイギリスではおよそ四〇〇〇人の亡命申請者が、手続きを始めてもらうために一〇年以上も待ち続けている。

もっとひどい場所もある。私は四つの大陸の様々な国の難民キャンプを訪れたが、合わせて何百万人もが宙ぶらりんの状態で押し込められ、時にはそれが数世代にわたって継続している。難民キャンプに収容されるのがスーダン人、チベット人、パレスチナ人、シリア人、エルサルバドル人、あるいはイラク人のいずれであろうと、世界中どこでも問題は同じ。誰もが尊厳を欲している。家族を養うために働き自由に移動することを許され、安全な生活をおくりたいと願っている。これはいたってシンプルな願いで、実現すれば双方に利益がもたらされる。ところが現時点では、最も悲惨な境遇の人たちの願いを叶(かな)えられない国があまりにも多すぎる。これから世界の環境が変化すれば、さらに数百万人が根無し草として暮らすリスクがある。国境を封鎖して敵対的な移民政策を採用するシステムは、いまや世界中で機能不全に陥っている。これは誰のためにもならない。

今日、ヒトの移動は過去のどの時代よりも多く、将来も増加する一方だろう。二〇二二年、世界中の難民の数は一億人を超えて、二〇一〇年の二倍以上に膨らんだが、その半分は子供たちだ。ただし、戦争や災害で住み慣れた場所を離れなければならない人たちのなかで、認定された難民はほんの一部にすぎない。そのほかにも、不法滞在者は世界中で三億五〇〇〇万人にものぼり、国連難民高等弁務官事務所（UNHCR）の推定では、アメリカだけでも何と二二〇〇万人が潜入しており、なかにはインフォーマルセクター〔訳注：法的な手続きを取っておらず、国家の統計や記録に含まれない経済部門〕で働く労働者も含まれる。不法滞在者は道なき道を通って国境を越えてくるが、法的に承認されない立場では極限状態で暮らすしかない現実を徐々に思い知らされる。社会支援システムの恩恵も受けられない。いまでは世界中の子供たちの四分の一——そのうちの半分はアフリカ人——が、存在を世間に知られていない。すなわち、存在を証明する正式な記録を持たない。

紛争や迫害や天災から人々が逃げてくるときもあれば、貧困、失業、偏見、嫌がらせなど小さな侮辱的待遇が積み重なり、耐えきれずに逃げてくるときもある。「本物の」難民に認定されて保護を受ける「資格」があれば、あるいは「良い難民」ならば、運に見放されない保証があるわけではない。このように一方的な判断を押し付ける言葉は何の役にも立たず、むしろ誰もが被害をこうむる。

四二億人が貧困状態で暮らし、グローバル・サウスとグローバル・ノースの国の所得格差が広がるかぎり、人々は移住しなければならない。なかでも気候変動の影響を受ける地域の住民は、とりわけ事態が深刻だ。そんな難民に国家は安全な場所を提供する義務があるが、一九五一年の「難民の地位に関する条約」に記された難民の合法的定義のなかには、気候変動の影響で住み慣れた場所を離れる人たちが含まれない。ただし、変化の兆しは見える。二〇二〇年には国連人権委員会が画期的な判断を下し、気候難民を本国に送還することはできないと決定した[10]。つまり、気候危機のために命が危険に脅かされている人を祖国に送り返せば、国家は人権に関する義務に違反したものと見なされる[11]。今日では、気候変動の影響を受けた避難民は五〇〇〇万人にのぼり、政治的迫害を逃れてきた避難民の数をすでに上回っている。

難民と移民の区別はかならずしも明快ではない。祖国での戦争——あるいは干ばつ——を逃れてきた人物は、別の国に難民申請者として到着し、最終的に難民の地位を与えられる可能性がある。しかし仕事を見つけるため、あるいは家族と再会するために移住すれば、「経済移民」になる可能性がある。経済移民に分類されると、政治的には歓迎「されざる」存在と見なされ、社会制度のお荷物として疎んじられる恐れがある。ハリケーンが猛威を振るって村全体が消滅すれば、一夜にして多くの難民が発生する。それに比べ、気候変動は人々の生活にじわじわと影響をおよぼす。凶作や耐え難いほどの猛暑が繰り返されて我慢が限界に達すると、もっと良い場所を求めて移動が始まる。こうした人々は経済移民に類別されるが、完新世の世界から逃れてきた難民でもある。人新世に先立つ完新世の世界に先祖は文化や社会を築き上げ、暮らしやすい景観を創造したものだ。しかしいまや完新世の環境は消滅し、私たち全員が人新世の環境への適応に努めている。現時点では、居住に適した二一世紀の景観を確実に手に入れそうな人は誰もいない。

第5章　移民は富をもたらす

国境を開放すれば貧困は消滅する

近年は国境の統制が強化されただけでなく、ナショナル・アイデンティティや移民への偏見が新たな形で受け継がれたせいで、深刻な問題が必要もないのに引き起こされている。世界中で大勢の人たちが悲惨な状況に置かれ、たびたび命の危険にさらされている。しかしもっと安全な場所に移住すれば、生活を改善できるだけでなく、移住先の社会や経済の発展に貢献することも可能だ。

移民を受け入れれば、経済やイノベーションや富は拡大する。移民は社会から何かを奪い取るよりも、社会に貢献するケースのほうがはるかに多く、しかも都市に移住するため相乗効果が発揮されることもある。そしてもちろん、移民にも大きな利益がもたらされる。貧困から脱却するために、移住は最も効果的なルートなのだ。ジョージ・メイソン大学の経済学教授のブライアン・カプランによれば、国境を開放すれば「地球上の絶対的貧困は急速に消滅する」[1]。なぜなら、収益機会のある場所に移動できるからだ。

さらに移民は、あとに残してきた国の生活、住居、教育、機会の改善にも貢献する。というのも、物理的に離れていても、経済的なつながりは断ち切られないからだ。移民が構築するネットワークは、技術の移転や貿易や投資を促すだけでなく、成長を促す制度や規範の移転にも役立つ。ある研究によれば、たとえばインド人の起業家がアメリカで申請された特許を引用する際には、それはインド人のエンジニアが申請した特許である可能性のほうが高い。[2] そして、同じことは中国人の特許出願者にも当てはまる。知識の流れはランダムではなく、移民が構築して維持するネットワークを介して伝わっていく。移民のスキルが高ければ受け入れ国に比較優位がもたらされるだけでなく、出身国の経済が後押しされて、訓練や教育への投資が活発になる。

たとえばフィリピンは、高度な訓練を受けた専門看護師の評価が非常に高く、世界的に需要が供給を上回っている。高齢化が進む欧米諸国は認知症ケアに特化する看護師が不足しているが、需要を満たすためにフィリピンから看護師が移住すれば、看護師には貧困から逃れるチャンスが提供される。貧困国で高度な訓練を受けても仕事を見つけられずに苦労することが多いが、能力が必要とされる場所に移住すればその心配もない。実際、この選択肢のおかげで高等教育の希望者は増加して、コミュニティ全体の教育レベル向上につながっている。ある研究によれば、フィリピンでは移民が増加した結果、地元で中学校の在籍者数が三・五パーセント増加しただけでなく、供給源の地域では所得が全般的に増加した。[3] ただし出身国、なかでも特に小さな国は、医師など高度なスキルの人材が大量に国外に移住すれば、悪影響を受ける可能性がある。それでもほとんどの証拠からは、このような形の「頭脳流出」は常態というよりもむしろ例外で、[4] 実際のところ移住は出身国を潤していることがわかる。頭脳流出の恐れがある地域では、受け入れ国と出身国が協力し、双方の利益になるような形でスキルの向上に努めるべきだ。たとえばフィリピンのケースならば、訓練を施す看護師の人数を多めに確保するだけでなく、受け入れ国と出身国の双方で必要とされる新しい専門技術を習得するために、受け入れ国が積極的に投資すればよい。小児医療などの人材は不足している。あるいは認知症の患者は二〇五〇年までに世界で四倍に増加すると見られるので、フィリピンがこの分野に投資しておけば、自らのニーズを満たすだけでなく、専門知識を持つ人材を送り出す一大中心地になることもできる。さらに労働力不足に悩む受け入れ国が、二国間協定のもとで労働力の豊富な出身国のスキルやテクノロジーの向上に投資すれば、双方のニーズが満たされるだけでなく、移民にも恩恵がもたらされる。たとえば大学で学ぶ看護師の二〇パーセントには受け入れ国で職を提供することを約束したうえで、全体の五〇パーセントに訓練を施すような形が考えられる。こうした協定には、出身国の社会やインフラへの投資を含めてもよい。

二〇一八年には、移住のためのグローバル・コンパクトに調印した一六四カ国が、グローバル・スキル・パートナーシップ・モデルを政策として採用することに同意した[5]。このモデルでは、出身国と受け入れ国のどちらでも緊急に必要とされるスキルの訓練を出身国で行なう。訓練を受けた人材は出身国にとどまって人的資本の増加に貢献してもよいし、受け入れ国に移住してもよい。訓練のための技術や資金は受け入れ国によって提供される。その結果、移民は身に付けたスキルで最大限の貢献ができるし、新しい環境にすぐに溶け込むこともできる。

こうして各国は高度なスキルを持つ移民を大量に送り出しているが、優れた人材の帰国を促すための対策を講じる可能性もある。中国とインドは、研究開発への投資、政策の変更、制度への新しい支援や家族への特典などを通じ、流出した移民を呼び戻している。移民は外国でスキルや経験を積むだけでなく、貴重な専門知識を持ち帰ってくる。グローバルな移動に伴って知識の移転がグローバルに加速することは大きな成果だ。しかも、新しいグリーン経済への移行や貧困の緩和にも重要な役割を果たしてくれる。

こうした点を考慮するなら、富裕国の政府が移民に障壁を設けるのは逆効果であることがわかる。世界の最貧国の人々の自助努力を妨害するだけでなく、自国の生産性向上を阻止する結果にもなってしまう。移民を拒むよりも受け入れる戦略のほうがはるかに優れていることは、圧倒的に多くの研究が示している。移民を受け入れれば国の（地域の）安定性が維持され、国家の経済が強化される。一方、移民を拒めば、紛争など悲惨な状況が引き起こされ、予期せぬ影響が数世代にわたって継続する恐れがある。「移民を経済や社会にうまく統合すれば、世界で最大一兆ドルの経済効果を生み出す土台が築かれる可能性がある」と、マッキンゼー・グローバル・インスティテュートが二〇〇カ国以上を対象に行なった画期的な報告書は指摘している[6]。

ヨーロッパの一部で国境による出入国の管理が正式に採用されたのは、数世紀前のことだ。それ以前は何千年にもわたり、人類は自由に往来していた。そんなグローバルな連合体として、地球を再び見なすようにしたらどうだろう。カプランによれば、労働者が世界中を自由に移動するのは「正しい方針であるばかりか、世界の繁栄を実現する近道として最も有望」だという[7]。首都ワシントンの世界開発センターのマイケル・クレメンスによる推定では、一時的な出稼ぎ労働者に世界中の国境を開放するだけでも、世界のＧＤＰは倍増するという。おまけに文化の多様性も増加するが、そうなれば環境も社会もかつてないほど困難な課題を抱えて解決が求められるとき、最も必要とされるイノベーションが促されるだろう。

国境を取り払えば、世界的な気候変動のストレスや衝撃から人類が立ち直る復元力は改善する。ただし受け入れ国を中心に、社会の一部の部門で取り残される人たちが出てくるので、福祉対策を盛り込んだ強力で効果的な社会政策が、移行をスムーズに進めるためには欠かせない。

移民が押し寄せてくると思うと不安を覚えるが、現地の住民から仕事を奪い、賃金を低下させる可能性は特に気がかりだ。これはいかにもありそうなシナリオだが、実際にはそんなことはない。なぜなら、経済はゼロサムゲームではないからだ。むしろ移民が労働力に加われればスキルの多様性が高まり、経済全般の効率が改善され、ひいては多くの仕事が創出される。さらに移民は経済の規模を拡大させる。食事をとり、買い物をして、散髪するなど、必要なことは多いので、そのために賃金を費やし、税金も払うので、新しい仕事や企業を支える存在になる。

移民がもたらす経済的利益の影響は大きく、速効性があって長続きする。ある研究によれば、一八六〇年から一九二〇年にかけて大量の移民を受け入れたアメリカの郡は、一九三〇年までに一人当たりの製造業生産高が平均で五七パーセント増加し、農業の価値が最大で五八パーセント上昇した。平均所得と学歴も二〇パーセント向上し、二〇〇〇年になっても失業率と貧困率は減少した。[8]

それでも根強い不安は解消されず、特に未熟練労働者の流入には穏やかでいられない。なぜなら、現地の大勢の人たち、なかでも最貧層が、仕事を奪われる心配があるからだ。「未熟練」や「熟練」という言葉は、職業に必要とされる正式な学校教育のレベルを表現するため、政策立案者や経済学者によって使われる。最も高度なスキルの仕事――たとえば心臓外科医――は複数の大学の学位が必要とされる一方、未熟練労働は体を動かすだけでよい。ただし実際のところ、「未熟練」や「熟練」といった言葉では、ひとりの人物のスキルセットが十分に言い表せない。勤労意欲や学習能力など、雇用にとって重要な他の多くの資質が無視されてしまう。さらに、仕事に備わっている価値がかならずしも正確に反映されない。ところが移民も（現地の）労働者も、どちらのカテゴリーに属するかによって待遇に大きな違いが出てくる。

移民の効果には多くの研究が注目しているが、そこからは、未熟練労働者が移民として大量に押し寄せても、現地の人たちの賃金や雇用見通しにマイナスの影響はないことがわかる。むしろ、プラスの影響がもたらされるほうが多い。移民をほとんど受け入れない都市と、大勢の移民を受け入れた都市のあいだで地域住民の賃金を比較すると、たくさんの移民を受け入れている都市のほうが賃金はずっと高い。そもそも移民は選択肢に恵まれた場所を定住地として選ぶ傾向があるので、活気のある都市には大勢の移民が集まりやすい。しかし、移民が経済におよぼす影響も見逃せない。

一九八〇年四月、フィデル・カストロが行なった演説は思いがけない内容だった。それまでキューバは国境を封鎖してきたが、今後は国境を越えた移動をキューバ国民に許可すると発表したのだ。九月までには、少なくとも一二万五〇〇〇人――大半はほとんど教育を受けていない国民――がマイアミに到着し、労働市場は少なくとも七パーセント膨れ上がった。カリフォルニア大学バークレー校の労働経済学者デイヴィッド・カードは、こうした移民の流入がマイアミの賃金におよぼす影響に注目し、大量移民がやって来る以前、その最中、以後数年間の三つの時期に分けて比較した。さらにこれを、アメリカの同規模の都市（アトランタ、ヒューストン、ロサンジェルス、タンパ）の賃金の変遷とも比較した。移民がマイアミを選んだのは、キューバから最も近い上陸地点だったからに他ならない。そしてカストロは方針の変更をいきなり発表したため、マイアミの労働者も企業も十分に対応する時間がなかった。

カードの研究からは、最もレベルの低い未熟練労働者でさえ、移民の大量流入の悪影響を受けていないことがわかった。以後、世界中で数多くの研究が行なわれたが、いずれも同じ結論に達した。移民が現地の労働者の仕事を奪っているという証拠も、賃金を引き下げているという証拠も見つかっていない。なかには、一九六二年の独立に伴ってアルジェリアを離れ、フランス本国に「帰還した」ピエ・ノワール（ヨーロッパ系植民者）や、一九九〇年代に国境管理が緩和されて旧ソ連から出国した大量の移民に注目した研究もある。旧ソ連から大量の移民を受け入れた結果、イスラエルの人口はわずか四年間で一二パーセントも増加した。一九九四年から一九九八年にかけて、世界各地からデンマークに押し寄せた大量の移民の影響に注目した研究もある。そして、カリフォルニア大学デービス校のジョヴァンニ・ペリの研究は、アメリカでは一九九〇年から二〇〇七年にかけて移民がやって来た影響で、実際のところ平均賃金が五一〇〇ドル上昇したと結論している。これは同じ時期のアメリカ全体の賃金増加の四分の一を占める。[9]

こうした研究やもっと最近の研究からは、移民は無害である証拠がいくつも示されているが、移民が仕事におよぼす脅威への不安を一部の人たちは解消できない。おそらくそれは、脅威は存在しないという結論が直感に反するからかもしれない。普通は需要と供給のルールに基づいて、何かが多くなるほど価格は下がるものだ。しかしいくつかの理由から、これは仕事や賃金に当てはまらない。まず、移民が現地の住民に加わって労働力の供給が増加しても、労働者に対する需要が拡大するのでうまく相殺される。なぜなら、移民は必要な商品やサービスに金を費やすので、それが景気の拡大につながるからだ。こうした補償効果は、移民のいない場所に注目すると最もわかりやすい。たとえばある時期、チェコの国民は国境の向こう側のドイツに移り住むことを禁じられたが働くことは許され、ドイツの全労働人口の一〇パーセントを占めるまでになった。国境を越えて働きに来る労働者は賃金にほとんど影響をおよぼさなかったが、仕事には大きな影響をもたらした。現地住民の雇用が著しく低下したのだ。なぜなら、チェコの労働者は賃金を支払われても、働いている国でそれを使わなかったからだ。移民ではないので、賃金はすべて祖国に持ち帰った。[10]

未熟練労働者の移民が実際には仕事を増やしてくれるもうひとつの理由は、機械化や自動化の採用が遅れることだ。どちらも資本や訓練に大型の投資が必要とされ、しかも往々にしてサプライチェーンの変更を伴う。しかし、手頃な賃金で十分な労働者が農場や工場を中心に供給される状況が整っていれば、業界のリーダーにとって省力化技術の魅力は薄れる。逆に移民が国外に追放されたり入国を禁じられたりすると、移民に大きく依存してきた企業は機械化に踏み切り、機械化できる生産活動に専念する。たとえばメキシコの農園労働者が一九六四年にカリフォルニアから追い出されると、トマトの収穫は二年間で完全な手作業から完全な機械作業へと移行した。そしてこの時期にカリフォルニアは、レタス、アスパラガス、イチゴなど、機械化が不可能な作物の生産を中止した。要するに移民がいなくなると、あらゆる労働者に提供できる仕事が一気に減少したのである。

さらに移民は労働市場の再編を促すが、これはほぼ間違いなく現地の住民に恩恵をもたらす。移民の未熟練労働者は概して肉体労働に従事する。すると、現地の言葉を話して経験の豊かな労働者の仕事は肉体労働ではなく、優れたコミュニケーション能力が必要とされる職種に格上げされ、賃金も上昇する。こうした職業のグレードアップはデンマークの研究で確認されただけでなく、二〇世紀初めにヨーロッパから移民がアメリカに押し寄せたときにも見られた現象だ。要するに、移民と現地の住民は仕事を求めて直接競い合うのではない。移民が加われば能力やスキルや知識の多様性が高まるので、労働力全般の生産性が向上し、すべての人が恩恵にあずかる。概して移民が増加すれば、労働者は需要やスキルセットに見合った仕事にうまくマッチングされるため、経済の広範囲にわたって生産性が向上する。労働力が増えれば利益が増加して、それをさらなる生産に投資することも可能だ。

そして、移民が従事する仕事の大半は、現地の労働者がやりたがらない仕事であることを忘れないでほしい。それを移民が引き受けてくれれば、経済活動全般がスムーズに進行する。もしも移民が育児、病人や高齢者の介護、掃除、料理などの仕事に就いて報酬を支払われれば、（以前はこうした仕事を無報酬で行なっていた）現地の住民が働くことも仕事に復帰することも可能だ。ほとんどの国は男性社会なので、雑用を引き受けてくれる移民の数が増えれば、高度なスキルを持つ女性は労働市場に参入しやすくなる。

意欲的な移民は企業を立ち上げ、大勢の移民や現地の住民を雇用する。こうした企業の一部は社会的、経済的、文化的な生産性の向上に貢献し、まったく新しい経済の創造を促している。チャイナタウン、リトルグリース（ギリシャ）、リトルイタリーなどは思い浮かぶだろう。かつては、移民の圧倒的多数は最貧層に属する未熟練労働者で、わずかな通行料を払えば極貧から逃れるチャンスが与えられ、失うものは最小限にとどまった。しかし今日では国境も移住も統制が強化されたため、通行料を支払えるのは最富裕層に限られ、意欲的な人材が貧困国から多くの国へ合法的に移住するようになった。すごい才能や野心や知識の持ち主も多い。彼らやその子供たちはジョブクリエーター、イノベーター、起業家になって受け入れ国の経済を活気づかせる。多くの名前はよく知られている。移民が創設した企業は、アメリカ企業上位二五位の半分以上を占め、その多くは誰もが知っているブランドだ。グーグル（そして親会社のアルファベット）、ヤフー、クラフトフーズ、テスラなどが含まれる。そしてシリコンバレーは、テクノロジーのジュネーブとも言える存在だ。企業創設者の半分、そして労働力の三分の二は移民が占める。ヘンリー・フォードは移民の息子で、スティーブ・ジョブズの父親はシリアからの移民だ。ファイザー社のコロナワクチンは、トルコからドイツへの移民や、ハンガリーからアメリカに渡った移民によって開発された。

実際、生産的な経済と躍動感のある社会を実現するためには、多様なスキルや才能が欠かせない。果実を摘み取る労働者もコンピュータ・プログラマーも、トラック運転手もバレエダンサーも必要とされる。

人口問題の解決策

一九五〇年、女性は生涯に平均で四・七人の子供を産んだが、二〇二〇年までに出生率は二・四人とほぼ半減した。しかしこの数字には、国家間の大きな違いは反映されていない。西アフリカのニジエールの出生率は七・一人だが、地中海に浮かぶキプロス島では、女性は平均すると子供をひとりしか持たない。ヨーロッパの平均は一・七人で、これは大きな課題を突き付ける。

ヨーロッパの人口は二〇五〇年までに一〇パーセント減少すると予想され、すでに高齢化が進行している。高齢者と子供を合わせた人口は、二〇六〇年までに生産年齢人口を二〇パーセント上回ると見られる。この人口減少を補充するためには、ドイツだけでも少なくとも五〇万人の移民を受け入れる必要がある。イギリスの人口も、世界から移民を全面的に受け入れなければならないレベルまで落ち込んでいる。国家統計局によれば、出生率はわずか一・七人にすぎない[11]。今後数十年間の最も楽観的な見通しでも、ヨーロッパの生産年齢人口は三分の一も落ち込むという。すでにポーランドやキューバや日本など、数十カ国の人口が毎年減少しつつあり、二〇一八年には合わせて四五万人も少なくなった。人口を維持するためには平均で二・一人の赤ん坊を産まなければならないが、これらの国の女性の出産数はそのレベルに達していない。平均余命が着実に延びていなければ、人口減少はもっと急激に進んでいるはずで、いつまでも持ちこたえることはできない。日本の現在の人口は一億二五〇〇万だが、二一〇〇年までには五三〇〇万未満に落ち込むと予想される。

これはグローバル社会に根本的な変化を引き起こす。第二次世界大戦後のベビーブーム――一部の国では戦後の「奇跡的な経済の高度成長」によって後押しされた――は一九六〇年代に入ると、大きな政治力や経済力を持つ若者が支配する世界を創造した。一〇年間にわたって社会は大きな変化を遂げ、崩壊を経験した。ベビーブーマーによる人口急増の効果は数世代を経て未だに続いているが、いまや高齢化社会は確実に到来している。高齢者は富も権力も持っている。たとえばイギリスでは、ベビーブーマーの五人に一人が大富豪だ[12]。二〇六五年までには全人口の四分の一以上を六五歳以上の高齢者が占めると予想される。高齢化社会は概して暴力や戦争を経験する機会が少ないが、協調性に乏しく保護主義的傾向が強い。ブレグジットやトランプやエルドアンに一票を投じたのは高齢者だ。

こうした人口問題は深刻な危機であり、世界のほとんどの国が影響を受ける。若年労働者が生産活動に参加して税金を支払い、増え続ける一方の高齢者だけでなく子供たち、さらには病気や障害を抱えて働けない人たちを支えてくれなければ、社会は機能することができない。経済は停滞し、場合によっては崩壊するだろう。中国は二〇二五年頃に転換点を迎えると予想される。出生数が減れば人口は横ばいどころか減少し、経済は減速してマイナス成長への逆転も考えられる。女性一人当たりの出生率は一・三人で、息子が年老いた両親の介護を任せるため、近隣諸国の貧しい村から花嫁を連れ込む――時には拉致する――現象もすでに見られる。他の大国でも出生率の落ち込みは深刻だ。インドは人口置換水準〔訳注：人口が増加も減少もしない均衡した状態となる合計特殊出生率〕が二・一だが、それを下回っている。世界で六番目に人口が多いブラジルの出生率は一・六五人。ロシアは人口減少が危機的状況で、田舎町からは若者がいなくなった。ヨーロッパでは村全体が売りに出されるケースだけでなく、無料で引き取ってもらい、誰かが再建してくれることに一縷の望みをかけている。都市が縮小すれば投資が落ち込み、ますます衰退して魅力が薄れるので、新しい住民を呼び込めず、下方スパイラルが止まらない。アメリカでは、ニューヨークやサンノゼやボストンなどの都市が急激なマイナス成長を経験している。EUでは二〇パーセントの都市が縮小を続け、大きな難題を突き付けられている。[13]

要するに人口が減少すれば、アメリカは二〇三〇年までに少なくとも三五〇〇万人、二〇五〇年までにEUは八〇〇〇万人、日本は一七〇〇万人の労働者を新たに受け入れなければ、現在の生活水準や社会支援制度を維持できなくなる。景気後退の時期にも、これらの国は深刻な労働力不足を経験しており、「違法」移民を赦免することである程度まで緩和している。しかしまもなく国家は、熟練労働者は無論、未熟練労働に携わる移民も争奪し合うようになるだろう。意外かもしれないが、オーストラリアなどで導入されたポイント制（スキルにポイントが与えられ、十分なポイントが貯まった移民は入国を許される）を使って入国する移民の大部分は、実際は未熟練労働者である。なぜなら、望ましい「高度なスキル」を持つ移民の家族として入国するからだ。ヨーロッパへの移民の大半は、家庭内労働に従事する女性が占めている。

一方、貧困国の一部、特にアフリカ大陸では、出生率が低下している国も多いが、人口は増加している。そして、地方の貧しい村で環境の激変に翻弄される若年人口の爆発的増加という三重苦が深刻だ。世界の人口のほぼ四分の一を擁する南アジアも同様の問題を抱えており、世界銀行によれば、まもなく食料不足の蔓延率が世界最悪になるという。すでにおよそ八五〇〇万人が祖国を逃れ、ほとんどはペルシャ湾に向かっているが、さらに三六〇〇万人があとに続くと予想される。その多くはインドのガンジス谷を定住先に選ぶと見られるが、結局は一時的になるだろう。今世紀末までには熱波と湿度の影響で、この地域も居住不可能になるからだ。

解決策は明白で、わざわざ詳しく説明するまでもないが、重要な政策として話し合われる機会は滅多にない。人々の自由な移動の実現を支援すれば、みんなに恩恵がもたらされるのだ。

気候ストレスだけでなく、抑圧的な政権など他にも様々な圧力の影響を受けている国の多くは、働けずに貧しい暮らしをしている大勢の若者を抱え、それが紛争の引き金になっている。しかし、人口減少が進む安全な国への安全な移動ルートを用意すれば、苦しんでいる人たちは助けられる。多くの国民は高度な教育を受けており、生産的な生活を営むことができる。二〇一五年から二〇一六年にかけてシリア危機が発生したとき、ドイツとスウェーデンは大勢の難民を受け入れて恩恵をこうむった。難民のなかで受け入れ国の言語を話せるのはわずか一パーセントだったが、大半は新天地で仕事を見つけることができた。そして民族間の緊張は高まったものの、二〇二一年の選挙では反移民を掲げる極右政党の人気が著しく低下した。

ドイツにとって、一〇〇万人の難民の受け入れは人道的危機への寛大な対応だったが、抜け目のない経済的決断でもあった。当時のドイツは労働力不足を補う必要があった。そのひとつの原因がトルコからの移民の減少で、好況にわく祖国に多くの移民が帰国してしまった。そしてスウェーデンにとってもシリア難民の受け入れは、過疎化の進む村を復活させるチャンスで、学校やサッカーチームが再開された。スウェーデンが直面する最大の懸念は、移民が祖国のシリアに帰国することだ。高齢化が進む状況では、高齢者従属人口指数を低く抑えるために移民の増加は経済的に欠かせない。ウクライナ難民が最終的に避難先に定住すれば、長期的には受け入れ国の経済的利益につながると私は確信している。

もちろん、移住は移民にも恩恵をもたらす。世界銀行によれば、移民が貧困国から富裕国に拠点を移すと、祖国にとどまっている場合よりも収入は平均で三倍から六倍も増える。ナイジェリアの未熟練労働者は、祖国ではなくアメリカで働けば収入は一〇〇〇パーセント増加する可能性がある。メキシコの労働者は、収入が平均で一五〇パーセント増加する。このように収入が増える可能性は、移住を後押しする原動力のひとつだが、移住から提供される機会は金銭面にとどまらない。富裕国は往々にして優れた制度が確立され、ガバナンスがうまく機能して腐敗が少なく、市場は効率が高く、経営状態の良いグローバル企業が存在し、しかも安全が保障される。環境がこれだけ整備されていれば、労働者は貧困国よりも富裕国にいるほうが、同じ仕事をこなしても生産性が高くなる。科学者も富裕国のほうが研究の成果は充実するが、それは良い設備が整い、研究資金が安定的に供給され、専門知識を選択できる範囲が広く、協力する機会に恵まれていることなどが理由だ。建設作業員も富裕国のほうが良い建物を完成させることができる。良い道具が手に入り、材料の品質が高く、電気や水が安定して供給され、厳しい規制によって構造の安全性や品質が保証されるからだ。

経済成長のための移民受け入れ

世界銀行の研究によれば、富裕国が移民を受け入れて人口を三パーセントでも増加させれば、一〇年以内に世界のGDPは三五六〇億ドル以上も押し上げられるという。マイケル・クレメンスは、もしもすべての国境が開放されれば、「一兆ドル分の札束が歩道にころがっている」なかから、好きなだけ拾い集める状況が実質的に出現すると表現している。[14] 経済を成長させるためには生産性を向上させる必要があり、そのためのひとつの方法が労働人口の増加なのだ。

国連国際労働機関に加盟するヨーロッパ一五カ国による研究によれば、国家が移民を受け入れて人口を一パーセント増やすたびに、GDPは一・二五〜一・五パーセント上昇するという。[15] オーストラリアのGDPが二〇〇九年の世界的景気後退の時期に三パーセント増加したのは、移民を受け入れたことも理由のひとつだ。当時、オーストラリア国民の四人にひとりは海外で誕生していた。[16]

そうなると移住は個人だけでなく、社会にとっても有効な適応戦略である。気候変動の経済的コストの多くは、それに合わせて経済活動を別の場所に移行するだけでも緩和されると推測する研究もある(17)。現在では世界の生産活動の九〇パーセントが、地球全体の土地の一〇パーセントに集中している。したがって、気候変動の危険にさらされた一〇パーセントの土地から、もっと環境が快適な九〇パーセントの土地に生産拠点を移すのは理にかなった決断であり、研究によれば実行可能性はかなり高い。たとえば研究者は、気温上昇に伴う世界経済の展望のモデル化を行なった。ここでは、人々が世界中を自由に移動できるシナリオと、移動が制約されるシナリオが準備された。その結果、最初のシナリオのほうが厚生の損失〔訳注：社会的余剰の損失〕は少なかったが、それは大勢の人たちが北へ向かうからだ。今世紀中に赤道で温度が二℃上昇するだけでも（したがって北極では六℃上昇する）、農業や製造業の拠点は北に移動して、平均すると緯度が一〇度高い場所に移る。オスロの気候はフランクフルトのように、シカゴの気候はダラスのようになる。温度がさらに上昇すれば、拠点はさらに大きくシフトするだろう。

しかし移動が制約される二番目のシナリオでは、厚生費用は大きく跳ね上がる。モデルでは、北緯四五度線（アメリカ北部やヨーロッパ南部を通過する）に厳密な国境管理を導入した。四五度線よりも上にはおよそ一〇億人が暮らし、気温の上昇によって農業の生産性が向上するが、四五度線より下に暮らすおよそ六〇億人は、ほどなく貧困が五パーセント深刻化する。要するに移住しやすい環境を整えれば、経済の復元力は高まる可能性がある。

農村から都市へ

今日、農村での暮らしは人命を脅かす最大の要因として際立っている。なぜなら医療サービスや清潔な水や衛生設備へのアクセスが悪く、貧困や栄養不良が深刻で、生活に多くのリスクを伴うからだ。

国際農業開発基金（ＩＦＡＤ）によれば、世界で空腹を抱えている人たちの四分の三は農村地域の住民で、しかも農村の賃金は平均すると都会の三分の二程度にすぎない。しかし都市に移住すれば問題への対処は可能だ。

今日では、歴史に例のない規模の人類の大移動が進行している。何億もの人々が先祖代々住み続けてきた村を離れて都市に押し寄せてくる結果、都市は急速に膨れ上がっている。移住すれば、何世代もかけて構築された強力なネットワークを離れ、曲がりなりにも食物を栽培できる先祖代々の土地を手放すことも多いが、残っているままでは賃金はほとんど――場合によってはまったく――支払われないし、成長する機会にも恵まれず貧困は深刻化するばかりだ。世代交代が進むほど、家族の土地は細かく分割され、猫の額のような畑で環境の悪化に苦しみながら食物を栽培しなければならない。これだけでも、何とか新天地でやり直したいと願う十分な動機になる。二一〇〇年までには、人類はほぼ完全に都会の生物種になっているだろう。

都会に働きにでた息子や娘は永住しないのが普通で、少なくとも最初はそのつもりでいる。家族に仕送りするための金を稼ぎ、年老いた両親や子供、場合によっては弟や妹など扶養家族を支えるためにやって来る。留守中、残してきた家族の面倒は親戚がみてくれる。都会で働く移民からの仕送りによって、多くの国の農業経済は生き残っている。コロナ禍のあいだは減少したものの、世界の年間の送金規模はおよそ五五〇〇億ドルにのぼる。端的に言って、移民からの送金がなければ、グローバル・サウスの多くの村は持続不可能で、とっくに見捨てられているだろう。

こうした送金がもたらす恩恵は、移民の近親者に限定されず、広範囲におよぶ。ガーナでは、外国で働く親戚からの支援を受けている子供は、中学校に通う可能性が五四パーセント高い。学校の校舎も送金によって建設または提供されるケースが多く、実家への送金を元手に家を建てることも、会社を興して従業員を雇うこともできるし、機械への投資や設備のグレードアップも可能だ。

ここで重要なのが循環型ネットワークで、これがあるからこそ、移住によって受け入れ国にも祖国にも繁栄がもたらされ、ヒトや資源がうまく循環を繰り返す。したがって持続可能な移住を支える重要な要素であり、あらゆる政策の成功にとって欠かせない[18]。

人々が移住すれば、多様な機会が提供される都市が創造されるので、他の人たちも移住しやすくなる。さらに、あとに残してきた村の生活や住居や教育も改善され、多くの機会に恵まれる。

移民が外国の大学に留学すると、祖国の人たちも刺激されて学校に通うことが調査からは明らかにされている。さらに民主主義国に渡った移民は、祖国での民主主義の発展に貢献する。友人や家族が選挙で投票するようになるからだ。マリで実施された調査によれば、帰国した移民は投票する可能性が非常に高いだけでなく、周辺に多数の帰国者がいる地域での投票率を押し上げている。

実際、移住は国家が開発指標の点数を上げるための最も効率的な最善の方法として際立っている。政治的にはそれほど注目されないが、援助目的の支出のほとんどと比べても有意義である。途上国の大半では、海外からの仕送りの金額は平均すると、富裕国からの援助の金額の二・五倍に達する。たとえばナイジェリアは二〇一八年、海外で働く移民から二四三億ドルの送金があったが、これは開発援助資金の八倍、海外からの投資の一〇倍以上にもおよぶ。援助予算は細かく分割され、行政機関、給料、組織的活動、援助隊員のための四輪駆動車の購入などに割り当てられる。しかし、出稼ぎ労働者からの仕送りは受取人の手に直接入るので、仲介手数料や送金手数料でかなりの金額が差し引かれても、人々の生活を改善する形で投資される。ＵＮＥＳＣＯの試算では、こうした手数料を引き下げれば、教育への個人支出は年間で一〇億ドル増加するという。

それにもかかわらず、富裕国は移住を思いとどまらせるため人道的なアイデアの数々を取りそろえており、そのひとつが「根本的な原因」への取り組みだ。たとえばＥＵは、アフリカへの数十億ユーロ規模の基金を設立した。それでも、貧困国を対象とした支援も経済開発も、いずれも移民の減少にはつながらないことが複数の研究から明らかになっている。むしろ、反対の結果がもたらされるときもある。実際、国の発展は移住を促進する。貧困国が豊かになるほど、国外に移住する国民の割合は増加するのだ。富裕国への移住にかかる費用の高さは、大きな理由だろう。密入国の斡旋にしても、飛行機のチケットにしても、あるいは留学など国外に脱出する他のルートにしても、富裕国への移住にはかなりの費用が必要とされる。最貧層にそんな余裕はないが、金銭的余裕ができればそれを未来への投資として考える。国が豊かになれば、海外への移住に投資できる人は増えていくのである。この傾向が続き、一人当たりの平均年収がおよそ一万ドルに達すると、国内で豊かに暮らせるので、富裕国での相対的な収入がわずかに増加するぐらいでは、高いコストや危険を伴う移住に踏み切る気持ちになれない。現在、サブサハラ・アフリカの平均収入はその三分の一程度でしかない。

それでも、開発援助を中止するべきではない。貧困国の衛生や教育を改善するために開発援助は不可欠であり、富裕国の義務でもある。特に富裕国は、植民地支配や資源搾取などの政策を通じて貧困を悪化させたのだから、その歴史的役割を考えれば援助を惜しんではならない。しかし、移住をやめさせる目的での資金援助は、子供が学校に通うのをやめさせるために教科書の発行部数を増やすようなもので、考えが誤っている。ある研究の試算では、イラクなどからEU加盟国への移民をひとり減らせば、援助の負担は一八〇万ドル増えるという。正式なルートを通じた移民を減らすとコストはさらに高くなり、一人当たり四〇〇万ドルから七〇〇〇万ドルも増加する。(19)

同様に、純粋に経済的観点から世界の生産性に注目するなら、人類にとって労働者は最も重要な商品だ。ナイジェリア人が仕事のある場所に移住できる環境を整えるよりも、ナイジェリアに資金援助するほうを優先するのは、砂漠で農業を始めることや南極で車を大量生産することと同様に筋が通らない。あるいは、すでに確立された制度、平和、繁栄、グッドガバナンスをオランダやカナダからスーダンやイエメンに導入して定着させるのは、労働者とその家族を生産力の高い国に送り出すよりもはるかに難しく、効果も限定される。移住は避けられないばかりか、奨励すべきだ。地球上で私たちが暮らす期間は一〇〇年に満たない。そんな限られた時間のなかで、誰もがより良い機会を求めて自由に移動するべきで、たまたま生まれ合わせた場所に制約されてはならない。

世界を自由に移動できるようなシステム

今日は明らかに、国境が柔軟に管理されている状態から程遠い。では、誰もが世界を自由に移動できるようなシステムの実現には、どのようにアプローチすればよいのか。気候変動と同様、人類の大移動は地球規模で取り組むべき問題だ。人間の活動のグローバリゼーションが進み、地球に様々な問題が引き起こされている状況では、新しい時代に合わせて大胆に行動する協力団体が必要とされる。国際機関の力は数十年にわたって衰え、それが引き起こす様々な結果を私たちは経験してきた。温室効果ガスの排出にはうまく対応できず、コロナ禍では、グローバル・サウスにワクチンをタイムリーに供給できなかった。こうした状況を克服するためには、国際問題の解決を目指したグローバルな協力を強化しなければならない。

すべての移民が祖国を離れる前に職を確保できれば理想的だが、現実には大変な出来事に遭遇し、取るものも取りあえず移住するケースが多い。こうした問題に取り組むには、グローバルな組織である国際移住機関に真の権力を持たせ、各国政府に移民の受け入れを強制させるのもひとつの方法だ（そもそも政府はこれを義務付けられているが、従わないことが多い）。（気候変動の影響で）状況が悪化する一方の人々を各国に振り分けるための賢明な計画を作成し、各国政府に同意してもらうべきだ。危機への対応が不可能になる前に行動を起こし、移住、労働への報酬、資金提供、そしてできれば帰国に関する当面の戦略や長期的な戦略を管理するのだ。こうした機関は政府間の支援によって設立され、行政官の国際コンソーシアムによって運営され、（社会科学者、都市計画者、気候モデル制作者を含む）専門家から助言を受ける。そして、すべての国の寄付金で成り立つ国際的な「課税」制度から、資金を十分に提供されるべきだ。

移民の割り当て数を各国に同意させるのも一案だ。同意すれば、当初の短期間は新しい移民の受け入れに伴う社会的・経済的な統合コストをまかなう資金やローンが提供され、大都市への投資にも活用される。資金やローンの一部は出身国が負担してもよい。実際、EUは難民や亡命希望者のクオータ制（割り当て制）を何らかの形で実現するための努力を数年前から続けているが、ハンガリーやポーランドなど一部の加盟国の反対で実現が阻止されている（皮肉にも移民の視点からは、どちらも最も敬遠される国である）。その結果、EUの難民申請手続きは完全に破綻している。社会や経済に貢献する人材として移民を歓迎するどころではない。南欧の一部の国の国境に移民が押し寄せ、社会的・経済的な負担になっている。移民の生活は不安定だ。ネットワークで互いに結びついた場所で働くことも、生活基盤を築くこともできない。すでに本書でも述べたが、収容所に何年間も不当に閉じ込められるケースも多い。地元住民からは嫌われ、無駄に命を落としている。

それよりは、誰もが出生地の市民権の他に、国連から市民権を与えられる選択肢もある。難民キャンプで生まれて必要な書類を準備できない人、今世紀中に消滅する小さな島国の市民などにとって、国連から提供される市民権は国際的に認知され支援されるための唯一の手段になる。この市民権がある人には、パスポートを発行すればよい。無国籍の難民に発行されたナンセン・パスポートは参考になるだろう。ナンセン・パスポートとは、その実現に貢献したノルウェーの探検家フリチョフ・ナンセンにちなんだ名称である。この国際的に認知された難民旅行証明書は、第一次世界大戦後の一九二二年から一九三八年にかけて五〇万通も発行され、その大半はアルメニアとロシアの難民が対象だった。ハンガリー出身の著名な報道写真家のロバート・キャパも、そのひとりである。

ナンセン・パスポートの有効期限は最大で一年だが、更新が可能だった。これを所持していれば別の国に移住して仕事を探すことができるので、難民は狭い場所に押し込められている境遇から解放され、当時の国際連盟の加盟国のあいだで「公平に」割り当てられるようになった。しかも受け入れ国は、避難民の国境からの出入りの追跡が可能だ。一方で難民は、保護を受ける亡命先の当局から新しい市民権を与えられるまでのあいだ、新しい形で国際的に身分が保証された。ナンセン・パスポートのような計画には、賞賛すべき点が多い。特に今日のように難民や移民が狭い場所に閉じ込められ、国境を安全に渡ることも仕事を見つけることもできない状況では、大きな成果が期待できる。移動性を重視するので、移民は仕事を確保できる場所に自由に移動できる。これは、移住を安全かつ整然と進めるために不可欠な要素だ。そして受け入れ国には、人口動態の変化に伴うニーズに対応するために必要なデータが手に入る。これだけのことに、国連が市民権を提供すれば取り組めるのだ。

クオータ制では、人々は出身国で移民を申請し、そのうえで安全な都市でビザが発行されるのが理想的だ。需要の高いスキルや富を所有する移民は目的地の都市を選択しやすいが、困っている人たち全員に安全な住居を確保するためにはクオータ制を役立てるべきだ。一時滞在ビザや特定技能ビザ、あるいはくじ引きによる移住先の決定などの計画は、クオータ制の範囲内で移民を割り当てるために効果的だろう。アメリカ、イギリス、カナダなど、すでに多くの国がくじ引きによる移住先の決定を何らかの形で採用している。

今後は大量の移民が発生することが予想され、しかもその解決が緊急の課題になる可能性を考えれば、移民は自分たちが住む新しい都市の建設や、すでに存在する都市の拡張に貢献しなければならない。ビザには、所持者にたとえば二年から五年のあいだ地域社会への奉仕活動を要求し、一週間に一定の時間働くことを義務付ける項目を含めてもよい。具体的な仕事は年齢やスキルや能力によって異なるが、建設現場での作業、介護、ごみや廃棄物の管理、野生生物の回復など、国家に必要とされる職業はいくつも残っている。移民には技能訓練と報酬が提供され、建設作業に協力した住居やビジネスペースには所有権のオプションを与えてもよい。そうすれば、新しい市民の文化的・社会的移行はスムーズに進むので、進歩的な市民社会が構築される。現地の住民もこうしたプログラムに積極的に関われば、その傾向はさらに加速されるだろう。

ただし、全世界的に拘束力のある協定を何らかの形で確立するのは困難なので、実現を気長に待っている余裕はない。できるところから、二国間協定や地域協定を締結する必要がある。特に、文化的なつながりや歴史的つながりがすでに存在している場所では、積極的に取り組むべきだ。たとえばすでに太平洋諸国は、オーストラリアやニュージーランドと協定を結んでいるし、それ以外の地域集団も互恵の原則に基づく労働権、スキルや資格の認定、移動の自由に関する合意に達している。最も優れたモデルがEUで、加盟国のあいだでは、商活動や労働力が国境にとらわれず自由に移動することが許される。そのため南部のスペインが耐えきれないほどの熱波に襲われたら、住民は被害の少ない北の加盟国に自由に移動できる。アフリカ大陸もアジェンダ2063という開発イニシアチブの一環として、すべての国のあいだの自由な移動を保障する同様のシステムの導入を目指している。具体的にはアフリカ連合としてのパスポートの発行や、自由貿易協定が検討されている。自由貿易協定はすでにかなり進んだ段階に達し、五五カ国のうち五四カ国が締結している（唯一の例外はエリトリア）。それに比べると、自由な移動に関する協定の進み方は遅く、いまのところ調印したのは三三カ国にとどまるが、それでも複数の国がオンアライバルビザ〔訳注：空港到着時にその場で申請・取得するビザ〕の発行を始めている。商取引や移動の自由が大きな起爆剤となれば、アフリカ大陸の経済は大きく変化するとアナリストは予想する。人口が急増する若年層も仕事を見つけることができるだろう。たとえばEU域内の移動の自由が保障されたおかげで、ヨーロッパの平均失業率は六パーセント低下した。

気候難民受け入れのシナリオ

二〇三二年、アジャイ・パテルは移住を申請した。もともとはインドのグジャラート州のコメ農家だったが、干ばつに襲われたうえに海面が上昇し、土壌の塩分が高くなって農業が不可能になると、家族を連れて最初はアフマダーバード、つぎはムンバイに移住した。妻とのあいだには三人の子供がいて、スラム街のシェルターで暮らしながら露天商として働いている。いまでは激しい暴風雨に頻繁に見舞われ、スラムは定期的に水浸しになる。おまけに熱波も定期的に押し寄せるので、スラムの環境は劣悪だ。かつて二〇二〇年、スラムの気温は都市の他の地域よりも六℃高かった。しかしいまは猛烈な暑さだけでなく、雨上がりの湿度の高さにも苦しめられ、命が危険にさらされる。そこでアジャイは、ムンバイにある国連移民局に家族での移住を申請した。詳しい個人情報を書き出し、家族にどんなスキルがあるかアピールした。移住先の都市は三つまで選べるので、以下の三つを希望した。マンチェスター（遠い親戚のコネがある）、グラスゴー（友人がいる）、オタワ（長男がビジネススクールに通うことができる）。インドの市民権の他に、家族のひとりひとりに国連パスポートが発行されれば、どの国への移住も可能で、実際に働いて生活できる国も多い。ただし、社会保障制度の恩恵をかならずしも受けられるとは限らない。その割り当ては順番待ちだ。

数カ月以内に、スコットランドのアバディーンへの移住ビザが発行された。期限は五年間。この決定を受け入れても不服を申し立ててもよいし、あるいは断って別の場所に再挑戦してもよい。結局、一家はビザを受け入れることにした。このビザは条件付きで、アジャイと妻は政府から指定された部門で最低でも二年間働かなければならず、そのあいだには初歩的な研修への参加が義務付けられる。こうした仕事は国連パスポートを所持していれば誰にでも開放されるが、移住ビザを持つ市民が優先される。子供たちは教育機関に通うか、他の訓練を受けなければならない。そして最初の二年間は、少なくとも二〇カ月は移住先を離れられない。その代わり、一家はアバディーンまでの移動を手配してもらい、住宅や医療や語学教育などの支援を受けられる。二年が過ぎたら、どんな職業を選んでもよい。アジャイは小売業で働き、最終的には自分の店を持ちたいと考えている。そして五年が過ぎると市民権を申請し、現地の住民と同じ権利が与えられる。国連パスポートを持っているだけでもアバディーンで暮らして働くことはできるが、申請を受け入れられないかぎり、仕事を優先的に割り当てられる資格や公共サービスを無料で提供される資格は手に入らない。一方、クオータ制のもとで都市は、働けない難民を温情的な立場から受け入れ支援しなければならない。

アジャイは建物のエネルギー効率の改善に取り組む仕事を見つけ、妻は介護のアシスタントとして働くことになった。ふたりとも無料の語学レッスンを受け、数年もするとアジャイは新しい移民の研修を手伝うまでになった。妻は、介護士になるための定時制コースに入学した。アジャイは数人の同僚と一緒に断熱材を供給する店を開くつもりだ。子供たちは教育を受けている。

いま紹介したのは、仮想未来のシナリオのひとつだ。これならば、移民に配慮したルールや制限が設定されたモデルのおかげで、危険や貧困から逃れて移住することができるし、新しい社会に貢献しながら前向きに生きていくこともできる。しかも、移民に懐疑的な受け入れ国の社会を納得させるため、調整期間が準備されている。気候変動の影響を受ける都市が人口の少ない国の支援に人材を提供すれば、移民は劣悪な環境を抜け出し、エアコンが効いているばかりか、洪水や嵐に十分耐えられる建物での暮らしを実現できる。今後数十年で直面する厳しい気候条件のもとでは、二〇〇〇万の人口を擁するムンバイは住民に安全な住居や食料を提供できない。多くの住民は移住が必要になる。しかもいま紹介したシナリオならば、大勢の移民を受け入れて都市の人口が増加しても、うまく統合することができる。今後数十年間は気候変動に適応し、社会やインフラを改善するために多くのプログラムが必要とされるが、そのための労働力も確保される。

このモデルの他にも、たくさんの代替案がある。今後数十年間に予想される人類の大移動をうまく進めるためには、役に立つ方法を積極的に計画しなければならない。温暖化が進んで住みにくくなる世界に適応するため大きな課題に取り組みながらも、移民の尊厳を守ることを忘れてはいけない。

第6章　新しいコスモポリタン

移民に対する大きな誤解

人々は十分な準備が整ってからにせよ、突然にせよ、移動している。しかし準備することはできるし、準備しなければならない。

移民はアメリカやヨーロッパやオーストラリアを目指して命がけでやって来る。それなのに受け入れを拒むのは人道に反する。ヨーロッパ北部やカナダのように気候的に「恵まれ」、未だに居住可能な地域に暮らす人たちは、高い壁を設けたり銃を突き付けたりして移民を締め出してはならない。移民が住み慣れた場所を離れ、きりもなく押し寄せてくるのは、他に選択肢がないからだ。そんな困っている人たちに、他の国は支援の手を差し伸べるべきではないか。ただ傍観するだけで、死んでもかまわないと突き放すことが許されるだろうか。

移民が続々と押しよせる話を聞かされて怖気(おじけ)づくのは、外国人の大きな集団に圧倒される可能性が恐ろしいからだ。むしろ移民の流入は機会の創出につながるという現実から目をそらしている。しかしそんな見方は改め、移民の境遇は誰にとっても他人ごとではないことを認識する必要がある。私たちだって、働くためや楽しむため、子供に良い機会を与えるため、あるいは不幸にも危険が迫ってきたらそこから逃れるために場所を移動する。移民も同じで、十分な準備が整っているにせよ、突然にせよ、新天地を目指してやって来るのだ。

二〇二一年一一月、フランスからイギリスに渡る移民で超満員の数隻の小型船が危険な英仏海峡を航行中、一隻が転覆する事故が発生した。凍てつく海に二七人が放り出されて命を失うが、そこには三人の子供も混じっていた。ここでは他人の不幸を喜ぶ一部の人たちの対応が、回避できたはずの悲劇を招いた。移民に抗議する漁師たちが救命艇の係累所を封鎖して、トラブルに陥った別の船に向かおうとする救助隊を妨害したのだ。イギリス政府が同国への亡命希望者に許可する入国ルートはこれ以外にほとんどないが、それでも小型船をフランスに送り返すため、軍隊を派遣するつもりだという発表があった。ところが、この死亡事故に関するニュースサイトの記事には誹謗中傷のコメントが寄せられた。そしてコメントが削除されると、今度はフェイスブックに投稿され、そこには笑顔の絵文字が付けられた。

ジャーナリストのエド・マコーネルは、転覆事故のニュースに笑顔の絵文字で反応した人たちを突き止め、その理由を尋ねようと決心した[1]。マコーネルが知った誹謗中傷は、移民をつぎのように口汚くののしっていた。「レイピスト、殺人者、テロリスト」「我々の国から盗みを働く輩」「仕事を奪うやつら」「国民保健サービスの金食い虫」。さらに、亡命希望者はどこでも好きな国を選んで亡命を申請する権利を持っているが、その事実を知らず、頑として認めようとしなかった。

移民の悪しき一面を大げさに強調する表現や誤情報は数十年前から絶えない。そのため富裕国では、移民に関する基本的な事実が大きく誤解されている。イタリアの調査では、国民は平均すると人口全体の二六パーセントが移民だと考えているが、実際には一〇パーセントにとどまっている。さらに、移民に関する人種差別的で偏見に満ちた表現を信じやすく、著名な政治家がそれを繰り返すとその傾向が特に顕著になる。たとえば、移民は犯罪者で、暴力的な危険人物だと言われることが多い。さらに西側諸国での調査からは、移民は実際よりも貧しく、教育程度が低く、職に就く機会が少なく、生活保護に頼り、イスラム教徒の男性が多いと思われている。しかし現実には、世界の移民の半分はキリスト教徒が占める。キリスト教徒の割合は世界の人口の三分の一だが、アメリカに定住した移民の四分の三、EUに定住した移民の五六パーセントがキリスト教徒だ。世界の移民のなかでイスラム教徒が占める割合はわずか二七パーセントで、移住先はサウジアラビアやロシアが多い。

富裕国への移住は恩恵にあずかるのが唯一の目的だという発想も正しくはない。移民の大多数は職探しが目的なので、仕事のある場所を目指す傾向がある。福利厚生が最も充実している場所を選ぶわけではない。実際、移民の三分の一以上は雇用の機会さえあれば、社会的便益がほとんど、場合によってはまったく供給されない途上国を目的地に選ぶ。さらに富裕国に移住しても、地元住民のように恩恵を受ける可能性は低い。そもそも移民は若くて健康で、働くことが目的でやって来る。年齢が上がって社会保障費の給付が必要になる頃には祖国に帰国してしまう。しかも富裕国の多くでは入国管理が厳しく、給付金の申請さえ叶わない。そのため「不法」移民は税金を払っても、不法就労が発覚するのを恐れて申請を控えるケースが多い。アメリカでは、雇用主が移民に代わって社会保障費を支払っても、移民が給付金の申請をしないケースが多く、一九九〇年代だけでも国庫が二〇〇〇億ドルも膨れ上がった。一方、トランプが二〇二〇年に就労ビザの取得を厳格化した影響で、アメリカ経済は一〇〇〇億ドルの被害を被った(2)。経済協力開発機構の試算では、移民は給付金を受け取ったとしても、少なくともそれと同じだけの金額を税金で支払う。実際、イギリスの予算責任局は、同国が移民の受け入れを二倍に増やせば、国の借金がかなり減少すると予測している。

同様に、犯罪や暴力に関する不安にも根拠はない。調査からも、移民が関わる犯罪の増加は確認されていない。イギリスでも大勢の亡命希望者が就労を許可されなかった場所で、軽犯罪がわずかに増加したケースがほんの少しあった程度だ。むしろアメリカでは、移民は地元住民よりも犯罪を行なう可能性がずっと低い。ある調査によれば、一九九〇年代に犯罪率が総体的に低下した傾向には、移民が増加した影響も考えられるという(3)。

移民への敵意

今日はヨーロッパでもアジアでもアメリカでも、移民への敵意が露骨な時代を経験している。この一〇年間は進歩的な民主主義国家のリベラルな政府にとっても、移民の抑制と国境警備の強化の公約は票を集めるために大きく貢献した。一方、ナショナリズムの傾向が強いポピュリストの指導者は、外国人労働者や難民への対応をさらに厳格化している。アメリカではメキシコ人が大量に投獄され、ブレグジット後のイギリスでは移民への反感が強まり、二〇二一年の冬にベラルーシでは、中東からの移民が政治武器化された〔訳注：ベラルーシはEUによる制裁への報復として、意図的にEU加盟国に移民を送り込んだとされる〕。こうして移民は国民の脅威であり、危機の元凶と見られるようになり、それが移民排斥運動や極右政党の躍進につながっている。

一連の出来事の多くは、ヨーロッパへの亡命希望者の人数が実際には減少している時期に発生している（ヨーロッパでは二〇世紀最後の五年間よりも二〇一一年から二〇一五年までの五年間のほうが、シリアからの大量の難民を考慮しても亡命希望者が少ない）。EUへの亡命希望者の人数は毎年変動があるが、大体において数十万人の申請者を受け入れている。[4] その程度ならば、四億四五〇〇万の人口を擁するEUは移民の脅威にさらされているとは言えない。ただし二〇二二年には、EUも実際に危機が目の前に迫った。ロシアとの戦争が始まり、数百万のウクライナ人が周辺国に避難せざるを得なくなったのだ。そしてウクライナに最も近い国は、移民への反感が最も強い場所だった。ところが意外にもポーランドやハンガリーなど、かねてより移民に敵対的だった国が、ウクライナからの難民を温かく歓迎した。両国がその数年前に経験した「移民危機」と比べ、難民の数は桁違いに多かったものの、その影響はなかった。

ヨーロッパの二〇カ国を対象にした調査によれば、移民を受け入れる規模と移民への好意的な態度のあいだには、相関関係が成り立つ。「移民の割合がごくわずかな国は最も敵対的で、移民の存在が社会で大きな国は最も寛容である」ことを研究者は明らかにした。[5]

一方、移民危機は、移民とは無関係な要因から生まれることが確認されている。制度への信頼が揺らいだとき、社会が閉鎖的なとき、政治への不満が募ったときなどに発生する。制度への信用や社会的包容力のレベルが低い国は、移民への不安が最も大きいことを研究者は明らかにした。極右のポピュリスト集団は、従来は左派が掲げてきた経済的・社会的政策——雇用維持や福祉国家への支持——を反移民のレトリックで脚色する。そこからは、労働者階級のコミュニティが直面する社会的問題の責任は移民にあるという認識が育まれる。「移民への敵対的な態度は、移民本人とほとんど無関係だ」と研究は結論している。

移民への敵対的な態度は私たちの社会に蔓延し、政策を形作っている。これは、各国が数万人程度（またはそれ以下）の亡命申請者しか受け入れていない現時点でも、すでに問題を引き起こしている。しかし今後数十年間のうちに、多くの国が少なくとも数十万人の申請者を受け入れると考えられる。ロシアのウクライナ侵攻を考えてほしい。最初の三週間だけで、一〇〇〇万人の難民が発生した。人々が大量の移民に不安を抱くことは十分に予想される。特に国土が狭く、人口構成が民族的に均質な国はその傾向が強い。こうした不安は深刻な問題を引き起こす。大勢の気候難民の定住が、本人たちにとっても受け入れ側のコミュニティにとっても平和裏に進んで成功するためには、まずは不安を取り除かなければならない。

うまく対処すれば、人類の大移動は生活の一部となり、民族的に均質だった時代を記憶していない世代にとって、コスモポリタン的な社会は当たり前の存在に感じられるだろう。都会で暮らす若年層はすでに、祖父母の時代よりもずっと高い多様性に快適さを感じている。その一因は人口構造の変化だ。アメリカでは、戦後のベビーブーマー世代で白人以外の人種が占める割合は一八パーセントにすぎないが、一九九七年から二〇一二年のあいだに生まれたZ世代は、アフリカ系、ラテン系、アジア系が半分ちかくを占める。したがって若い世代は、国民性を人種の観点からとらえる可能性がずっと低い。調査によれば、四〇歳未満のアメリカ人の半分ちかくが国民性は重要だと考えるが、誕生した場所が国民性にとって重要だと考えるのはわずか二〇パーセントにすぎない(6)。

今世紀は何もかも変化する。今後数十年間は環境の変化によって、社会にも政治にもさらなる混乱が引き起こされる。食料の供給が途絶えるなど、深刻な課題が待ち受けている。そんな未来について考えるときには、現在のような生活は基準にならない。温暖化が進むと鉄砲水や激しい嵐が頻繁に発生する。こうした気候変動に合わせて、インフラを変化させた未来の都市と比較しなければならない。今後は食料が十分に供給されず、労働力が減少して高齢者に手厚い介護を提供できない。そしてグローバル・サウスでは紛争やテロや飢饉が増加して社会不安が高まり、多くの命が犠牲になって、その映像が世界中に放送される……あるいは、そんな悲惨な状況を受け入れられないなら、いまよりずっと多くの外国人が過密な都市で暮らすことになる。

あとの選択肢のほうが誰にとってもずっと好ましいが、不安がないわけではない。これまで地元の町が民族的に均質で、それに強い一体感を持ってきた人には特に気がかりだ。アジア系、アフリカ系、ラテン系の移民がどっと押し寄せ、小さな町が都会になったら、大切な文化が失われる恐れがある。あるいは小さいながらも繁栄してきた町が、グローバル・サウスから逃れてきた大量の難民の避難所になる可能性もある。結局のところ、大きな集団の移動は大きな変化を伴う。当然ながら、受け入れる立場の人々は不快感や不安を抱くだろう。そこをうまく乗り切ることが成功の鍵を握る。それには早めに不安を解消し、対立が引き起こされる事態を防がなければならない。

では、移民にまつわる不安の一部をもう少し掘り下げて（誤りを証明して）みよう。

不安には間違いなく引き金が存在する。まず移民は、受け入れ側のコミュニティに圧力をかける可能性がある。なぜなら住宅、学校、医療などのサービスに制約が生じるからだ。しかし、人口が増えてもコストやサービスの提供をうまく管理できるように、政府が慎重に計画を立てて適切な投資を行なえば、これは回避可能だ。多くの国は現在の市民にも十分なサービスを提供していないことを考えれば、早く問題に取り組まないかぎり緊張は確実に高まる。たとえばアメリカがソーシャルサービスに費やすコストは、予算全体の一五パーセントにすぎず、EU加盟国の平均の半分程度だ。どの国でもこの支出は増やすべきだが、特にアメリカでは必要だ。現在の規模ではまったく不十分で、全国民を対象とする保健医療すら賄えない。

社会の変化は困難を伴うが、これにはそれなりの理由がある。多様性がイノベーションを促し、建設的な結果をもたらすのは事実だが、従来必要とされてきたコストの他に精神的エネルギーへの投資を増やさなければならないからだ。誰もがあなたと同じように考え行動するときには、考え方や行動の方法を統一するのはずっと簡単だ。しかし自分とは異なる見解を理解して、新たな視点から思いもよらないアイデアについて考えるのは、たとえ大きな見返りが得られるとわかっていても、かなり大変な作業だ。この問題を克服するためには、受け入れ側のコミュニティでも移民のコミュニティでも時間とお金を投資する必要がある。たとえば無料の語学学級を開講し、新たに到着した移民を指導・支援するシステムを確立すれば役に立つだろう。

国の体を成さない国家や破綻した国家から大量の移民が押し寄せれば、犯罪やテロが増加する可能性への不安が大きく表面化する。移民が民族間の紛争を持ち込む可能性も気がかりで、一般的には、テロ事件の発生に備えて移民やビザに関する政策が強化される。しかし現実は正反対だ。一四五カ国を対象に三〇年分のデータを調べた大がかりな研究によれば、移民の流入はテロリズムを増加させるより、むしろ減少させる傾向が強い。[7] 研究に関わった科学者たちによれば、移民によって経済成長が促されることが大きな理由だ。たしかにヨーロッパの一部の国では、移民が地元住民よりも軽犯罪を実行する傾向が強い。しかしこの場合には、おそらく移民は若い男性だ。同じ地域の同じ年齢層の地元住民と比べて、移民がトラブルを起こす可能性が高いとは言えない。うまく定住して仕事を見つけた移民が、過激派やテロリストになるとは思えない。それでも移民への不安を解消できないコミュニティは、白人至上主義者など、自らテロリストを生み出すリスクを抱える。

一部の国、特にヨーロッパや北アジアのなかでも面積が小さく、人口構成が民族的に均質な国の人たちは、肌の色の濃い移民が大量に押し寄せると、大事な国の印象が様変わりするのではないかと心配する。将来これは現実になるだろうが、過去に経験ずみだ。すでに述べたが、ユーラシアの肌が白くなったのは、人類の進化の歴史でもかなり最近の出来事だ。およそ五〇〇〇年前、ヨーロッパ人の肌がステップからやって来た肌の白い民族がヨーロッパに入植するまで、あるいは最近では一六世紀に肌の白い民族がアメリカに入植するまで、現地のアメリカ人もヨーロッパ人もブリトン人も肌の色は濃かった。それ以後は肌の白い人の数が増えて、一九〇〇年の時点では、大部分は肌の白いヨーロッパ人が世界人口の四分の一を占めるまでになった。その数はアフリカ人の三倍におよんだ。しかし二〇五〇年には、ヨーロッパ人が世界人口に占める割合はたったの七パーセントになると予測される。これは、大部分が肌の色の濃いアフリカ系の三分の一にすぎない。すでに取り上げている人口動態の変化が続けば、このような結果に行き着いてしまう。今日、ヨーロッパ人はアフリカ人よりも子供が少ない。いまや世界中のあらゆる都市が、現時点でも多様性を高めている。たとえばロンドンの人口の四〇パーセントは肌の色が濃い。アメリカでは、二〇四〇年までに肌の色の濃い住民が過半数を占めると予測されるし[8]、多くの都市や郡ですでにそれが現実になっている。ちなみに多様性に富む環境で暮らす人は、移民がどんな肌の色をしていても素直に受け入れることが複数の研究から明らかになっている。これに対し、「白人の数が多い」場所で暮らす人は、有色人種と遭遇する機会が少なく、移民に対して敵対的だ。

こうした人口動態の変化への不安は反移民感情の台頭につながり、偏見のある政策が意図的に実施されるばかりか、社会が無意識に先入観にとらわれる。あなたが個人的には外国人や有色人種に偏った見解を持っていなくても、そんな見解を抱く人を誰か知っているはずだ。あるいは、制度や構造が有色人種よりも白人を優遇する社会に暮らしている可能性は非常に高い。こうした偏見は心をむしばむので、改めなければならない。ちなみに難民が肌の白いヨーロッパ人で、EUの現地住民の大半と外見も服装も似ていると、EUの難民政策がきわめて寛容になる。

有色人種に対する不安や偏見は現実のものであり無視できない。熱帯から緯度の高い地域への集団移動がうまく成功するためには、この問題に体系的に取り組まなければならない。ウクライナを生活の拠点にして学んでいたアフリカやアジアからの移民は、ロシアの侵攻後に同国を脱出したとき、国境で現地の住民とはかなり異なる対応をされた。ウクライナから逃れてきた難民は出身国にかかわらず平等に受け入れるとEUのリーダーは明言したが、実際には肌の色が濃いと受け入れ国での待遇のひどさは無論、ウクライナから脱出するときも大きな障害や困難に直面した。今日では、反移民的レトリックの多くが、(主に年配の)人たちの不安を焚きつけている。そうなるとつい、自分たちの「人種」が別の「人種」に凌駕(りょうが)される可能性に怯(おび)えてしまうが、すでにおわかりのように、そんなのは生物学的にナンセンスだ。もしもあなたが生まれながらに肌の色が白く、眼は青くて金髪なら、世界的には少数派に属するが、その外見は決して消滅しない。同じ特徴を持つ人はこれからも生まれるだろう。しかしあなたの子供たちや孫たちは、あなたよりもおそらく肌の色が濃くなる。そうなると、これからは環境の大きな変化に備え、誰もが栄養補助食品を使ってビタミンDを十分に摂取することが最大の課題になる。

偏見は、しばしば不安に根付いた防衛反応であることを認識しなければならない。流出入する移民に機会が提供されグローバル化が進む世界では、コスモポリタンなグローバル・エリートが誕生するだろう。エリートにはパスポートや金銭上の特権や教育によって、快適な移動が保証される。人類の大移動が加速する結果、一カ所にとどまり、食べていくのも精一杯で無力感を味わっている人たちは、グローバル化した世界に置き去りにされているようにも感じられる。一方、西側諸国は実力主義の神話にこだわり続ける。状況に恵まれ、都市間を容易に移動できるのは、こうした特権を自分の手で勝ち取ったからだと信じて疑わず、リベラル啓蒙(けいもう)主義を掲げ、移民を受け入れてやる。自分たちと比べ、仕事や生活がふるわない人たちは何の価値もない怠け者で、行動も考え方も遅れていると決めつける。こうした発想自体が偏見であり、改める必要がある。

そして、自分が困難な状況に陥ったときや、仕事を失ったときには、根深い構造的な不平等や自分自身よりも、移民を非難するほうが簡単だ。移民は悪者だと信じ込まされると、人種差別は正当化される。それが高じると、たとえば移民の子供が避難の最中に命を落とせば、付き添っていた大人が悪かったのだと非難される。富裕国が救いの手を差し伸べなかったからだとは考えられない。しかし、ここで問題なのは移民ではなく、手落ちのある政策である。不安に裏付けられた偏見を解消するためには、「取り残された」地元民の絶望や怒りに対処しなければならない。賃金は下がり続け、失業率は高い。困っている人たちが尊厳のある生活をおくり、不平等が緩和されるような社会政策を考案し、資金を提供するべきだ。効果的な課税は、再分配の手段として役に立つ。たとえば最高税率を高く設定すれば、税の徴収後だけでなく、徴収前の不平等も緩和される。なぜなら、税率が高いと高収入のかなりの部分を税金に取られるので、少しでも多く稼ぐ意味がなくなるからだ。大きな不平等は、技術の進歩や資本主義(あるいは他の経済システム)の必然的な結果ではない。社会政策の失敗が招いたもので、富裕税の徴収や脱税の防止などがうまく機能しないからだ。人類の大移動が加速化する時代には、偏見の解消と同時に、共生を目指す賢明な政策が必要とされる。

共生は成功の鍵を握る。そうなると、同じ出身国の移民は一カ所に集めて収容地域を建設し、その影響で地元民の集団は別の場所に移住する（「ホワイト・フライト」と呼ばれるときもある）ほうがよいのだろうか。あるいはシンガポールのように国民の八〇パーセントが公営住宅で暮らし、しかも厳格なクオータ制のもとで、どの建物も様々な人種の寄り合い所帯になるほうがよいのだろうか。グローバル・スタディーズの立場からは、答えはどちらとも言える。差別を防ぐためには、所得の低い住民を対象とする公営住宅を建設し、都市のあちこちに確実に分散させる方法が優れている。そうすれば、富裕層だけ、あるいは地元民だけが暮らす地域は発生しない。一方で移民は、適度な規模の社会集団が構築するネットワークの恩恵にもあずかれる。同じ出身国の人たちが同じ都市に移住すれば、社会的にも経済的にも福祉体制は充実する。新たに到着した移民には、社会の一員になるためのサポートが必要で、それには移民共生プログラムが役に立つ。一例が、イタリアのベルガモで亡命希望者を対象に開設されたインテグレーション・アカデミーだ。これは期間が一年の「ブートキャンプ」で、語学を学び、地元の工場や企業でインターンを経験し、無料の地域サービスを受けられる。制服の着用など厳格な方針や、亡命を許された移民に暗に感謝を強要するなど（亡命希望者の受け入れは国際人権法で義務付けられている）、たしかに批判される点もある。それでも、おかげで移民は新天地で働く準備が整う。おまけに、移民に強い拒絶感を持つ国民や政府を、人道的な立場から説得するよりも、移民は社会の役に立つ貴重な財産だと納得させるためにも役立つ。

これまで快適に暮らしてきた地元民は、大量の移民の流入が従来の環境を破壊して、劇的な変化を引き起こす可能性に怯える。たとえば移民排斥を掲げる活動家は、イスラム教徒の政府が理論上は選挙で誕生する可能性をしばしば指摘する。ただし一般的に、多様な民族が集まるほど、過激主義者の政府が誕生する可能性は低くなる。原理主義者や時代の流れに逆行する支配者の台頭は、政策によって食い止めることが可能だ。たとえば移民には到着から数年後に投票権を与えるようにすれば[9]、移民も受け入れ側のコミュニティもそのあいだにある程度の文化的調整を行なう余裕が生まれる。共生を許された移民の子供たち――第二世代――は概して親の世代よりも、政治的にも性的にも宗教的にもリベラルな傾向が強い。しかし、社会が移民を阻害して排斥すれば、第二世代や第三世代の移民は過激思想の影響を受けやすくなる。

大移動を成功させることは可能だ

変化には抗えない。二〇二〇年代のイギリスは一九五〇年代のイギリスと同じではないし、二〇七〇年代のイギリスとも異なるだろう。一九世紀のアメリカは、二〇世紀の、あるいは二一世紀のアメリカと同じではない。同じ場所でも時と共に状況は変化するもので、そこでは移民が大きな役割を果たす。移民による文化の拡大や変化を拒めば、現状が維持される程度ですまない。社会が後退し、極端なケースでは死者が出ることは、パレオ・エスキモーを襲った悲劇からもわかる。

人類の大移動は混乱を引き起こすが、かならずしも大惨事を招かない。実際、大移動は良い結果をもたらす。新天地に移住したあと、従来とは異なる文化の目を通して社会を眺めれば、創造力が大いに刺激される可能性がある。音楽も料理も言語も……すべてが移住してきた人たちによって多様化する。この多様性によって国は豊かになり、さらにそこから共生的かつ寛容で興味深い都市が生み出される。ただし、文化の一部は失われるだろう。国の習慣や伝統が時代遅れになれば、新しいイノベーションに交代される。今日のイギリスで最も人気のある料理は、スパゲッティ・ボロネーゼ、チキン・ティカ・マサラなどで、かつてロンドンで大人気だった郷土料理のウナギのゼリー寄せなどは好まれない。イギリスに移住した一九二二年生まれの私の祖母は、第二の祖国でも味覚がきわめて保守的で、中欧での子供時代に味わった食べ物にしか興味がなかった。しかし祖父は、あらゆる国の食事を好んだ。多様性を積極的に受け入れる人もいれば、慣れ親しんだ文化は求められる限り何らかの形で守るべきだと強くこだわる人もいる。過渡期には、ある文化から別の文化へと、いきなり変化するわけではない。文化の融合が徐々に進み、様々な伝統やアイデアが混じり合い、そこから豊かさが育まれる。

大移動を成功させることは可能だ。二〇二二年にロシアがウクライナに侵攻して都市を破壊すると、何百万人もの難民がEU加盟国に押し寄せてきた。それにEUがうまく対処できるかどうか、本書の執筆時点で結論するのは時期尚早だ。しかしこの三〇年間には、中国でおよそ四億人が都市に移住して、その受け入れのために建設やインフラ整備が大がかりに進められ、国の様相が一変した。いままでは、国全体の六〇パーセントが都市化した。都市に押し寄せる人たちは広いスラムで貧困生活を強いられ、それが都市を荒廃させるのが従来のパターンだが、中国はかつてない大がかりな移住にうまく対処した。移民は主に、中規模や小規模の都市に振り分けられたので、移民が寄せ集められてもスラムは発生しなかった。異論も多い戸口登記管理制度は成功の一因だろう。この制度のもとでは家族の移住先が厳密に制約され、公共サービスや多くの行政機能が市に委任される。[10]おかげで地方の自治体は、移民の定住先やその方法についての決定権を与えられた結果、人口動態の急速な変化に効果的に対処したばかりか、失業者の人数を抑えられた。ただし中国は、都市開発のための土地活用には慎重で、全陸地面積で都市が占める割合は四・四パーセントにとどまる。このように中国の事例からは、大勢の移民が定住する都市を短期間で建設できることがわかる。北半球の国が世界各地から新たな移民を受け入れるためには、同じように強い姿勢が求められる。しかも必要となれば、速やかに対応して結果を残せることを誰もが証明してきた。コロナ禍の最中の二〇二〇年にロンドンでは、空きビルを四〇〇〇人収容の病院に作り替える作業が九日間で完了した。そして中国の武漢では、病床数一〇〇〇の病院がわずか一〇日間で更地に建設された。

世界中が協力することは可能だ

私たちの戦後の制度は、国際的な世界を視野に入れて構築された。そしていま、私たちはグローバルな世界に暮らしている。国際主義というアイデアを土台にして構築された現代世界では本質的に、豊かな西側諸国が大きな影響力を発揮しながら、お互いに支え合うネットワークが確立されている。このネットワークを今後はもっと広げる必要があり、大きな課題として取り組むべきだ。それはかならずしも壊滅的な結果につながらない。この新しい世界を、人類も自然も繁栄できる素晴らしい場所にすることは可能だ。ただし、温暖化と人口増加が進行する世界では、居住にふさわしい土地も資源も限られる。したがってここは、歴史がどのような経過をたどったすえ、生まれた場所の地理や政治によって将来が決定される状況が生み出されたのか、批判的な目で振り返ってみるべきだろう。

間近に迫る大変動は、いまの不平等を解消する良い機会になる。すべての移民をグローバル市民として認めて権利を守れば、不平等はなくなるだろう。さらにこの大変動は、私たちは相違点よりも共通点のほうが多いという現実を認識する機会でもある。そんなのは現実離れした発想で、あり得ないと思うなら、二〇二〇年に世界を襲ったパンデミックへの対応を思い出してほしい。大きな社会変革に取り組み、たった数週間で成果を上げたではないか。みんなが協力したのは独裁政権に強制されたからではなく、しかも対立はほとんどなかった。さらに治療薬やワクチンを開発するために各国が協力し、科学データや治療行為の共有が実現したことを思い出してほしい。あるいは、アストラゼネカなどの大企業やゲイツ財団などのNGOだけでなく世界中の人々が、グローバル社会の最貧国にもワクチンは提供されるべきで、ひとつの企業が特許を盾に手放さないことも、富裕国が独り占めすることも、あってはならないと声を上げた。もちろん抵抗は強く、大きな格差は確実に残っている。それでも新型コロナウイルスが最初に確認されてから二年以内に、予防ワクチンが一〇億回分も提供され、貧困国の住民のゆうに半分がワクチンを接種した。

そう、以前にはできたのだから、これからだってできる。命を救うために世界中が協力することは可能だ。移住は協力の生みの母であると同時に、協力の所産である。

国民国家を再生する

人類の進化には、対立よりも協力が重要な役割を果たしてきたことを思い出してほしい。皮肉にも、結束の強さが人種差別や部族主義につながることもあるが、人類は協力に優れた能力を発揮する。ただし、いまは未曽有の時代だ。国の安全がこれほど脅かされたことはない。どの国も地球規模の気候変動だけでなく、それが引き起こす人類の大移動など、社会的影響の脅威にさらされている。熱波の死者は、すでに戦争の死者を上回っている。

人類が本来の能力を発揮して協力することが、いまほど必要とされる時代はなかったし、いまほど成果を問われることもないだろう。現在の危機のとてつもない規模を考えれば、世界中が新たな気持ちで協力に取り組まなければならない。新しく地球市民権を確立し、移住や生物圏を管理する国際機関を設立すべきだ。新しい機関の運営費には私たちの税金が使われ、国民国家が責任を持って管理する。政治理論家のデヴィッド・ヘルドによれば、いまや国境で食い止められないほどグローバル化は進行し、「運命共同体がオーバーラップした」状態が生まれているので、それを土台にして、地球規模のコスモポリタン的な民主政体を形成すべきだという[11]。現在、国連は国民国家に対する行政権限を持たない。しかし地球の気温を下げ、大気中の二酸化炭素の濃度を減らし、世界の生物多様性を回復させる作業に本気で取り組むつもりなら、地球レベルで制約を課して管理しなければならない。ある意味、強制力を持つグローバル・ガバナンスが必要とされる。

このグローバル・ガバナンスを支えるためには、国も強くならなければいけない。というのも、結束の強い集団から成る小さな社会では、個人と社会の願望の違いが緊張を生み出す可能性があり、うまく妥協点を見出すのが難しいが、そこに世界各地から人々が集まってくれば、なおのこと難しい。故郷から遠く離れた国の都会で人生の選択を迫られるときには、名前も顔もわからないよそ者のことを気にかける余裕がない。実際、ひとつ通りを隔てた場所で暮らす他人のニーズと、自分のニーズのバランスをとるのは簡単ではない。しかし国家がうまく機能していれば、制度や構造にうまく支えられ、他人同士が協力し助け合える状況が生まれ、そこから強力な社会が創造され、ひいては社会全員の成功が保証される。実のところ社会の他のメンバーとの親密な関係は、協力を司（つかさど）る遺伝子の存在に支えられているわけではない。それでも私たちは、所属する集団の仲間と家族のように助け合う。個人の時間やエネルギーや資源を日々少しずつ犠牲にして、社会に役立ててもらおうとする。なぜかと言えば、これは自分たちの社会、自分たちの家族集団、自分たちの国民国家だからだ。国民国家の発明がきわめて強力なツールとして効果を発揮したおかげで、私たちはうまく協力できるようになった。デイヴィッド・ミラーによれば、「国家は様々なことに共に取り組むための共同体」である[12]。

いま必要なのは、国際主義とナショナリズムを融合した存在だ。私たちが気候変動を生き残るために役立つ統治システムを構築できるのは、強力な国民国家だけだ。地理も文化も異なる国から大量に押し寄せる移民にうまく対処して、地元民との共存を実現できる存在は、強力な国民国家しかない。この数十年間でグローバリゼーションが進んだ結果、国際協力は大きく促された。たとえばロンドン市民は、イギリスの小さな田舎の住民よりも、アムステルダムや台北の市民のほうに共感するほうが多くなるだろう。時代の波に乗った多くの都市住民にとって、これは特に問題ではないかもしれないが、地方の住民は喪失感を味わうかもしれない。人々はどこかに所属する必要があるが、大型産業が衰退して組合も縮小し、社会的スペースや文化的伝統が消滅すると、自分の国から見捨てられたように感じる人は多くなる。個人の自主性を重視するリベラリズムは、こうしたナショナル・アイデンティティの喪失にうまく対処できず、その隙間にポピュリストやそのイデオロギーが入り込んだ。
だからここで国民国家を再生しなければならない。血統や肌の色など、争いの種になる（そして意味のない）特徴へのこだわりを捨て、共生的な組織に作り替える必要がある。共有する社会プロジェクトや言語や文化活動に基づいて、仲間と共有する部分や共通点を感じなければならない。愛国心を育めば、アイデンティティの確立に効果を発揮するだろう。国の空気や陸地や水や、こうした大切な資源を守る重要性を共有するところから始めても悪くない。いまや誰もが環境の脅威に直面しているのだから、気候変動との闘いに軍事面などから取り組む治安組織への参加を呼びかければ、イデオロギーの架け橋として役に立つだろう。若い市民や移民が災害救助、自然の再生、農業や社会活動のため国に奉仕するようになれば、連帯の構築に向けてさらなる一歩が踏み出される。他には、環境や社会にとって有益で市民が誇りと敬意を感じられる伝統を国として取り戻すことや、新たに創造することも必要だろう。みんなが集まって歌を歌い創作活動を行ない、スポーツなどのパフォーマンスを楽しむなど、様々な社交グループが考えられるが、メンバーが生涯にわたって所属できれば理想的だ。このような伝統があれば、困難な時期にも尊厳を失わずにすむし、愛国心の強い移民は新しい国に同化しやすい。グローバル・ネットワークの発展と公平性の向上に取り組む一方、地域との結びつきを強化することが肝心だ。新しい時代の愛国心は市民ナショナリズムに支えられる。公益に基づき、権利や義務を伴い、自然を大切にする文化を育み、国にとって（あるいは世界にとって）重要な場所の保護と保全を目指さなければならない。そしてみんなから尊敬されるヒーローは、社会のコスモポリタン的な性質を考慮して選ばれなければならない。

たとえばコスタリカは、〈プラ・ビーダ〉（大まかな意味は「素晴らしい人生」）という表現を、国の精神、信念、アイデンティティとして採用している。これが使われ始めた一九七〇年代は、近隣のグアテマラ、ニカラグア、エルサルバドルから武力紛争を逃れ、大量の難民が押し寄せてきた。中米の小さな国のコスタリカは、常備軍を持たない。その代わり、自然の保護や再生、医療や教育などの社会事業に投資している。こうした特徴や国民について新しい移民に明確に理解してもらうため、プラ・ビーダという表現を使うことにしたのだ。「この表現を好んで使えば、イデオロギーやアイデンティティを共有する事実が暗示されるだけではない。口に出せば、アイデンティティが構築される」と、ニューヨーク大学のアンナ・マリー・トレスターは説明する。「言語は、自己構築の重要なツールだ[13]」

国民としての誇りを持つために、「自分たち」は他の国民よりも優れていると考える必要はないし、言葉の意味や権力がひとつに統一される必要もない。むしろ国民としての誇りを持つと、伝統が継承される一方で地域性が重視され、新しい市民が持ち込む多様な文化の価値が評価される可能性が生まれる。EUが国家を超えた組織としてうまく機能しているのは、市民がヨーロッパ人としての自覚を持ち、EUの価値と一体感を抱いても、ナショナル・アイデンティティを放棄する必要がないからだ。民族の同質性を強調する狭量な歴史的定義への忠誠を正式に誓う必要もない。各国はこのアイデアをうまく取り入れる必要がある。たとえばイギリスでは、ロンドンのチャイナタウンもリトルインディアも間違いなく観光客に人気の目的地で、国のアイデンティティの一部になっている。それでも中国系イギリス人やインド系イギリス人は偏見に直面し、社会経済的に不利な立場に置かれる機会が多い。

分裂を招く部族主義に陥らず、誰もが国民としての誇りを持つためには、国家は不平等を減らす必要がある。国は国民に投資して、それを実感してもらわなければならない。それには、すべての人が恩恵にあずかるように社会や環境を規制して、自由市場資本主義に制約と限界を設ける必要がある。地球を貴族さながら支配する一握りの集団のもとに、利益が集中してはならない。たとえばEUやアメリカで提案されたグリーン・ニューディールは、経済を回復させて雇用機会を提供し、人々の尊厳を高める一方、環境の変化という大きな社会プロジェクトに人々が団結して取り組むことを目指している。

生まれた場所に固定されるというアイデアを取り払う

ではここで、人間は生まれた場所に固定されるというアイデアを心から取り払ってみよう。今日このアイデアは、人間としての価値や個人としての権利に影響をおよぼしている。そして今日の国家は、地図上に任意に引かれた国境線によって決定される。

私たちが安全な家で快適に過ごしているあいだも、何百万もの難民が同じものを必死で探し求めている。仕事に就き、新しい社会に貢献し、家族のために尊厳のある生活を手に入れるチャンスを求めている。難民の多くは高度な教育を受けた専門家で、祖国を離れる運命など想像もしていなかった。しかし今後、私たち自身がそのひとりになる可能性は高くなるだろう。ある時点を境に、住み慣れた場所にとどまり続けるのはあまりにも費用がかかり、あまりにも困難で危険になる。持ち家があっても森林火災保険に加入できないとき、洪水に何度も見舞われて家の修復に費用がかかりすぎるとき、外があまりにも暑すぎて一年の大半をエアコンの効いた家のなかで過ごしていることに気づいたとき、いま住んでいる場所での生活はもはや不可能になり、地域の会社や店のシャッターが下り、ほとんどの家が空き家になったとき……そのときは、どこか他の場所に移る可能性を検討するだろう。自分も家族も生活を営める場所を求めて。

第7章　安息の地、地球

世界を新たな視点から眺める

予想外にせよ計画的にせよ、二一世紀には移住を通じて世界が再編される。予想外であるよりは、計画的に進められるほうがはるかに良い。気温が三～四℃上昇した世界で人類が生き残るためには、大胆な計画が必要とされる。極北の地に広大な新しい都市を建設する一方、熱帯の広大な地域を放棄して、新しい形の農業への依存が始まる。様変わりする地球や、人口動態の急激な変化に適応していかなければならない。

最大の希望は、いかに協力できるかにかかっている。地理からは、政治地図を取り除く必要がある。そんなのは現実離れした発想のように思えるかもしれないが、これからは世界を新たな目で見直し、政治ではなく、地質と地理と生態系に基づいた新しい計画を立てるべきだ。淡水資源はどこにあるか、気温が安全な場所はどこか、太陽や風のエネルギーを最もたくさん確保できる場所はどこか特定し、それに基づいて人口の分布や食料生産やエネルギー生産について考えるのだ。

もしも一人当たり二〇平方メートルのスペースが与えられるなら――イギリスの都市計画規制のもとで許される一人当たりの最小限の居住スペースの二倍以上――一一〇億人が暮らすためには二二万平方キロメートルの土地が必要とされる。(1) これならば、地球上のすべての人が暮らすスペースを、ひとつの国だけで十分に確保できるはずだ。たとえばカナダの表面積だけでも、九九〇万平方キロメートルになる。もちろん、私は奇想天外な提案をしているわけではない。でも、国は「もう限界」で、これ以上の人は受け入れられないと主張する前に、一考する価値はあるだろう。

これからは人類を慈しみ守っていくために、世界を新たな視点から眺めなければならない。つぎの数十年間、厄介な生物種である人類の移住先にはどこが最適なのか、決めていくことにしよう。

変化に適応しやすい場所、住めなくなる場所

残念ながら、気候変動の影響を免れる場所は地球に一カ所もない。気候変動に伴う何らかの変容を、どの場所もかならず経験する。直接影響を受けるときもあるだろう。あるいは、生物物理的にも社会経済的にも地球全体を結びつける大きな体系に組み込まれているため、間接的な影響を受けるときもあるだろう。極端な現象はすでに世界中で発生しており、これからも「安全な」場所が被害を受ける可能性はなくならない。ただし、こうした変化に適応しやすい場所もあれば、すぐに住めなくなる場所もある。二一〇〇年までには、地球は様変わりしているだろう。では、居住に適した場所としてはどのような選択肢があるのか、ここで注目してみたい。

地球の温暖化が進むと、人類に快適な気温が約束されるニッチが北に移動して、人々もそれに従って移動するだろう。二〇二〇年の調査によれば、人類の生産性にとって最適な気候——農業の生産にとっても、それ以外の産業の生産にとっても最適な条件——は、平均気温が一一℃から一五℃の範囲だという。こうしたニッチに人類は何千年も住み続け、すべての文明がここで誕生した。したがって、私たちの作物や家畜は無論、他の経済行為も、この条件に理想的な形で適応したのは意外ではない。人口増加と温暖化進行のシナリオ次第で、「これまで六〇〇〇年以上にわたって人類に快適だった気候条件から、一〇億ないし三〇億人が締め出されることが予測される」という研究結果もある。しかも「移住しなければ、世界の人口の三分の一は二九℃以上の平均気温を経験すると予測される。現在

これだけ気温が高くなる場所は、地球の陸地表面の〇・八パーセントにすぎず、ほとんどはサハラ砂漠に集中している」(2)。

原則として、赤道、海岸線、小さな島(ますます小さくなる)、乾燥した砂漠などからは脱出しなければならない。熱帯雨林や森林地帯も、火事の恐れがあるので回避する必要がある。そして地球全体を眺めてみると、陸地の分布は北半球に明らかに偏っている。南半球の陸地は全体の三分の一未満で、そのほとんどは熱帯か南極に集中している。したがって、気候難民が南半球で避難できる範囲は限られる。主な選択肢として有力なのはパタゴニアだろう。すでに干ばつが進行しているが、今世紀に地球の気温が上昇することを考えれば、農業も定住もまだ可能だろう。しかし、移住先の候補となる陸地は北が圧倒的に多い。比較的安全な北半球でも気温は上昇するし、高緯度地域は赤道よりも短期間で上昇する。それでもやはり、絶対温度の平均は熱帯よりもずっと低い。もちろん、大きな気候変動は異常気象を引き起こし、その常態化を避けられる場所はない。二〇二一年、カナダでは気温が五〇℃に達し、ブリティッシュコロンビアはサハラ砂漠よりも暑くなった。しかもその数カ月後には、激しい洪水と土砂崩れに見舞われ、何千人もが避難を迫られた。一方シベリアでは、ツンドラの全域にわたって火災が発生し、永久凍土が氷解している。これでは地盤が不安定で、インフラの建設にはふさわしくない。

しかし幸い、北半球にはすでに富裕国が集まっている。富裕国は概して強力な制度と安定した政府に支えられているので、今世紀の課題から復元するための仕組みを社会的・技術的に構築するには最適な場所に数えられる。厄介なのは、こうした国の多くで移民が政治問題になっていることで、多くの貧困国よりも事態はずっと深刻だ(とはいえ貧困国も、非常に多くの避難民を抱えている)。しかもこの移民「危機」は、今後七五年間に予想される大量の気候難民よりもはるかに規模が小さい。そうなると、熱帯を住みやすい場所に回復させるよりは、今後数年間のうちに政治的・社会的マインドセットをシフトさせるほうが問題に対処しやすい。すでにヨーロッパのほとんどの国は、栽培した作物の収穫を何万人もの外国人労働者に頼っていることを考えてほしい。北半球全体で農業の条件が改善すれば、労働力の必要性は高まる一方だ。

新しい北半球の都市

北緯四五度の地域は、二一世紀には安息の地として栄えるだろう。地球の面積全体の一五パーセントを占めるほどだが、氷に閉ざされない土地の二九パーセントが集まり、現在は世界のごく一部の人たち（主に高齢者）が暮らしている。将来は平均気温がおよそ一三℃に上昇し、人間の生産性には最適な気候条件が整うと予想される。

カナダとアメリカにまたがる五大湖など内陸の湖沼系には大量の移民が押し寄せ、かつての人口流出とは逆の現象が起きるだろう。大量の水のおかげで、温暖な気候が維持されるからだ。スペリオル湖岸に位置するミネソタ州のダルースは、すでに水位の変動に対処しながら、アメリカで最も気候耐性のある都市を自称している。他にもミネアポリスやマディソンなど、中西部でも北に位置する五大湖周辺の都市は、望ましい移住先になる可能性が高い。同じ中西部でも南の都市は、強烈な熱波に襲われる恐れがある。ノートルダム大学の世界適応イニシアチブの研究者は、つぎのような結論を導き出した。「二〇四〇年に猛暑に襲われる可能性が高いワースト10の都市の八つは、中西部の都市だ」。そこにはデトロイトやグランドラピッズなどが含まれる。さらに東に行くほどリスクは急激に高くなるが、ニューヨーク州のバッファローとカナダのトロントやオタワは、沿岸からの移住者にとって安全な選択肢になりそうだ。

準備を整えて適応すれば、沿岸部でも生き残れる都市はあるだろう。たとえばかなり北に位置するボストンは、今後も猛暑の被害をあまり受けないと予想されるため、細かい生き残り戦略が立てられている。具体的には道路の高架化、沿岸防護施設の建設、洪水を吸収する湿地帯の保全などが進められている。ニューヨーク市もかなりの脅威に直面するが、これほど重要な都市を消滅させるわけにはいかない。そこで、他の都市と同様に万全の防御で臨むつもりだが、どれだけの成果が上がるかは定かではない。沿岸都市でもかなり北に位置し、海岸線が入り組んでいるため海面が上昇しても高潮の被害を受けないところは、他よりも安全が確保されるだろう。

アメリカでもそれ以外の都市の大半は、様々な理由で問題を抱える。たとえば、アメリカ中部では竜巻が巨大化するだろう。北緯四二度よりも南では、熱波や山火事や干ばつが大きな危険を伴う。沿岸部では、洪水、浸食、淡水の汚染が問題になる。フロリダ、カリフォルニア、ハワイなど、今日では移住先として好まれる州の都市から、もっと快適な気候を求めて脱出する人は増えるだろう。有望な移住先はかつてのラストベルト〔訳注：アメリカの中西部から北東部にわたる、工業が衰退した地域〕に位置する都市で、新たに移民が世界中から集まって多様なコミュニティが形成されれば、都市は活性化されてルネサンスを経験するだろう。

ただしアメリカのなかでは、アラスカが最も居住に適した場所になりそうだ。人新世に発展が予想される北極圏を目指してくる何百万人もの移民を受け入れるため、複数の都市の建設が必要になるだろう。二〇一七年にアメリカの環境保護庁は、気候変動に対する復元力のスクリーニング指数を発表したが、アラスカ州のコディアック島は異常気象に直面するリスクが全米で最も低い都市にランクされた。(3) 気候モデルの分析によれば、二〇四七年までにアラスカの月平均気温は、今日のフロリダと同程度になるという。(4) ただし他のすべての場所と同様、立地が鍵となる。たとえばアラスカでもニュートック村の住民は、別の場所に移らなければならない。なぜなら永久凍土が氷解して浸食が進むので、村の一部が押し流されるからだ。(5) 氷床の後退とツンドラの融解は、先住民のコミュニティにすでに大問題を引き起こし、生活様式は後戻りできないほど変わってしまった。こうした大きな損失は、在来の野生生物にも影響をおよぼす。しかも、迫りくる危険は他にもある。いまはまだ凍ったツンドラに潜んでいる未知の病原体が、ばらまかれる可能性もあるのだ。北の新天地の開発は非常に大きな機会をもたらすことが期待されるが、いくつもの問題が立ちはだかる。そこに熱帯から大勢の移民がやって来て、人類が住みやすい地球の回復を進める激動の二一世紀のあいだ、ここを安息の地に定める。それとも、外部から干渉されなかった先住民のコミュニティが、南からの移民の流入を歓迎するのか。それとも、過去の侵入者がたびたび乱暴をはたらいた歴史の影響で、今回は受け入れを拒むのか、現時点ではわからない。それでも人々は北を目指して来るのだから、受け入れる必要がある。

新たに農業が可能になり、北極海航路が船舶の通り道として賑わえば、極北は様変わりするだろう。南極についで地球上で二番目に大きいグリーンランドの氷床が融解すれば、むき出しになった地面に住居を作り、農業を営み鉱物を採掘できるようになる。グリーンランド、ロシア、アメリカ、カナダの北極の氷の下には、農業に適した土壌や都市を建設できる地面が眠っている。氷が解けた地面に複数の都市を建設して結びつければ、北極圏の一大拠点として栄えるだろう。

今後数十年間で急成長が見込まれる都市のひとつがヌークだ。ここはグリーンランド（デンマークの主権のもとに自治政府が統治している）の首都で、北極圏の真下に位置するが、気候変動の影響が顕著に見られる。すでに住民は、「昔はもっと寒かった」と話題にしている。グリーンランド内部の観測所の記録によれば、一九九一年から二〇〇三年にかけて夏の平均気温は何と一一℃ちかくも上昇した。[6]これは漁業にとって都合がよい。氷が少なければ、船は一年を通じて岸に接近することができる。海水の温度が上昇すれば、新しい種類の魚がグリーンランドの海まで北上してくる。オヒョウやタラの一部は体が大きくなり、獲れた魚に新たな商品価値が加わるだろう。そして氷が後退して地面が露出すれば、農業には新しいチャンスが開かれる。一方、作物の生育期間は長くなり、十分な水を引き込むことができる。ヌークの農家はすでにジャガイモ、ラディッシュ、ブロッコリーなど新しい作物を収穫している。さらに、氷が後退すれば鉱業を始める条件が整い、石油などの海洋探査も可能になる。このようにヌークは、実質的に経済が拡大する見込みが高い。グリーンランドにはすでに五つの水力発電所があって、氷が解けた大量の水を電力に変換している。予測によれば、グリーンランドには二一〇〇年までに森も誕生する。(7) 将来は、最も住みやすい場所のひとつになるだろう。

同様に、カナダ、シベリアなどロシアの一部、アイスランド、北欧諸国、スコットランドは、いずれも地球温暖化の恩恵を受け続けるだろう。これはすでに一世紀前、極地の著名な科学者が予測していた。それはスウェーデンの化学者スヴァンテ・アレニウスで、二酸化炭素の排出が地球の気温を上昇させることを実証してから一〇年後の一九〇八年、以下のように記した。化石燃料を燃やせば「いまよりも安定した穏やかな気候に恵まれた時代の到来を期待できる。特に寒冷地への影響は大きい。作物の収穫量はいまよりもずっと増えて、人口の急増にも対処できる」(8)。

極地で温暖化が猛烈な勢いで進むことを考慮した予測によれば、北極では純一次生産量——植物の光合成による有機物生産量から、植物自身の呼吸によって失われる有機物量を差し引いた値——が二〇八〇年までにはほぼ倍増し、凍てつくような寒さの冬はなくなるという(9)（IPCCは、北極の冬の平均気温が二℃上昇すると予測しているが、すでにその値を上回っている）。北欧諸国は、北大西洋海流のおかげですでに気温がかなり上昇している。そして、冬には氷点下四〇℃にまで下がる可能性のある大陸でも、気温がそれほど下がらなくなり、内陸部はいまよりも過ごしやすくなるだろう。

実際のところ地球温暖化はすでに、スウェーデンの一人当たりGDPを二五パーセント増加させていることが、スタンフォード大学の研究からは明らかにされている。さらに、温室効果ガスの最大の排出国は「温暖化が発生しなかった場合と比べて一人当たりGDPが平均でおよそ一〇パーセント増加しているが、排出量がきわめて少ない国ではおよそ二五パーセント減少している」という(10)。そうなると道徳的にも、熱帯からの移民を北の先進国に受け入れることの正しさは明白だ。たとえばインドでは、地球温暖化のせいで一人当たりGDPが三一パーセント減少していると、研究結果からは推測される。ナイジェリアは二九パーセント、インドネシアは二七パーセント、ブラジルは二五パーセントだという。しかもこの四カ国の人口を合計すると、世界全体の四分の一にもなる。地球の気温が二〜四℃上昇すれば、経済への影響は計り知れない。アフリカ、ラテンアメリカ、南アジア、東南アジアの住民は、はるか北のもっと暮らしやすい場所に移住する必要がある。

北欧諸国は、気候変動に対する脆弱性の点数が比較的低く、適応力の点数が高い。すでに存在している農地の周辺を中心に、植物の生育期間はずっと長くなり、[11]新しい品種の植物や動物が育つだろう。研究によれば、北半球では林業だけでもおよそ三〇パーセントの成長が見込まれる。すでにカバノキの森は、一年に四〇〜五〇メートルの割合で北上しており、それに伴い生態系の変化や永久凍土の融解が進んでいる。[12]そして暖冬になれば暖房の需要が減るので、この地域の電気使用量は減少すると予測される。[13]

ヨーロッパ最大の氷河に近い絶景に位置するアイスランド南東部の港町ホプン（ヘプン）も、温暖化時代の勝者になるだろう。今日はロブスターを中心とする漁業と観光業に頼っているが、今後は地域の多様化と拡大が期待できる。実はアイスランドは、海面の低下を経験している。なぜなら、大陸プレートの重しになっていた氷河が解けたため、陸地が再び上昇しているからだ。ちなみにスコットランドも、最後の氷河期が終わってから未だに陸地が上昇している。現在では、アイスランドの南東部の海岸で陸地の上昇が特に顕著だ。北西航路――北極を通って大西洋と太平洋を結ぶ航路――から氷が消えて、商用航路としての需要が高まれば、港町のホプンは恩恵をこうむる。これからも北極海は冬になると確実に凍結する。しかし氷が急速に解けだしていることを考えれば、北西航路は一年の大半にわたって航行可能になり、航海に要する時間がおよそ四〇パーセント短縮される。そうなればこの地域では貿易や観光、漁業や移動が容易になるだけでなく、鉱物探査の機会も生まれる。

もうひとつの港町、カナダのマニトバ州のチャーチルも、地の利を生かして気候変動の恩恵を受けるだろう。この辺境の不毛の地は、針葉樹林帯と北極のツンドラとハドソン湾に挟まれており、わずか一一〇〇人の住民にとっては、ホッキョクグマが目当ての観光客が大きな収入源になっている。チャーチルは不毛の地と見なされたため、一九九〇年にはアメリカの運送会社オムニトラックスが、カナダ政府から港をたったの七ドルで買収した。しかし、積極的な移住プログラムによって世界中から人々や企業を呼び込めば、新しい都市が開発され、ハドソン湾で再活性化された港は国際貿易を支えることができる。カナダ北部でただひとつ水深の深い商業港になれば、はるばる上海からやって来て北西航路を通過する貨物船の停泊や陸揚げにとって、重要な場所になる可能性がある。しかもチャーチルは、州都ウィニペグなどカナダ——そしてアメリカ——の他の場所と、復活した線路で結ばれている。おまけに、イヌイットの自治準州としてはカナダでは最も新しく、発展が期待されるヌナブトとは、一〇〇〇キロメートルほどしか離れていない。ここは観光業が世界でも特に盛んで、水が豊富なうえに、冬の厳しさはそれほど厳しくない。

チャーチルは活気ある都市になる可能性を秘めている。実際、カナダは世界の移民にとって重要な目的地であり、政府もそれを期待して、二一〇〇年までに人口を三倍に増やす目標を立てている。現在は年間に四〇万の移民を新たに受け入れ、人口を三七〇〇万から一億に増やすことを目指している。「カナダは移民で成り立っている。カナダが成功するために必要な移民をこれからも積極的に受け入れ、安心して定住してもらうつもりだ」と、移民大臣のショーン・フレイザーは二〇二一年一二月に語った。「四〇万一〇〇〇人の新しい隣人たちが、国中のコミュニティで素晴らしい貢献をしてくれる日が待ちきれない[14]」

カナダへの最近の移民のほとんどは、アジアで気候変動のリスクに脅かされる国からやって来るが、なかでもインド、中国、フィリピンからの移民が多い。スタンフォード大学の「食の安全と環境センター」のマーシャル・バーク副センター長の試算によれば、地球温暖化によってカナダでは植物の生育期がかなり長くなり、平均収入が二五〇パーセント増加するという。さらにインフラ整備のコストが下がり、海運の発展も期待できる。[15] カナダは腐敗とは無縁の民主主義国家として安定しており、全世界の淡水の五分の一が集まる淡水域でもあり、新たに四二〇万平方キロメートルの耕作地が誕生すると見込まれる。今世紀末には、世界の新たな穀倉地帯になっているだろう。

ロシアも今世紀の純然たる勝者になるだろう。二〇二〇年の国家行動計画には、地球温暖化を「うまく利用する」ための方法について明確に述べられている。アメリカの国家情報会議によれば、ロシアは「温暖化の進行から最大の利益を得る可能性を秘めている」。地球の陸塊の一〇パーセントが集中する広い国土を持ち、小麦に関してはすでに世界最大の輸出国だ。温暖化によって気候が改善すれば、農業での支配的地位はさらに盤石になる。今日の政治的展望にかかわらず、世界に食料を供給できる国は結局のところ、世界への影響力を拡大できるものだ。永久凍土の下の土壌には、世界最大級の炭素が眠っている。永久凍土が後退し、栄養分に富んだ土壌が姿を現せば、大量の炭素が放出されるリスクがあるものの、耕作地としての利用が期待できる。詳しいモデル調査によれば、シベリアの永久凍土の半分以上は二〇八〇年までに消滅する。そうなると、この巨大なユーラシア国家の三分の一が現在は居住にきわめて不適切だとされているが、「絶対極地」から脱却し、文明にとって「かなり好ましい」環境が生まれる。[16] 気候の観点からは、温暖化は良い結果をもたらす。これまで氷に閉ざされてきた北部は住みやすくなり、以前よりもずっと多くの人口を支えることができる。ロシアの北部や東部の全域で植物の生育期間が長くなれば、生産的な未来が約束される。サハ共和国の首都ヤクーツクなどは特に将来性が高い。すでにヤクーツクは、世界一のダイヤモンドの産出地だが、金などの鉱物の埋蔵量も多い。シベリアの永久凍土地帯が後退すれば、採掘はさらに活況を呈するだろう。二〇五〇年までには、永久凍土は一〇〇マイル（約一六〇キロメートル）以上後退している可能性がある。

このように潜在的な利益は大きいものの、永久凍土やアイスロード〔訳注：冬期に凍結した湖面や海面などの上に作られる道路〕の消滅は、多くの定住地に深刻な問題をもたらしかねない。ロシアの大陸内部の大都市は大きな影響を受けることが予想され、カナダの都市も影響から逃げられない。基本的に永久凍土は、固く凍り付いた土から成る湿原で、建物、道路、鉄道などのインフラを建設する土台として安定感に優れている。しかし二〇二二年に行なわれた評価によれば、永久凍土の上に建設された現在のインフラの七〇パーセントちかくで、二〇五〇年までに土台の表面が融解するリスクが高い[17]。この問題に対処するために効果的な工学技術もあるが、費用はかなり高く、二〇六〇年までに年間三五〇億ドル以上がかかると予測される。カナダでは、人口の少ないノースウエスト準州で永久凍土の被害を防ぐため、すでに年間四一〇〇万ドルが費やされているが、これは住民一人当たり九〇〇ドルの負担になる[18]。

スターリンの強制収容所プログラムのもとでシベリアに建設された町の多くは、飛行機を利用しないとアクセスできない。あるいは、毎年アイスロードが出来上がる数カ月間、これを使ってアクセスするしかない。しかし温暖化が進んでアイスロードが出来上がらなくなると、これらの場所は事実上孤立してしまう。そうなるとロシアの内陸部からは低緯度の地域と同様、気候変動の影響で住民が流出する可能性が高く、むしろ沿岸部の都市が発展するだろう。ただし時間が経過すれば、融解した地面も固まり、排水路や建物を建設し、農業での利用が可能になる。人口がどこよりも急速に減少しているロシアもついに（二〇二〇年から二〇二一年にかけて一〇〇万人ちかくも減少したが、外国人への嫌悪感が強すぎて、移民を受け入れようとしない[19]）、方針を改めている。ロシアは人口が増加しないかぎり、すでに陰りが見える地政学的影響力を失うだけでなく、経済力も衰えることをようやく認識した。ロシア東部の広大な土地は、永久凍土が解け始めた結果、農地への転換がはじめて可能になった。主に中国からやって来る外国人労働者が、すでに小麦やトウモロコシや大豆を栽培している。二〇二〇年、ウラジーミル・プーチンは二重国籍の取得を認め、それをきっかけにロシア人になる移民が増えることを期待している。しかしウクライナへの軍事侵攻によって経済制裁が課されると、ロシアの望み通りの展開が実現する可能性はほとんどなくなった。

都市で新しく建設や拡大が予想される場所は、他にもある。スコットランド、アイルランド、エストニア、あるいは水が豊富な高台も有望だ。たとえばフランスのカルカソンヌは四方を川に囲まれている。グローバル・サウスはすでに説明したように、陸塊が北半球よりも少ない。それでもパタゴニア、タスマニア、ニュージーランド、そしておそらく氷が解けた南極大陸の西部は、都市を建設できる可能性を秘めている。南極大陸だけでも、今世紀末までに最大で一万七〇〇〇平方キロメートルの土地から氷が消滅し、土壌がむき出しになると予測される。そうなると開発の機会が提供されるが、個人的には、地球最後の野生の大陸では貴重な自然をそのまま残してもらいたい。

他の場所でも、標高の高い場所への移住は増えるだろう。ただし標高が高くても温暖化は進行する。特に気がかりなのが氷の消滅で、そうなると淡水を確保しにくい。標高が高い場所で移民の流入が予想されるのは、北米のロッキー山脈やヨーロッパのアルプスなどだ。たとえばスイスは湖が多く、標高も高い。アメリカではボルダーとデンバーが、どちらも標高が一六〇〇メートル以上で、すでに移住先として注目されている。アルプスでは、スロベニアのリュブリャナも移住に適している。ここは帯水層に地下水が豊富に含まれ、農業の発展も期待できる。

気温の一・二℃上昇が引き起こした気候難民には、すでに山岳地帯の多くの都市が避難所を提供しているが、気温がさらに上昇すると受け入れは難しい。たとえばコロンビアのメデジンは淡水が豊富で、肥沃な農地に囲まれているため、国内でも乾燥の激しい過酷な場所から何千もの人々が移住してくる。しかしここは熱帯なので、今後は気候変動の影響を大きく受ける。特に暴風雨は以前よりも猛威を増して深刻なダメージを引き起こす。土砂崩れや洪水が発生し、都市構造が崩壊するリスクも考えられる。たしかにメデジンはインフラの復元力の改善に努めているが、気候変動による衝撃が大きくなれば、脆弱な社会制度はひとたまりもない。そもそもコロンビアは数十年にわたって内乱や暴動を経験し、国は非常に貧しい。したがってラテンアメリカのほとんどの国と同様、移民を受け入れるよりも送り出す可能性のほうが高い。

人々は安全な場所を目指す。そして、すでに優れた統治や高い生産性が確立され、豊かな資源を持っている場所に移住すれば、良い暮らしが期待できる。幸い、これらの条件が当てはまる場所は多い。大移動の目的地では、既存の町や都市が短期間で拡大される。あるいはロシアのシベリアやグリーンランドなどでは、まったく新しい都市を建設する必要があるだろう。

国境を開放する

ただし、新しい定住地に適した場所を見つけるのは、人類の大移動という事業の第一段階にすぎない。動物と異なり、あるいはテントをたたんで好きな場所に移動できた先祖と異なり、私たちは誰もが複雑に張り巡らされた社会構造に組み込まれ、檻(おり)に閉じ込められたような制約を受ける。今後は人類の大移動が大変動を引き起こすことを考えれば、領土や国境や、私たちが創造した二一世紀の視点から大移動に注目する必要がある。

何億人もの移民が安全な場所に落ち着くためには、国際的な合意のもとに、現在の国家が所有する土地を強制的に購入したうえで、新しい都市やそこで生まれる産業を支えるための保障や出資を準備すべきだ。国境にとらわれない市民権も必要とされる。地球温暖化の問題が解消されて地球が元通りになるまでのあいだ、高緯度に位置する比較的安全な富裕国は「世話役」を引き受け、被害を受けやすい貧困国の面倒をみなければならない。(民間で統治される)チャーター都市が建設され、国のなかが複数の国に分割される可能性も考えられる。あるいは二〇〇の国民国家の一部は消滅し、残された国民国家は地域ごとに統合され、地政学的観点から新たな統一体が誕生するかもしれない。国民国家や国境やパスポートといった今日の制度には、代わりとなる多くのビジョンが存在する。そもそも、いずれも最近になって作られたものだ。

地球全体を自由に移動できるようになれば、国の経済が活性化されるだけでなく、何十億人もの命が救われて生活が向上するだろう。国境を開放すれば非常に大きな人の流れが発生する。公平に見積もって、その数は数億人から一〇億人以上の範囲になると考えられる。そうなれば世界のＧＤＰは、何十兆ドルも増加する可能性がある。

ただし国境を開放すれば、かならずしも国境がなくなり、国民国家が消滅するわけではない。地球に引き起こされる大混乱への準備が必要な当面の間は、これまでの地政学的システムを完全に放棄するのは賢明ではない。結局のところ、ある場所が移住先として好んで選ばれるのは、国民国家がうまく機能していることが大きな理由だ。制度、法の支配、投資の決断、インフラなどの政策が充実しているおかげで繁栄した結果、移民の受け入れや定住が可能になった。富裕国のほうが労働者の収入が高いのは、平和や繁栄を育む制度が発達した社会で暮らすからでもある。端的に言って、一部の国は他の国よりもうまく運営されている。

バングラデシュやベトナムなどの国からはかなり多くの国民が別の国に移住して、地元で生まれた住民の数を上回るケースも考えられる。そうなると、移民を単に現地の政治構造に吸収するのではなく、移民としての立場を保証しなければならない。賢明な法制度のもとで細かく慎重に配慮すれば、移民は自らの価値を実感して尊厳を守れる一方、現地の住民は疎外感や打ちのめされたような気分に悩まされない。たとえばカナダでは、二一〇〇年までに移民の人口が現地の住民の人口を二対一で上回ると予測される。既存の政治社会制度の維持がカナダの成功の鍵を握るのは間違いないが、新しい市民に特有の社会的・文化的ニーズを認めることもまた重要になる。

これまで受け継がれてきた国家を土台とする地政学的システムには、代わりとなるシステムも存在する。小さくても強力な都市国家もそのひとつで、古代ギリシャやルネサンス時代のイタリアはこれが標準だった。今日ではシンガポールがこれに該当し、そこまで明確な形をとらないが、ドバイ、マカオ、香港も含まれる。今後数十年間のうちに、大きなメガシティは自治権を拡大するだろう。就労や国境やビザの政策に関して自治権を持ち、他の機能に関しては所属する国家の方針に従いながらも、実質的には都市国家のような存在になるかもしれない。他には、新しい地域連合を結成する選択肢もある。域内では自由貿易と労働力の自由な移動が認められ、統治権限を行使することができる。EUは成功例のひとつで、単一の通貨が使われるだけでなく、統治権限が限定的に認められている。そしてアフリカ連合など、他のブロックも後に続いている。今後数十年のうちには、北欧諸国、グリーンランド、アイスランド、カナダなど北極圏諸国が同じような連合を結成する可能性もある。そうなれば、入国管理に関する政策協定が結ばれ、生態系や採鉱や船舶の航行に共同で取り組む可能性もある。これから気候変動が進行して移民が増加する状況を考えれば、国境を接する国は関係を強化するのが理にかなっている。労働力や商品からエネルギーや資源まで、共通の問題に共同で取り組めば、復元力を共有することができる。

チャーター都市を設立する

もうひとつの選択肢としては、チャーター都市が考えられる。これは、隣り合う司法管轄区域とは異なるルールのもとで設立され運営される。このチャーター都市はノーベル賞を受賞した経済学者ポール・ローマーが新しいタイプの統治機構として二〇〇九年、最初に提案したもので、貧困国の発展の後押しを目指した。ローマーの計画によれば、貧困国はうまく運営されている富裕国、たとえばスイスなどに領土を寄贈して、効率的に統治してもらう。この発想が実現すれば、チャーター都市は優れた統治の恩恵を受け、安全や富が保障される。一方、受け入れ国には税金が納められるだけでなく、経済の一大中心地を国内に確保することができる。そして統治を任された国には投資の機会の他に、割安な労働力や資源が手に入る。

このアイデアは、「経済特区」の概念とそれほどかけ離れてはいない。たとえば中国の深圳やアラブ首長国連邦のドバイは、経済特区として急成長を遂げた。国家のなかにこのような形で設けられた地域は基本的に、独自の経営方針や法律のもとで運営され、海外からの投資の呼び込みや貿易と雇用の拡大を目指す。シンガポールや香港もよく似たサクセスストーリーだ。どちらも他の国より法体系が優れ、腐敗が少なく、法の支配が強力で、しかも優れた行政機関のおかげで豊かさを享受している。さらにシンガポールと香港は、どちらも戦略上の立地の恩恵を受けている。シンガポールの場合はマラッカ・シンガポール海峡、香港の場合は珠江デルタと、貿易目的の船舶が頻繁に往来する海上交通上の要衝を管理しているため、それが発展を後押しした。

もちろんローマーのアイデアは、今後数十年間のニーズにはふさわしくない。なぜならこれからは、気候変動の影響を受けた土地を大勢の人たちが離れて移住するからだ。貧困国が貧しさから抜け出すために主権を手放すという発想は、大勢の人たちが対象では受け入れ難いだろう。それでも民間によって運営されるチャーター都市はすでに進行中で、住民が気候変動の影響から逃れる経済開発モデルとして期待されている。たとえばホンデュラスは、カリブ海のロアタン島の五八エーカーの小さな空き地に、繁栄計画ＺＥＤＥ（「雇用と経済発展のための区域」というスペイン語の頭字語）と呼ばれるチャーター都市を試験的に設置した。いまは三棟のビルが建つだけだが、二〇二五年までには住民を一万人まで増やす計画だ。手続きは簡単。社会契約書に署名して高い会費を支払えば、リバタリアンの夢に参加することができる。(20)

このコンセプトは、シーステディング（洋上入植）運動といくつかの要素を共有している。これは大金持ちでリバタリアンのプレッパー〔訳注：大災害や核戦争などに備え、食料などの物資を備蓄したり核シェルターを作ったりする人〕の集団が始めた運動で、海に浮かぶ自治都市の建設を目指す。洋上入植研究所は二〇〇八年にサンフランシスコで、無政府資本主義者（そして元グーグルのソフトウェアエンジニア）のパトリ・フリードマンによって創設され、ペイパルの創業者で億万長者のピーター・ティールから資金を提供された。その目的は、「洋上に恒久的な自治体を設立し、社会、政治、法律に関する多彩なシステムの研究とイノベーションを進めること」だ。様々な構想が計画されたが、なかにはこんなものもある。海水から炭酸カルシウムを抽出し、３Ｄプリンターを使ってそこから「人工サンゴ」の都市を建設するのだ。ちょうど摩天楼（スカイスクレイパー）を逆さまにした形の「シースクレイパー」で、電力は海の地熱エネルギーから供給される。このエネルギーの一部は、深海の栄養物を海面まで持ち上げるために使われる。そこで海藻を養殖する作業には、「地球上で最貧層に属する大勢の人たち」が動員される。「海上に浮かぶ都市が経済的に生き残るためには難民の力が必要とされる」ので、彼らの存在は歓迎される。こうした海上のユートピアは「人類を政治家から解放する」だけでなく、地球が抱える大きな問題の解決にも役立つという触れ込みだ。しかし素直に賞賛できない人たちからすると、ここにはユートピアよりもディストピアの香りが漂う。

このグループの最初の事業は、フランス領ポリネシアの洋上に浮かぶチャーター都市だったが、計画段階で中止された。汚染や混乱や環境へのダメージを懸念した地元住民から、ネガティブな反応があったからだ。タヒチのあるテレビ司会者はこの状況を、映画『スター・ウォーズ』に登場する銀河帝国にたとえた。この悪の帝国は何も知らないイウォーク族をそそのかし、デス・スターの建設に密かに取り組んだ。[21]

しかし、シーステディング運動の勢いは衰えなかった。今度はビットコインの大物チャド・エルワータウスキーとパートナーのスプラニー・テプデットが二〇一九年、タイのプーケットの沖にシーステディングのキャビンを建設した。しかしタイ政府はふたりを国家主権侵害の罪で訴えた。有罪になれば死刑の可能性もあり、ふたりは間一髪でタイ海軍警察の追及を逃れた。そしていまは、新たに設立したオーシャン・ビルダーズという会社を通じ、シーステディングの別のプロジェクトに取り組んでいる。パナマに注目し、今回は政府の合意のもと、カリブ海の沖合に施設を建設している。

たとえパナマのベンチャーやホンデュラスのチャーター都市が成功したとしても、気候変動への脆弱性を考えれば、熱帯の立地は理想から程遠い。ただし十分な資金と工学技術があれば、こうした場所でも少人数の集団が暮らして生き残ることは可能だ。そしてこれらの事例が伝えるメッセージからは、重要な事実を知るきっかけが提供される。無計画に移住を進めればどんな結果が待っているか、未来を覗く窓が開かれる。少人数の裕福なエリート集団は資金力と権力にものを言わせ、世間から孤立した島に快適な住まいを準備する。そして取り残された人々は、環境破壊にほとんど加担していないにもかかわらず、極度に悪化した環境での暮らしを余儀なくされるのだ。このシナリオはＳＦ小説で何度も描写されているので、想像できないという言い訳は通用しない。一握りの金持ちはすでに退路の準備に余念がないが、私たちも同じだけの情熱で、大勢の人たちが生き残るための準備にいまから取り組まなければならない。

シリア難民危機の真っただ中の二〇一五年、エジプトの億万長者ナギーブ・サウィーリスは、ギリシャの複数の小島を売ってほしいと呼びかけた。島にはそれぞれ、およそ三万人の難民を迎え入れるつもりだという。いまは投資家が個人的に所有しているが、求めに応じてくれた二三の島のリストをサウィーリスは作成し、それをギリシャのアレクシス・ツィプラス首相（当時）と国連難民高等弁務官事務所（ＵＮＨＣＲ）に提出した。彼の提案によれば、難民は一時的な開発作業に動員され、シリア紛争が終わったあとは、最終的に島を観光事業に役立てればよい。彼は資本金が一億ドルのジョイント・ストック・カンパニーを設立し、寄付金を募る計画を立てた。これまでのところ、このプロジェクトには何も動きがない。しかし、いきなり大量の難民が発生するような異常事態への当面の対応として、民間投資家と一般市民からの支援を組み合わせれば、民間人が所有する島に避難所を設置できることが、この事例からはわかる。ただし長期的には、孤立した島で暮らし続けるのは不可能で、もっと広い社会で受け入れなければならない。

チャーター都市にも一定の役割はあるが、当初構想されたような赤道地帯は危険が多く、この計画に適さない。むしろもっと高緯度の場所に建設し、大勢の人が衛星都市に移住するような形を考えるべきだ。衛星都市の運営に当たる移民の出身国は、移住先の国の内部で土地を所有または租借する。こうした形のチャーター都市は、ナイジェリア、バングラデシュ、モルディブなどの国にとって良い解決策になるかもしれない。カナダ、ロシア、グリーンランドなど広大な面積の国のなかで土地を購入または租借すれば、たとえば九九年間は居住に快適な領土が実質的に手に入る。小国のナイジェリアの人口はロシアとカナダの人口の合計を上回る（二〇五〇年には四億に達する）が、ロシアにもカナダにも広い土地があることを考えてほしい。土地の管理は租借する移民の出身国に任せられるが、家主となる国は生産物に「税金をかけても」よいだろう。租借期間が終了したら、契約を延長してもよいし、領土を以前の所有国に返還してもよい。市民には新しい国の市民としてとどまるか、祖国に移住するか、いずれかの選択肢が与えられる。数十年かけて気候が回復すれば、祖国で居住に快適な環境が復活していることも期待できる。

こんなのは現実的でないと思うかもしれないが、領土の購入や租借は他の場所で行なわれている。イギリスは香港を中国から九九年の期限付きで租借した。アメリカは領土の多くを他の国から購入しており、一八六七年にはアラスカをロシアから買い取った。これから居住に不適切な地域が増えてくると、安全な場所を求めて押し寄せてくる集団を管理する方法に関して厳しい選択を迫られる。多くの人々はグローバル・ノースの既存の国家に吸収されるので、カナダやロシアなどの国の権力や生産性は拡大する。一方、既存の国民国家を移転するほうが公平で望ましい解決策だと考える人もいるだろう。その場合には、一九世紀の植民地拡大と逆の現象が起きる(理想的には、強制的な奪還ではなく、領土を租借または購入する形がよい)。二〇一四年、海面の上昇で水没の危機に瀕している太平洋の小さな島国キリバスは、フィジーのジャングルに二〇平方キロメートルの土地を購入した。アノテ・トン大統領(当時)によれば、当初は農業目的で使われる。「国民全員がこの小さな土地に移住しなければならない事態が発生しないことを願う。しかし絶対に必要になれば、できるだけの準備が整っている」という。

チャーター都市の所在地になる可能性が高い場所のひとつは、ロシア北東部だろう。広大な地域に点在する都市は人口が少なく、農業の潜在力が高くて鉱物資源も豊富だ。インドやバングラデシュなどの国がチャーター都市の土地をリースすれば、ロシアの主権は中国による不法侵入から守られ、生産性が回復すれば貴重な税収入が提供される。人口の減少が進むロシアは、旧ソ連の近隣国からの移民を好意的に受け入れるだろう。ただし極東地域には、中国のマネーが新たにあふれている。おそらくその影響で、ロシア北東部はかつての満洲の状態に逆戻りするかもしれない。中国はこの地域で中国人の人口を増やすため、シルクロード構想を通じて大勢の移民を送り込んでいる。

人々を後押しする

移住にとって最大の問題は、移民が多すぎることではない。むしろ国内でさえ、移民の数は十分ではない。

今世紀に移住を進めるべき論理的根拠は明白だ。環境の変化や貧困や世界的な不平等に対処して生き残るために、人類の大移動は不可欠なのだ。しかし、移住を望む人の数は十分ではない。移住を促して支援することには、政策で優先的に取り組む必要がある。それを最善の形で実現するには、移住を強制したり動機を与えたりするよりも、障害を取り除くほうが効果的だ。

生まれた場所以外のところに住んでいる人の大半は、人口統計学者が「世帯形成」と呼ぶプロセスを通じて移住する。親の家を離れ、別の場所で他の誰かと新しい家庭を築くのだ。西側諸国では、この数十年間で同居世帯が著しく減少する傾向が続いている。働き口や学ぶ場所など、魅力的な機会が提供されるところで新しい世帯を形成することに関心が強い。経済格差が人口の移動――移住――を促し、その結果、貧しい場所から豊かな場所に移住する世帯が増加している。たとえばイギリスではこの数十年間、南東部に人口が流出している。小さな国では国境を越えた移動が多いが、インドや中国など大きな国では、移動は主に国内に限定される。実際、世界人口のなかで海外への移民が占める割合は三・五パーセントにすぎない。そのなかでも今日では、メキシコからアメリカへ、そしてバングラデシュからインドへ向かう移民の流れが最も大きい（ただし、大半は不法移民だ）。

今世紀の気候変動は経済の諸活動の分布に変化を引き起こし、比較的住みやすい場所も変わるだろう。そもそも移住の主な目的は仕事をすることで、移民の大半は労働年齢の成人だ。移民の目的地としてEUはきわめて人気が高いが、それでもヨーロッパ全体の人口に移民が占める割合は小さい。ヨーロッパでは、アフリカからの移民が自分たちの海岸に「群れをなして」くると言われるが、海外で暮らすアフリカ人の割合はたったの二・五パーセントだという事実は見逃せない。そのなかでも、実際のところアフリカ大陸を離れる人は半分に満たない。収入を増やす可能性があっても、行動を起こす人はほとんどいない。もちろん、国境の厳しい統制は問題のひとつに数えられる。重宝される専門的なスキルを持っているか、近親者が合法的な移民でないかぎり、貧困国から富裕国への移住はいまや非常に難しく、費用も馬鹿にならない。ただしこれは、あくまでも問題の一部にすぎない。EUでは、加盟国のあいだで実質的に国境が存在しないことに注目してほしい。たとえばドイツの賃金は少なくともギリシャの二倍で、ギリシャ人は好きなときにいつでもドイツに移住できる。それでもこの一〇年間で、一一〇〇万の人口を擁するギリシャからドイツに移住したのはおよそ一五万人で、全体のわずか一パーセント強にすぎない。言語や食事などドイツ文化には、ギリシャ人には異質に感じられる側面があるからだ。少なくとも個人的なネットワークを構築するまでは、外国人としての暮らしは社会的に大きな課題だ。ネットワークが出来上がれば、ずっと定住しやすい。

収入格差が大きく広がっても、人々は住み慣れた場所にこだわる。たとえばミクロネシア人は、ビザがなくてもアメリカに移り住んで働くことができる。しかもアメリカの平均収入は二〇倍にもなるが、それでもほとんどの人は生まれた場所にとどまる。ニジェールは国境を接するナイジェリアより六倍も貧しく、両国のあいだの出入国は管理されていないが、それでも人口は減少しない。生まれ育ったコミュニティなら何もかも馴染み深くてスムーズに進むので、とどまっているほうが快適なのだ。国内の別の場所でさえも、移住を決断させるためには大きく後押ししなければならない。バングラデシュでの調査によれば、農閑期に都市で出稼ぎ労働者として働く農民に補助金を提供するプログラムが実施され、出稼ぎ労働者の収入はかなり増える可能性があったにもかかわらず、期待通りの成果は得られなかった[22]。

問題のひとつは、公営住宅などの施設が都市では不足していることだ。そのためせっかく移住しても、狭くて治安の悪いスペースやテントで不法滞在する羽目になる。家族の生活も問題だ。都市では託児所を使う金銭的余裕がなく、利用することができないが、村なら誰かに頼んでもお金はかからない。住宅支援の一環として家賃を補助すれば、あるいは移住に先立ち（一時的であっても）仕事を保証したり、子育て支援を約束したりすれば、移住の決断は後押しされるだろう。これは貧しい世界だけの問題ではない。たとえばミシガン州の小さな町からシカゴへの移住にも良い影響をおよぼす。大都市のほうが将来の見通しは明るいが、住宅価格はずっと高く、託児所は無料で利用できない。

さらに、リスクの高い決断は心理的なためらいを伴う。もしも移住を決断してうまくいかなかったら、行動を起こさずに事態が悪化するよりも失望感は大きい。失敗に備えて何らかの保険を移民に提供すれば、状況の好転に役立つ可能性がある。実際、バングラデシュの研究でリスクシェアリングの一環として提供したところ、バスの無料乗車券とほぼ同じ効果が上がり、移住を決断する人がおよそ二〇パーセント増加した。[23]

いま快適な環境が準備されるなら、それと引き換えに、金銭上の不利益も先行きの不安も我慢する傾向も見られる。たとえば、ハワイは賃金が全米の平均程度で、生活費は驚くほど高く、数十年以内に住みにくい場所になる可能性があるが、それでも大勢の人たちが移住してくる。なぜなら、気候と生活様式の魅力に惹かれるからだ。[24] あるいは、私は最近フロリダキーズ〔訳注：フロリダ州南部にある列島〕を訪れたが、太陽が降り注ぐのどかな情景がなくなるのは確実に時間の問題だった。街路の割れ目からは水が噴き出し、最大の島キーラーゴの一部はすでに水没している。それでも高額な物件を売りさばく不動産業者は後を絶たない。ここでニューオーリンズの住民について考えてみよう。海面上昇と洪水は、ハリケーン・カトリーナに襲われる何年も前から発生していた。その後の調査によれば、ハリケーン・カトリーナを経験した後に移住した生存者は、新しい都市で最終的に収入を増やした。[25] では、なぜもっと早く移住を決断しなかったのか。ハリケーン・カトリーナが深い爪痕を残して現地で住み続けるのがほぼ不可能になってようやく、慣れ親しんだ社会集団を離れて被る損失よりも、移住がもたらす恩恵のほうが大きくなったからだ。

災害に見舞われてから強制されるのではなく、あらかじめ安全な形で移住してもらうためには、早い段階で決断できるように支援する必要がある。

問題は、配偶者と離れるのはつらいとか、おばあちゃんの手料理が食べられないのはいやだというレベルではない。すでに見てきたように、人類の生存は社会的ネットワークに完全に依存している。

緊急事態や病気に見舞われたとき、初めて母親になったとき、失業したとき、心が落ち込んだときに対処する際には、社会的つながりに大きく助けられるが、新しい場所に移住するとすべて取り除かれてしまう。たとえば、安全を求めてウクライナを逃げ出した最初の難民は、目的地の国に家族が滞在していた。私たちは誰もが依存し合っているのが現実なのだ。したがって移住が成功するためには、ネットワークを広げて地理的範囲を拡大するか、新しいネットワークをすぐにでも構築できるような体制が必要になる。だからこそ移民にとっても、移民を使って景気拡大を目指す受け入れ国の貴重な投資にとっても、移民への国の支援は欠かせない。

そうなると、住宅不足の解消はかつてないほど重要になる。大規模なインフラ整備に取り組み、最低限の生活を保障するための特別手当を支給し、職探しや起業に役立つ訓練や機会を提供し、子育てに補助金を準備して、介護の役目を引き受けてくれる人には報酬を払うべきだ。他には、言語や市民としてあるべき姿を教える講座を開き、見知らぬ環境に馴染んで新しい生活を確立できるような支援も必要だろう。新しい移民への社会的支援を過剰に制限するのは、人道にもとる行為であるばかりか、経済にとってマイナスでもある。居住ビザの発行はもっと柔軟にして、短期間ではなく数年間まで延長すれば、移民も仕事を見つけやすい。そして、最低所得に関する規定は廃止すべきだ。経験豊かな医療従事者、ホームヘルパー、労働者、調理係、配達ドライバーは、いずれも重要な役割を果たしているが、ビザで規定された最低賃金を上回る金額がかならずしも支払われていない。当初の短期間だけの支援ではなく、期間を延長して金銭的にも努力に報いるべきだ。ところが今日では多くの富裕国が、地元住民のこうしたニーズにも応えられない。社会政策が不十分だからで、それが格差の急拡大を引き起こしている。今世紀に私たちが直面する多大な困難を国家が乗り切るためには、政府の支援を拡大しなければならない。規制を強化し、生活に不可欠なサービスを国有化するのだ。さらに、労働者、子供、病人、高齢者と彼らの環境のニーズに応えるため、コミュニティや企業を体系的に育てなければならない。移民にこうした社会的ケアを提供するため余分にかかる費用は相対的に少ないが、社会に組み込まれた人たちから与えられる恩恵は、相対的にかなり多い。要するに、これは安全な投資だ。

第8章　移民の家

移民は都市に向かう

ペルーの首都リマは毎年拡大し続ける。周囲を囲む砂漠に小さな掘っ立て小屋がつぎつぎ建てられ、砂漠がどんどんスラム化していくからだ。貧しい農民は、インフラや社会扶助制度が計画的に整備された定住地への移住が難しい。政府は移民の「問題」をほとんど無視している。掘っ立て小屋が密集する世界各地のスラムと同様、リマのスラムでも、ギャングが厳しく統制する土地に住むためにはみかじめ料を払わなければならない。国内の人身売買業者は、都市の郊外にめぼしい土地を見つけると、その所有者が海外にいることを確認したうえで、貧しい農民を集めて不法占拠させる。しかも農民からは金を巻き上げる。

二〇一二年、私はスラムの住民のひとりアベル・クルスから話を聞いた。クスコ近郊のエチャラテの出身で、豚を飼い、ココア豆と野菜を栽培していた。ひどい干ばつが続いたため、農業で生活を支えるのはどんどん厳しくなったという。

「ある日、村にやって来た男から声をかけられた。リマでもっとましな生活をしてみないか。良い仕事があるぞ、ふたりの息子は学校に通えるぞとね」。クルスはそう言うと、さらに先を続けた。「家族や家から離れたくなかった。でも干ばつはひどくなる一方だった」。そこで、熱帯で暮らす何百万もの人々と同様、クルスはこう判断した。村に残って貧困と空腹を耐え忍んでも、未来に希望など持てない。それならどんなに厳しくて先行きが不透明でも、都市に移住するほうがましだ。

「現金と、竹を編んで作った板を何枚か準備して、朝五時に待っていろと男に言われた。約束通りに行くと、同じような家族が他にもたくさんいた。みんな砂丘に連れていかれ、そこで自分の居場所を柵で囲み、持ってきた材料で家を建てろと言われた」。どの家も周囲の家と同様、床はなく地面がむき出しで、所持品はほとんどない。敷布団が丸められ、竹で作った壁に立てかけられている。一組の茶碗と少しの鍋が、隅にこぎれいにしまわれていた。

「トイレといっても、部屋の床に穴を掘り、竹の板で覆っただけ。時間がたてば満杯になるから、そうすると別の穴を作る。床のスペースがトイレの穴で埋め尽くされるまでには二〇年かかる。そのとき自分たちがどうなっているかなんて、わからないよ。ここは臭いが強烈で、みんな病気になる。水もないから、給水車で運ばれてくる水に賃金の半分を使わなければならない」

当初、グローバル・サウスの移民は都市と村のあいだを行き来するのが普通だった。収穫で労働力が必要なときは村に戻り、村での仕事がなくなると都市で働いた。季節労働者は仮設住宅で眠るか、職場の床で寝起きすることが多く、食費を少しでも切り詰めて仕送りを増やす。こうして二重生活を続ければ、都市では安全を確保するためのネットワークを築き、役に立つスキルを身に付けることができるし、村での土地所有権を失う心配がない。しかし最終的に移民は都市に定住し始める。別の都市や国に移り、新しいスキルを学んで新しいチャンスに希望をつなぐ。ただし出身地の村への仕送りは継続される。そして先発組の移民がネットワークを構築して強化しておけば、残された村人は後に続きやすい。

移民はこれからも都市にやって来るだろう。彼らが短期間で苦労なく都市の生活に馴染めるように支援すれば、誰もが恩恵を受ける。ただしそれには、ほとんどの政府が苦手とする課題に挑戦しなければならない。まだ発生していない危機への準備を進めるのだ。

都市とスラム

二〇〇八年には人類の進化の歴史で初めて、都市の人口が農村の人口を上回り、私たちは以前とは異なる動物になった。食べ物や燃料を供給してくれる自然界から、地理的に離れて暮らすようになったのである。都市への移住は、西洋で一八五〇年から一九一〇年にかけて始まった。一年に二〇〇万人が都市に移住した結果、アメリカの農村部にはゴーストタウンが点在している。そしていま同じ現象は途上国でも見られ、農村部は過疎化が進んでいる。いまはメガシティの世紀なのだ。

今日では人類のおよそ三分の一が住み慣れた場所を離れるが、そのほとんどは国内での農村部から都市への移動だ。環境の悪化とその社会的影響を逃れてくる難民が都市に押し寄せた結果、人類の地理的分布は激変している。今後八〇年間は、多くの人口を抱える広大な都市を良い形で創造することが課題になる。安全で住みやすく、誰もが共生できる環境を整え、人新世にふさわしい経済活動を進めなければならない。水や資源を再循環させ、廃棄物や製品を管理して、自然環境を汚染しないための配慮が必要とされる。

アメリカをはじめ西側諸国では、都市への移住は完了した。アジアでもマレーシアや中国やタイを中心に、数十年前から都市化が進行している。ただし、特に南アジアは大きく後れを取っている。アフリカでは未だに農村部の人口が多いものの、都市の人口は急増しており、一年に三・六パーセントずつ増えている。こうした大移動に加えて高い出生率を考慮すれば、今後アフリカの都市に移住する人は一年に二〇〇〇万人ずつ増えると予想される。実際、これからの一〇年間に世界で最も急成長する都市は、いずれもアフリカの都市だろう。たとえばタンザニアのダルエスサラームは、一九世紀まで小さな漁村だったが、二〇三〇年までには人口が倍増して一一〇〇万に達すると思われる。一方、ナイジェリアのラゴスとエジプトのカイロはそれぞれ、二〇三〇年までに人口が二四〇〇万を超えると予測される。ただしどの都市も、数十年間で大きく進行する地球温暖化が成長の足を引っ張るだろう。実際にどこも、猛暑や洪水、場合によってはこのふたつから致命的な影響を受けている。

北へ向かう人類の大移動は、都市生活者の移住である。移民は村で生まれても都市に移り住むので、国境を越えた移動は通常、都市が出発点になる。

できれば都市の成長に合わせ、生活が満足できる状態に改善されれば理想的だ。たとえば独立後のシンガポールは、それを達成している。しかし、アフリカの都市が急速に変化するペースは、新しい難民を受け入れるために必要なインフラの整備が追い付かず、スラムが無秩序に広がっている。スラムに作られた道は狭く、下水設備はお粗末で、停電はめずらしくなく、他にも様々な問題を抱えている。ナイジェリアは、一九六〇年にイギリスから独立し、当時首都だったラゴスは当初シンガポールよりも急成長を遂げたものの、はるかに貧しい状態から抜け出せない。洪水が多発する湿地帯に数百万人が暮らすが、電気も衛生設備もなく、誰もが不健康で識字率も低い。人々は計画的に開発された地区に集中するのではなく、広い範囲に分散しているので、ビジネス、貿易、富の形成、イノベーションのいずれも効率が非常に悪く、ひいては国の生産性が著しく低い。未来の都市を計画する際には、この事実を心に留めておく必要がある。

都市は様々な活動が集中したハブになると、最も効果を発揮する。アフリカの農民は都市に移住すると収入が増えるが、そのあとさらに多くなるわけではない。なぜなら世界の他の地域と異なり、生産性の高い仕事を最終的に確保しにくいからだ。仕事がある場所から住まいは離れているので、通勤しなければならないが、それには費用がかかるだけでなく、混雑した狭い道で長い時間を過ごす羽目になる。ナイロビは世界でもきわめて通勤時間が長いが、それは一〇人に四人以上が徒歩通勤するからだ。そうなると移民は、道端で露天商や野菜売りやなんでも屋として働く道を選ぶ。しかも、アフリカ大陸は全体的にインフラも都市計画もお粗末なので、何を輸送するにも費用がかかり、それが食品や他の資源の価格を押し上げるため、ひいては工場の賃金などのコストも高くなる。これではグローバル市場で競争するのは難しく、アフリカの都市はほとんどが「消費都市」になっている。すなわち、価値の低いサービスや商品が取引の対象にならず、現地で消費される形の経済が中心になっている。おかげでアフリカの都市は、他の大陸の類似する都市よりもはるかに貧しい。そのため気候変動などの衝撃やストレスの影響を受けやすく、大がかりな移住を優先事項として考えなければならない。

こうした状況の背景には複数の要因が関わっている。たとえば植民地時代の搾取の遺産、エイズ、紛争とお粗末なガバナンスなどだ。他には農業部門の生産性の低さが、食品価格を押し上げて収入を減少させている。しかし、正しい都市計画のもとで住宅を密集させ、道路を広げ、輸送機関やインフラを整備すれば、アフリカの都市も二一世紀の都市化の波に乗り遅れることなく、生産性を向上させ富を大きく膨らませることが可能で、気候変動の被害からの人々の復元力も改善される。

ただし程度の差はあるが、この現象は世界中で共通している。都市への移住は無計画で、それが繰り返される傾向がある。たとえばいまは世界で特に華やかな都市も、当初は商業や行政の中心地を取り囲む住宅環境は劣悪で、中心から離れるほど不衛生でスラム化が進んだ。一八世紀から一九世紀にかけてヨーロッパでは、移民の居住地区には粗末な小屋が密集した。おかげで都市は豊かになったが、スラムは命の危険があるほど不潔な場所として悪名高く、衛生状態の悪さから腸チフス、コレラ、赤痢、マラリアなどの病気が蔓延した。冬には凍えるほど寒く、夏にはごみが腐って悪臭を放った。やがて二〇世紀に都市開発が政策として始められると、スラムは少しずつ撤去され、代わりにこぎれいな建物が立ち並んで重要なインフラが整備された。一九世紀のロンドンでも特に劣悪なスラム街だったセブン・ダイアルズは再開発され、いまではコベント・ガーデン劇場地区の中心として賑わっている。同様に、ニューヨークのファイブ・ポインツもスラム街として国際的に悪名を馳せたが、いまではマンハッタンのチャイナタウンとシビック・センターのあいだに位置する不動産として人気が高い。

農村から移住者が押し寄せてくる都市は、中心から離れた場所に掘っ立て小屋がつぎつぎと建設されて拡大していく。あばら屋の数が増え続けると都市を取り囲み、新しい郊外が誕生するのだ。こうして低い建物が無秩序に建設される形で拡大した地区は、あらゆる面で効率が悪く、貧困から抜け出せない可能性があるが、住居が違法に建てられているので政府からまったく無視される。そのため住民には、衛生設備、水、公共医療など、生活に不可欠なサービスが提供されない。さらに、常に立ち退きの不安から解放されない。仕事が終わって帰宅したときに家がブルドーザーで撤去されていても、普通は補償金を支払われない。しかし、移民はネットワークを構築して維持することで、重要な社会資本をもたらしてくれる。したがって、低所得者向けの安くて違法な住居が立ち並ぶ界隈は通常、活気のある市場として賑わい、社会階層を移動して貧困から脱するための道が準備される。要するにスラムは、農村の貧困を抜け出し、希望と機会が提供される都市の生活へ移行するための、貴重な足がかりとして作用する。

ロンドン東部の地区スピタルフィールズは、かつてはフランスから来たユグノーの移民の定住先で、大陸から持ち込んだ絹織物業で栄えた。しかし一九世紀初めまでには、マンチェスターの織物工場との激しい競争のすえ、職人たちのコミュニティは極度の貧困に突き落とされた。広々とした住居は細かく分割され、人口過密なスラムと化した。一九世紀が進行すると、スラムにはオランダ系やドイツ系のユダヤ人が住むようになり、その後はポーランドやロシアの貧しいユダヤ人や東欧からの移民が大量に押し寄せた。二〇世紀に入ると、社会プログラムが実施されて地域の状況は改善されたが、それでも貧しさは変わらず、まずはユダヤ人、次はアイルランドからの移民が大勢やって来た。そして二〇世紀末には、ベンガル地方やバングラデシュからの移民がここに住み着いた。二一世紀に入ると、いまや「バングラタウン」と呼ばれるようになった地域はショーディッチやブリック・レーンを吸収し、アーティストをはじめクリエーターにとってトレンディな場所になっている。

通常、都市として確立された地区とスラムのあいだは分断されている。スラムの住民はたびたび集団として侮辱され、汚らしい犯罪者として問題児扱いされる。裕福な市民の多くは移民の第二世代や第三世代で、スラムの住民に頼る場面も多いのだが、見下す姿勢を崩さない。家事労働や建設現場での作業など、生活に不可欠な仕事を引き受けてもらっても、その点を考慮しない。ふたつの世界は密接しているにもかかわらず、置かれた状況にはヒエラルキーが存在し、厳密に隔てられている。裕福な住民の多くは、目と鼻の先のスラム街に決して足を踏み入れない。

このように、スラム、貧民街、ファヴェーラ〔訳注：ブラジルでスラム街を指す〕、アーバンビレッジ（都会内集落）などと呼ばれる場所も、最終的にはすでに確立された都市の一部となり、構造も一過性ではなくなる。皮肉にも、スラムはその特徴である文化の多様性や起業家精神のおかげで、市内でもきわめて人気の高い場所としてたびたび評価される。すると物価が上昇し、しまいには高級住宅街になる。そうなるとかつて定住していたコミュニティは、住み続ける金銭的余裕がなくなる。ショーディッチ地区にかつてスラムとして存在していたスピタルフィールズは、いまではロンドンでも有数の高級住宅地になった。低所得者向けの公営住宅がわずかに建設されているが、それはむしろ例外で、「ベンガル」のコミュニティが暮らすには物価が高すぎる。そうなると貧しい人たちは、低所得者向けの高層住宅に押しやられるが、ここにはスラムの経済をダイナミックに支えた社会的ネットワークも、起業する機会も存在しない。これでは、市内の飛び地に押し込められたような状態で、貧困からは抜け出せず、将来成功する可能性はまず期待できない。

人新世の都市

そうなるとこれからは、移住先の都市を希望が感じられる場所にすることが大きな課題になる。貧しい人も住む場所を持ち、強力なネットワークを構築し、雇用や訓練や起業の機会が与えられ、時間や社会資本を何らかの形で投資できるようにしなければならない。都市はインフラがきちんと整備され、安全かつ健全でなければならない。そして、何でも手頃な価格で提供されなければならない。さらに電気や水は自前で賄い、温室効果ガスを発生させず、生物多様性の喪失を食い止められれば理想的だ。あらゆる方法を使って物質資源を経済のなかで循環させ、廃棄物の発生を最小限に抑えて汚染を回避すべきだ。

これは難しい課題だ。そもそも、社会的流動性（社会階層間の変化）の観点から見て「成功しているスラム」は、大勢の人が安全を保障され、金銭的余裕を持ち、住む場所を確保できる環境から程遠い。たとえば、猫の額のような土地が汚水まみれで放置されているからこそ、数枚のベニヤ板だけを持って村からやって来ても、掘っ立て小屋を建てることができる。最初は一部屋だけの劣悪な環境だが、このスペースに暮らし、作業場としても使って商売を始め、いまにコンクリートの床の家で暮らすことを夢見て努力を続ける。ベニヤ板をいずれはコンクリートのブロックに取り替え、将来の家には電気を引きたい。部屋数を増やし、余裕ができれば賃貸しをし、商売を拡大し、そのあとは自分より貧しい人に家を売って、もっと良い環境に移っていく……しかし、移民が何の特色もない公団住宅で暮らせば安全は保障されるが、スラム街で積極的に商売をする機会は閉ざされる。簡単に活動を拡大できず、都市に到着したときの状況を改善するために欠かせない人間関係を築くために苦労する。

世界のなかでも移民の受け入れに大きな成功を収めている都市は、狭いスペースに人や低い建物が密集している傾向が強い。界隈には四〜六階建ての建物が並び、すぐ外に出れば街路で様々な活動が営まれ、学校、保健センター、ソーシャルサービス関係の施設、公園、市場が近くに集まっている。都市の経済や文化の中心地までは、交通の便が非常に良く、活動を拡大できる可能性を秘めている。部屋を増やし、一階を店舗にするのも夢ではない。一方、政策も大切だ。移民は商売を始め、合法的に雇用されなければならない。持っている資格が認められるような効率的で適切なシステムの確立も必要だ。経験のある外科医にタクシー運転手として働く選択肢しか与えられず、病院で患者が診療してもらうまで何カ月も待たされるような状況があってはならない。そして何より、出身国や財産の有無にかかわらず、すべての市民が医療や教育にアクセスできなければならない。その正しさには多くの研究による裏付けがあるが、アメリカでは未だに過激な提案と見なされる。

住まいを必要とする移民の人数を考えるなら、都市には密集したスペースを作るべきで、数階建ての建物は最も効率的だ。確かにヨーロッパのほとんどの都市では、もっと高い建物を建設することができる。ただし問題なのは、エネルギーやスペースの効率を追求しすぎると、最後はネットワーク作りやビジネスの機会が大きく損なわれ、それを修復する必要が生じることだ。したがって、社会資本への投資は慎重にすべきだ。公共スペースを準備するなら広いタイプと狭いタイプを準備して、公園や広場を作り、社交クラブや地域団体を設立し、共生社会の実現を後押しする政策を進めなければならない。ビジネスの可能性を高めるには、手軽な価格でレンタルや購入が可能なオフィス、作業場、店舗スペースを準備する必要がある。さらに、低層建築物と高層建築物を混在させ、ビジネス、小売り、レジャー、公共スペースのすべてが統合されるように配慮すべきだ。高層建築が立ち並ぶ殺伐としたコンクリートジャングルは、ヨーロッパ諸国の首都の郊外を荒廃させた。この実験の失敗を繰り返してはならない。

北の都市にやって来る移民は、家族ぐるみで歓迎されなければならない。社会ネットワークを持たずにやって来る移民は孤立して、犯罪ネットワークへの依存を強める可能性や、宗教的・政治的に過激な集団に引き込まれる恐れがある。しかし家族が一緒なら、サポートや心の支えになってくれる。ネットワークを築いて広げることもできるので、新しい都市に定着するために役立つ。ところが、スキルや富に基づくポイント制が厳格に適用される入国管理のもとでは、家族の入国は拒絶されることが多い。しかし家族も多様なスキルの持ち主であり、様々な恩恵をもたらしてくれる。たとえば、需要が高い有能な看護師が、家族と一緒にやって来たとしよう。おばあちゃんは娘が働いているあいだ孫の世話をできるし、おじいちゃんはレストランで働いてスキルを伝授できる。子供たちは将来の労働力への投資として考えられる。おじさんやおばさんは託児所で働いてもよいし、庭師や清掃作業員になれば、他の家族の負担軽減に貢献できる。どれひとつとっても、大きな経済を動かす潤滑油として大事な役割を果たすことができる。

　移民が集まる都市は、復元力や独創性やモチベーションが世界でもきわめて高い人材の宝庫だ。ただし、せっかくの可能性が育まれて利用されるか否かは、政府の政策に左右される。うまく実行すれば、気候変動が世界を混乱させる時代に都市の復興と国の発展を実現するうえで、移民の集団は重要な牽引役として貢献してくれる。逆に政策がまずいと、社会の分裂や民族間の緊張を引き起こす引き金になる。移民対策としては、住宅やサービスやインフラの充実を目的とする投資が欠かせない。そうすれば地元住民は、大切な資源やサービスを奪われるプレッシャーから解放されるし、移民は尊厳を持って生きられるので、都市の生産性向上にも貢献する。ところがこうした投資そのものが、地元民のあいだに緊張を生み出しかねない。なぜなら自分たちの施設は都市再生の対象から外され、移民だけが優遇されているように感じられるからだ。そのための対策としては、地元民と移民が共存する地域の充実を図ってもよいだろう。新しい学校や病院を建設し、しかも建設プロジェクトに地元民と移民のどちらも参加させれば、誰もが恩恵を受けられる。北半球でこれから誕生する都市のなかには、国内からにせよ国外からにせよ、移民が人口の大半を占めるところも出てくるだろう。そうなれば、持続可能で社会的に統合された都市をゼロから創造するうえで、絶好の機会が提供される。プレハブ建築ならばすぐに準備できる。その多くには、エネルギー生成や水再生システムが最初から組み込まれる。単にスマートなスラムを作るのではなく、住みやすい都市が創造されるように、インフラの整備にも投資を惜しんではならない。

こうして政府からの投資によって移民が都市に統合されれば、多くの労働力が新たに確保され、税金も支払われるので、投資を十分に回収できる。しかも、都市の拡大を支援する資金は、国連に新たに創設された（そして権限を付与された）国際移住機関からも提供され、生みの苦しみを和らげてくれる。痛みを伴うか否かはともかく、こうした行動は不可欠だ。うまくいけば、移住は世界の貧困を軽減し、気候変動の最悪の影響から何百万もの人たちを守り、活気のある都市の創造に役立つので、それをきっかけに人新世は明るい時代になる。民間部門が費用を負担してもよい。たとえばカナダは、コミュニティ・スポンサーシップ・モデル〔訳注：市民社会と国家が責任を共有して、難民の受け入れや統合に取り組むアプローチ〕で成功を収め、民間企業や地域団体が人道目的の移民のための費用を負担して、定住を支援している。すでにコミュニティ・スポンサーシップを通じ、三〇万人以上の難民を受け入れた。そしてオーストラリアも、亡命者の受け入れに関する実績の悪さを改善するため、同じ制度の採用を検討している。カナダでは民間から支援を受けた難民の七〇パーセントが、到着して一年以内に給与所得を申告しているが、政府から支援された難民の場合、この数字は四〇パーセントにとどまる。移民も受け入れ側のコミュニティも、労働力として統合されればどちらも最善を尽くすが、企業の役割は重要だ。国際企業の一部はグローバル市民のためのプログラムに参加しており、貧困国でボランティア活動を行なう社員に給料を支払っている。あるいは、貧困国からの移民を社員として雇用している企業もある。たとえば、ベリー生産の大手でカリフォルニアを拠点とするドリスコルズは、メキシコとアメリカで社員を雇っている。カリフォルニアの工場では大勢のメキシコ人が働いているが、彼らは会社から研修を受け、住宅や医療を提供され、移民問題で相談に乗ってもらうことができる。

都市への移住は、貧困から抜け出すための最も効果的なルートとして認められている。この問題に関しては、世界銀行が最も大がかりな調査を行ない、以下のように結論した。経済を成長させるためには、都市の人口密度を出来る限り高くすることが必要で、それには大都市に移民を受け入れて発展させなければならない。政府が集中的に投資を行ない、インフラを整備する必要がある。(1)農村部からの移民が定住する地域では、政府が集中的に投資を行ない、インフラを整備する必要がある。ちなみに大勢の移民が押し寄せた二〇世紀初めと第二次世界大戦後は、教育、衛生、住宅、インフラ、公共交通機関、自治体への公共支出が大きく拡大した時期でもあった(そして、重工業が衰退した結果、低価格の住宅が周辺に残された時期でもあった)。今世紀の大がかりな移住にも、同様の投資が必要とされる。

なかには、他の国よりも政府が移住にうまく対処している国もある。たとえば、スペインは二〇〇〇年から二〇〇九年までの一〇年間で六〇〇万人の移民を新たに受け入れた結果、外国生まれの市民が四倍以上も増加して、全人口のほぼ一四パーセントを占めるまでになった。しかし、スペインは失業や貧困のレベルが比較的高いにもかかわらず移民への大きな反感は見られない(2)。むしろ国民は、移民は必要だと確信し(移民は労働力の五分の一を占める)、平等な権利を与えられるべきだと考えている(3)。それは、国家移民統合プログラムに政府が優先的にうまく取り組んだおかげだ(4)。スペインは、移民政策は包括的かつ計画的に進めるべきだと確信している。つまり、他の国との交渉ではなく、協力に基づいた本物のパートナーシップを構築し、後ろ向きではなく前向きの政策を採用し、反移民感情を焚きつけるのではなく、世論を正しい方向に導くべきだと考えている。

ここでパルラについて考えてみよう。首都マドリードから南に二〇キロメートル離れ、首都とトレドを結ぶ通勤ルート上にあり、低層住宅が不規則に広がっている。かつてはスペインの農村からの国内移民が多かったが、いまでは国外からの移民が中心の都市となり、その多くはモロッコやラテンアメリカからやって来た。二〇〇八年にスペインが好景気に沸いたときには、およそ四五〇万人を受け入れた。フランスは、突然押し寄せてきた移民の支援や入国管理にほとんど関心を持たなかった。そしてドイツは、移民のニーズをほぼ完全に無視して、ドイツ市民になる道を妨げた。しかしスペイン政府は大勢の移民に対処するため積極的な投資を行ない、移民が住みやすくて機能的な都市の創造を目標に掲げた政策構想を、ヨーロッパで初めて採用した。最初に取り組んだのは市民権だ。滞在許可証を持たない（すなわち「不法な」）移民を含め、フルタイムで雇用された移民は全員、税金の支払い義務を持つ合法的な住民と見なされ、様々なサービスへのアクセスが可能になった。北アフリカから海を渡り、危険を冒してやって来る不法難民の発生を食い止めるためにも、政府は対策を打ち出した。アフリカから何万もの人たちを受け入れ、一年間スペインで就労する許可を与えたのだ。このプログラムに基づく雇用契約が延長されれば、家族を呼び寄せて働き、完全な市民権を得ることができる。これは直ちに大きな成果をもたらした。いまやスペインには毎年、新たに五〇万の移民がやって来る。移民は生活基盤を築き、住居に投資して、商売するスペースをレンタルし、子供を学校に通わせ、自分の生活や受け入れ都市の改善に市民として積極的に取り組む。貧しい下層階級の不法移民として暮らし続ける必要はない。

スペイン政府は新しい移民を支援するためのプログラムに二〇億ユーロを投資した。専門教育、移民の受け入れと調整、雇用支援、住居確保の援助プログラム、ソーシャルサービスへのアクセス、医療、女性の統合、コミュニティへの参加とコミュニティの構築などの対策が含まれる。そしてこの努力は報われた。政府の移民対策報道官アントニオ・エルナンドは、移民担当記者のダグ・サンダースにつぎのように語った。「いまでは移民たちは合法的に働いて税金を支払っている。そしてそれは一〇〇万のスペイン国民の年金の財源になっている。移民は、我が国の福祉プログラムの土台を財政的に支えてくれる。だからその見返りに、他のスペイン人と同じ権利や暮らしを確実に保障する必要がある」

インフラが改善されると、交通の便が良くなったパルラには、ネットワークが拡大して経済が効率的に機能する可能性が生まれた。市内には路面電車が走り、マドリードまでは高速鉄道を使えば二〇分なので、経済が大都市と直結した。政府は、広い土地に宅地を造成して中規模の集合住宅を建設し、一階は小さな店舗が営業するだけでなく、低所得者が持ち家を所有するためのスペースとして提供した。こうして多目的型の施設を計画すると、周辺には大勢の人が集まって賑わいを見せ、店舗を訪れる顧客が絶えないようになった。しかし何よりもよかったのは、移民が帰属意識を持ったことだ。ドイツやフランスでは、移民の居住地域で犯罪率が高く、世界的な景気後退に見舞われると、抗議の暴動が発生した。対照的にパルラは、失業率が非常に高かったものの、社会不安に陥らなかった。それは、移民に社会の一員としての意識があったからだ。尊厳を持っていたのである。

パルラがうまく機能したのは、移民が大量に流入する事態を政府が予想したからだ。そのうえで、移民の流れを分断したり統制したりするのではなく、新しい住民を国家経済や社会のために活用する対策に集中的に取り組んだ。そして、それが成功するための投資を惜しまなかった（この数年、スペインの移民政策が以前ほど積極的ではなくなったのは、EUに加盟する近隣諸国からの支持を得られなくなったことが大きく影響している。それでも、スペイン国民は移住に好意的な姿勢を崩していない実態が、調査からは明らかになっている）。

安全で生産性の高い都市への移住を妨げる要因のひとつが、住宅の供給不足や高すぎる費用だ。その背景には、拡大する都市にはふさわしくない都市計画法や区画法の存在がある。区画規制が取り除かれた場所は居住密度が高くなり、住宅や店舗、さらには公共スペースなど用途が多彩になるため、従来の都市の魅力がさらにアップして、進化が促される。社会が一体性を持つためには、人口密度が高いほうが有利なことが、いまでは数多くの研究から明らかになっている。しかし、都市で建築許可を得るのは難しい。なぜなら、すでに暮らしている住民がしばしば抵抗し、都市プランナーに圧力をかけるからだ。そうなると、ニーズが最も高くて便利な場所ではなく、中心部から離れて地域住民の反対が少ない地域で住宅は建設される。その結果、車への依存が高いスプロール現象が発生し、人口密度が高い都市のような生産性や恩恵を経験できない。たとえばイギリスではどの地方も、住宅よりも道路に使われる土地のほうが多い(5)。アメリカでは、各地に地方自治体の条例があり、「親族以外の」人物が同居できる人数が制約されているが(6)、これも撤廃する必要がある。これでは低所得者が家を共有して費用を折半し、家賃の負担を軽減する機会が奪われる。

欧米諸国で事業やライセンスに関する法律が緩和され、小売業や軽工業やサービス業が住宅地でも可能になれば、地域の生産性は向上するので、新しい土地への移住もスムーズに進む。地域の人口密度の高さは、移民都市が成功するための大事な要因になる。すなわち、土地のなかで許容される人間の活動の量を増やすことが肝心だ。住宅地で他の活動が許されないとスプロール現象が発生し、車に大きく依存する郊外での生活を選ばざるを得ない。この傾向は北米で特によく見られるが、そうなると貧しい住民や移民は収容地域で希望のない貧困生活を強いられる。対照的に、香港、デリー、マンハッタン、ロンドンなど人口密度が高い地域は、生産性が高くて様々な機会が提供される。六階建ての建物が並ぶパリは、ニューヨーク市よりも人口密度が高い。ちなみに、ロンドンは複数の村が統合されて進化した都市で、各地区のなかを歩いて移動すれば生活に困らない。あるいはマンハッタンは、グリッドレイアウトで計画された都市だ。地域全体が格子状に分割され、ブロック内では歩けばあらゆるものが手に入る。どちらのケースも、住宅地で小売活動が禁じられていない。新しい移民都市は、このように様々な活動が集約された形で統合される必要がある。

この教訓を遅まきながら学んだ場所のひとつがベイルメルメールで、オランダのアムステルダム近郊に立地する計画都市だ。地元では「ビマー」として知られ、一九六〇年代にユートピアとして構想された。三一棟の高層住宅団地が広大な敷地にハニカム状に建設され、これらの高層建築を、住宅地とは別に作られた公園が取り囲んでいる。住宅団地のブロックには歩道が迷路のように張り巡らされて迷子になりそうで、公共施設はまったく存在しない。しかも高架道路なので、市内へのアクセスが複雑なばかりか、道路の下は砂漠のように蒸し暑い。建設が終了した頃には、誰も住みたがらなくなっていた。そのため、スリナム〔訳注：旧オランダ領〕やサブサハラ・アフリカからやって来た移民を「詰め込むための」公営住宅になってしまった。移民の多くは生活保護で暮らし、貧困から抜け出す確実な方法がなかった。ベイルメルメールはたちまちヨーロッパで最も危険な地区として知られ、麻薬取引、暴力犯罪、殺人と貧困が蔓延した。やがて一九九二年、エルアル航空の貨物専用機が、エンジントラブルの発生後にスキポール空港に引き返す途中、ベイルメルメールの二棟の建物に衝突し、四三人の住民の命を奪った。この大惨事をきっかけに、おぞましい建物を解体して地域を再開発するためのキャンペーンが始められた。

今日、ベイルメルメール改めビマーは、アムステルダムで最も将来が明るい地区のひとつだ。高層ビルが撤去されたあとには、道なりにたくさんの中層集合住宅が並んでいる。どの集合住宅にも庭があり、ところどころに店舗や会社のスペースが準備されている。そして新しい地下鉄の駅と自転車道路によって、いまでは市内の他の場所と結びついている。カフェ、補助金で運営される劇場、アートスペース、美術館がつぎつぎ登場した。しかも政府がこの地域の多文化的な特徴をアピールした結果、アムステルダム全域から市民が集まり、食品市場やレストランを訪れている。再開発の初期には、政府は地域の安全対策にも投資して、職業訓練制度やビジネス支援制度を取り入れた。住民に雇用の機会や教育が提供されて、貧困から脱出するきっかけになることを目指したのだ。そしてこれは効果を発揮した。スリナムの移民の第二世代は、大学進学率と収入に関して、オランダ人の子孫である現地住民と変わらない。

チリの建築家アレハンドロ・アラベナはこれに刺激を受け、二〇〇三年には港湾都市イキケのために順応性のある「パーシャルハウス」を設計した。彼は移民の住居のニーズをよく理解していた(7)。農村からの移民のためにスラムに代わる住宅の設計を依頼されると、つぎのような解決策を考えた。まずは中心部に土地を確保して、そこに下水、水、電気の接続など、地域にとって重要なインフラを建設する（あとからスラムに導入するのは難しいからだ）。つぎに、屋根、バスルーム、キッチンなど、必要最低限の要素だけから成るコンクリートの建物を建設し、住民が裕福になったら少しずつ増築できるスペースを残した。このパーシャルハウスはチリの平均的な公営住宅よりも二五パーセント小さいが、土台がかなり広いので、拡張の余地がたっぷりある。政府は各家庭に七五〇〇ドルを支給したが、これだけあれば、アラベナが設計した必要最低限から成る住居を購入するには十分だ。そして住民が家を増築するにつれ、家の価値は増加した。ある調査によれば、最初の二年間に各世帯は平均すると七五〇ドルを増改築に費やし、家は二倍に拡張され、価値も一戸につき二万ドルまで上昇したと推定される。プロジェクトが始まったばかりの頃は、どれも同じ形をしたグレーのコンクリートの建物が立ち並ぶ殺風景な場所だったが、数カ月もするとペンキが塗られ、増築され、様々な改良が加えられ、地域は一気に多様化した。このような形は、他の移民都市の都市開発のモデルになるだろう。

たとえばメキシコのタバスコ州では、建築会社のＩＣＯＮが非営利団体のニュー・ストーリーと提携し、値段は手頃でも耐震性のある住宅を建設した。巨大な３Ｄプリンターを使って造られた住宅は、異常気象への耐性も十分だ(8)。この機械を使えば、寝室が二部屋の家もたった一日で完成する。しかもコンクリートは地元産なので、様々なプリントデザインの家屋が並ぶ界隈が、数カ月以内で完成する。徐々に修正を加え、自分たちの要求に合わせて増築することが可能だ。

二〇一五年に一〇〇万の難民がドイツの国境に到着したとき、アンゲラ・メルケル首相（当時）は選択を迫られた。軍隊を派遣して追い返すか、それとも国内に受け入れて労働力不足の解消に役立てるか、選ばなければならなかった。メルケルがこの危機に直面して発した一言は有名になった。「我々なら成し遂げられる」と宣言したのだ。ドイツ経済が今後二〇年間で成長するためには、労働年齢の人たちが少なくともあと一〇〇〇万人は必要だった。シリア難民の大半は大変な努力のすえ、新天地のドイツに定住した。その多くは、移住できる金銭的余裕のある中産階級の専門職だった。移民を大量に受け入れると、極右政治が一時的に台頭した。しかも、初期の対応を誤ったが、そのひとつが移民の定住地の決定だ。すでに移民の人口が多い都市や地域ではなく、何のつながりもない場所を意図的に選んだのである。たとえば旧東ドイツのライプツィヒ郊外には、廃墟となった旧共産党時代の高層建築が並んでいた。これでは仕事はないし、仕事を見つけられる希望もない。幸い、ベルリン近郊に位置し、多くの移民が暮らすノイケルン区の区長は、大勢の移民がやって来る事態を予想して、受け入れる準備を始めた。たとえば学校は、新しい児童の編入に備えるよう指示された。案の定、移民のなかでも特に進取の気性に富んだ集団がノイケルンにやって来た。そして、ここに定住したシリア難民の成果は大きなサクセスストーリーとして語られた。地元民よりも大きな雇用機会を創出したのだ。その後二〇二一年にアフガニスタンがタリバンに制圧され、大量の難民が発生したときも、ドイツ国民の六二パーセントは受け入れに積極的で、「我々なら成し遂げられる」と宣言した。そして二〇二二年三月には、ロシアに侵攻されたウクライナからの難民を（国籍にかかわらず）直ちに歓迎した。煩雑な規制を取り除き、移動の自由を与え、様々なニーズにも積極的に対応した。他にもドイツは、移民がもっと早く市民権を申請できるように法律の変更にも取り組んでいる。実現すれば、「地域に同化する能力が並外れて高い場合は」到着から三年以内に市民権を与えられ、しかも二重国籍も認められる。

　小さな地域は統合され、広いコミュニティが創造される必要がある。そのためには、学校は「ホワイト・フライト」の影響で差別化されてはならない。最貧層が暮らす地域にも優れた学校を積極的に創設し、あらゆるコミュニティが集まるような努力が欠かせない。さらに移民は、個人的な問題、安全、商売、機会などを自己管理する権限も委ねられるべきだ。いまやコミュニティへの権力の委譲は、経済や社会の発展のために不可欠な要因だ。難民はすでに福祉に関する恩恵を享受している。今度は都市のなかでステークホルダーになるための権限も付与されなければならない。

こうした都市計画を機能させる鍵を握るのは柔軟性だ。都市への移住者が増えれば、世界の人口増加にはブレーキがかかる。なぜなら農村よりも都会の住民のほうが、子供の数は少ないからだ。国連の予測によると、都市化のスピードを考慮するならば、世界人口は二〇六〇年代にピークに達する。なかには、早くも二〇五〇年代にピークに達すると予測する専門家もいる。そうなると、私たちは興味深い課題に直面する。人口が増加し続けた後に安定し、その後は減少するならば、それに合わせて都市計画を柔軟に進めなければならない。同時に、人口構成も変化しつつある。いまや世界中で高齢化が進んでいるが、高齢者は住宅や輸送機関に関するニーズが若い世代と異なる。

東京は世界有数のメガシティだが、都市計画は極端な地域密着型だ。従来は中心部に重点が置かれ、そこから離れるほど重要性が薄れ、都心との格差が広がったものだが、そんなレイアウトはなくなった。いまや地域のインフラやデザインのあらゆる側面に地域社会が関わり、「まちづくり」と呼ばれるプロセスを通じて地域の特徴を打ち出し、環境問題に取り組んでいる。日本は、人口構成の変化が顕著だ。九〇歳以上の高齢者は二〇〇万人を超え、幼児よりも大人向けのおむつのほうが売り上げは多い。東京には、高齢者の要求に応じる「日常生活圏域」が設定されている。これは通学区域のようなもので、都市のなかに村が存在していると考えればよい。そのなかでは、すべての施設に徒歩でアクセスできる。東京はメガシティでありながら、地域社会での交流に重点が置かれる。同様にイギリスでも、人口構成の変化に合わせて投資の対象が変わりつつある。高齢者の居住施設は、長いあいだ地方に集中していたが、いまでは都市の中心部で建設が進んでいる。プランナーは「高齢者の購買力」を当て込んで、目抜き通りの再活性化を目指している。都心では高齢者に配慮した開発が新たに進められ、小売店やオフィスが立ち退いた一角では転用が進んでいる。六五歳以上の人口の増加を考慮して、店や娯楽施設は歩いて訪れることができるようにレイアウトされている。北半球の都市は若い移民を受け入れて拡大する一方、高齢者への配慮を忘れてはいけない。都市の設計や計画の段階で高齢者に配慮しておけば、今後数世紀にわたって都市の持続可能性が保証される。結局のところ、都市で高齢者施設の建設に参加する若い移民も、年を取れば自分たちがそれを利用するのだ。

第9章　人新世の居住地

安全な避難所としての都市

今世紀、移住の目的地は都市になるだろう。都市では、社会や経済の持続可能性は重要だが、環境の持続可能性も重要になる。地球の温暖化が進むなかで、都市の安全を確保しなければならないが、その一方、都市も状況を悪化させてはならない。いまでは都市が世界のエネルギー供給量の三分の二を消費して、温室効果ガスの四分の三を排出している。新しい気候条件に対し、一部の都市の一部の地域は適応できるが、放棄することや移転することが必要な都市もある。そして何十億もの移民に住居を提供するためには、新しい都市を創造しなければならない。

都市は気候変動の影響を特に受けやすく、猛暑や海面上昇や異常気象の被害が深刻になる。コンクリートのような硬い表面は太陽の熱を吸収し、高層ビルは空気の循環を妨げる。人間の活動（車のエンジン、エアコンを含む）が集中した結果、いわゆるヒートアイランド現象が発生し、都市の気温は周辺地域よりも高くなる。都市の気温は現在、周辺地域よりも一～二℃高く、スラム街は少なくとも三～六℃高い。そして、硬くて凹凸のないコンクリートの表面は雨水を吸収しにくいため、嵐に襲われるとたちまち洪水が発生する可能性がある。もちろん都市は農村地域よりも人口密度が高いので、熱波や大気汚染や異常気象の被害にさらされる人の数が多い。

世界でも特に気候変動の影響を受けやすい一〇〇の都市のうち、九九はアジアの都市で、しかも八〇はインドと中国に集中している。グローバル・リスクのコンサルタント業務を手がけるベリスク・メープルクロフトの二〇二一年の報告によれば、命の危険がある環境汚染、水の供給不足、猛烈な熱波、天災、気候の緊急事態などが重なった結果、合わせて一五億以上の人口を擁する四〇〇の大都市が、「高い」または「きわめて高い」リスクにさらされている。[1] すでに本書で説明したように、気温がいまよりわずかに上昇するだけでも湿度が高くなれば、赤道緯度の地域はとても住めなくなる。

一方、世界の人口のおよそ六〇パーセントが集中する沿岸都市は、他の場所の四倍のペースで海面上昇が進んでいる。建物やインフラの重みで地面が沈み込み、相対的に低くなるからだ。[2] 建設工事で出来上がった空洞に建物や街路が沈下すると、洪水を引き起こす。この六〇年間で上海（「海面上」を意味する地名）は二・六メートル、東京の東部は四・四メートル、メキシコシティは一〇メートルちかく沈下している。ニューオーリンズなどは、地盤沈下が海面上昇の割合を四倍も上回り、すでに都市の半分が海面よりも低い。これらの都市も、いまは移民を受け入れているが、まもなく大量に送り出すことになるだろう。

地盤沈下がどこよりも急速に進むジャカルタは、一年に二五センチメートルと、驚異的な勢いで地面が沈み込んでいる。インドネシア政府は解決策として、集団での移動を決断した。熱帯雨林が生い茂るボルネオ島〔訳注：インドネシアでの呼称はカリマンタン島〕の高台に新しい都市を建設し、そこを新たな首都に定めることにして、ヌサンタラと名付けた。何十億ドルもの資金を費やすこのプロジェクトによって、ジャカルタ市民――二〇五〇年までには一六〇〇万人になる――を波の被害から守ることを目指す。しかし、今後数十年を費やす建設工事は、地球で最も重要な生態系のひとつに深刻な被害をもたらす。しかも完成しても、市民は熱波や火災の影響を受けやすい。

なかには波の浸入を食い止めるため、障害物や防波堤を建設する都市もある。たとえばベネチアは、潟の潮位が定期的に四五センチメートル変化することを考慮して建設されたが、いまでは一年に七五回は一部が水没する。しかも、この一五〇年間に見舞われた記録的な洪水の半分は、二〇〇〇年以降に発生している。政府は、海底設置型フラップゲート式防波堤の建設を始めた。満潮時は水面に浮上させれば、潟と海を分離することができる。しかしこの防波堤は、たった二〇センチメートルの海面上昇に対処するようにしか設計されていない。早くも二〇五〇年には、海面上昇がもっと深刻になる可能性がある。すでにベネチアは生きた都市というより、博物館のような存在だ。人口はたったの五万二〇〇〇だが、夏には一日におよそ六万人の観光客が訪れる。投資不足に加えて何度も浸水する環境から、この数十年で大勢の市民が脱出している。一九五〇年代初め以来、一二万以上の住民がベネチアを離れた。しかも最近の二〇年間はペースが速くなっており、まもなく完全な博物館になるだろう。他にも有名な都市やその一部が、この先例に従う可能性がある。

都市には価値のあるものが色々と備わっている。そのためたとえ住宅地域が水没しても、都市の構造強化は経済的に不可欠だと見なされる。東京やバンコク、さらにはダッカやラゴスでさえ、完全に放棄されることはない。むしろインフラに多額の投資が行なわれ、都市を守るための建設工事が進められるだろう。たとえばニューヨークで計画されている「ビッグU」プロジェクト〔訳注：マンハッタン沿岸の巨大なU字形の地帯が対象とされる〕では、ロウアー・マンハッタンの金融街を守るために巨大な防波堤が建設されるが、西五七番街よりも北の住民は波から身を守る術がない。すでにニューヨークは定期的に浸水を経験しており、二〇一二年には浸水した地下鉄の駅で人々が泳ぎ、マンホールの蓋から水がどっと噴き出した。二〇〇五年にマンハッタンを嵐が襲ったあと、浸水した駅から泳いで脱出した男性はこう語った。「僕の隣では、ネズミの群れが逃げていた」。ニューヨーク市は今世紀末までに一メートル水没する可能性に直面しているが、それが現実になれば事態はとんでもなく悪化する。(3)オランダのロッテルダムはすでに二メートルも水面下に没しているが、その対策として、水に浮かぶ「フローティングハウス」を建設する他に、巨大な防壁の増築を計画している。そして、沈みゆくモルディブの首都としてサンゴ礁の島に建設されたマレは、人口密度が非常に高い都市でもあり、すでに防波堤などの対策が徹底している。今のところ、都市は守られている。

クヌート王が証明したように、波は止められない〔訳注：イングランドを征服したデーン人の王で、波打ち際で自らの力では波を止められないことを示し、王の無力さを認めた〕。消えゆく運命にある都市のなかで最も被害を受けやすいのは、移民を含む最貧層の住民だ。不衛生な場所で暮らすスラムの住民や、彼らを頼って農村地域から移住してくる人たちである。みんな異常気象に見舞われたあと、安全を求めて都市に押し寄せてきた。要するに今日の人々は、最悪の事態に向かって移動している。都市は農村よりもインフラが整備され、病院が多く、他にも生活に不可欠なサービスが充実しているので、しばしば安全な避難所と見なされる。たとえばバングラデシュの首都ダッカは、世界でも特に人口密度が高い。一四〇〇万の住民のおよそ四〇パーセントは居住権を持たない場所で暮らすが、そのうちの七〇パーセントは、サイクロン、海岸や河岸の浸食など、気候変動が引き起こした現象のために住み慣れた場所を仕方なく離れた。しかしダッカそのものが安全な避難所ではない。私が現地を訪れ、まだ水浸しのスラムをそろそろと慎重に歩いたとき、水がどこまで押し寄せたのか住民が身振り手振りで教えてくれた。それによると目の高さまで増水し、家を押し流して、わずかに持っていた所持品を破壊した。住民は全員、高架道路に避難するしかなかった（そこも排水路がなかったため、水浸しだった）。この洪水のあいだは、野宿するかテントで眠るしかなかった。しかも、下水設備がなかったため、恐ろしい水系感染症が蔓延した。

貧しい人々は都市に移住すると、そこで立ち往生する傾向がある。移動中に資源を使い果たしてしまうのだ。中間層や富裕層はもっと良い場所に移動できる余裕があるが、最貧層に取り残された人たちは、きわめて脆弱な都市のなかに閉じ込められ、移動することができない。移民政策研究所（MPI）は二〇一八年、気候と移住に関するすべての研究の証拠に関する包括的なレビューを行なった[4]。

その結果、気候変動のショックに見舞われると、コミュニティが移住する可能性は減少する傾向が非常に高いことがわかった（移住する能力が損なわれるからだ）。生き残り戦略として移住するときも、地元の別の場所が目的地になるケースがほとんどだ。

解決策は、計画を立てることだ。将来の移民のために安全な都市を準備して、リスクの高い地区を対象に移転戦略を立て、世界規模の移住を円滑に進める方法を考えるのだ。政府は支援の一環として、財産保険の認可に担保を求める方針を撤回し、土地を買い戻してもよい。しかし多くのケースでは、個々の世帯への補償や買い戻しだけでは、とても十分とは思えない。移住先のコミュニティが最高の形で生活基盤を築くためには、計画に何十年もかかる可能性もある。

各国の移住計画

この問題を真剣に受け止めている場所のひとつがキリバスだ。赤道をはさんだ複数の環状サンゴ島から成る国で、海抜が低い。経済は漁業とココナツ生産に依存している。過去五〇〇〇年間にわたり、これらの島には大勢の人たちが移住した。昔はオーストロネシア人、最近ではヨーロッパ人がやって来て、豊かな文化を育んだ。しかしいまでは水位が危険レベルに達したため、国民全体を他国に移住させる準備が進められている。二〇一四年に私はアノテ・トン大統領から、この国は「もはや引き返せない地点」に達したと聞かされた。

これからは複数の都市や国が居住には適さない状況に陥り、この現実への対応策を取らざるを得ないが、キリバスはそのパイオニアだ。苦境に立つ国民のためフィジーに土地を購入するだけでなく、新天地で生計の手段を見つけられるように支援している。トン大統領は一〇年前から「尊厳ある移住」プログラムを始め、まずは就労目的で国民を徐々に海外へ送り出した。ニュージーランドには看護師を派遣している。その目的は、異常気象に見舞われた国民が大量の難民となって人道支援に頼る事態を回避することだという。プエルトリコなどの島と、同じ運命に甘んじるつもりはない。

先祖代々の土地や墓、さらには慣れ親しんだ言語や歌や物語などの文化との結びつきを断ち切るのは、心理的にも現実問題としても痛みを伴う。国民がつらい決断に踏み切れるように支援するのは、自分の「義務であり責任だ」と、トン大統領は私に語った。「私たちの国が来る事態に適応できるように手助けをしたい。それにはリスクに対応するだけでなく、もはや人間の生活を支えられない故郷の島に対する心の整理も必要だ。若い世代には、尊厳を持って自発的に他の国へ移住してほしい。そのために必要な教育やスキルを身に付けられるように、若い世代への投資は惜しまない」

きちんとした計画は、新しく建設する都市や海外からの移民の成功にとって欠かせないが、国内でもっと安全な場所への移住を促すためにも重要だ。たとえばルイジアナ州では、海抜の低いアイル・ド・ジャン・シャルルの住民を四〇マイル（約六四キロメートル）離れた海抜の高い場所に移住させるため、四八三〇万ドルを費やしている。これは、気候変動の影響で移住を迫られるコミュニティを支援するプログラムの一環で、連邦政府が初めて資金を提供している。ニュージーランドは撤退管理と気候変動適応策に関する法律のもとで、個人やコミュニティの移住を支援している。カナダを拠点とする気候移民・難民プロジェクトは、ブリティッシュコロンビア州の内外からの移住にふさわしい場所の地図を作成している。そしてバングラデシュでも、ダッカなどにかかる負担を軽減するため、移民にやさしい町を大都市の外に設置する可能性を政府機関が検討している。

復元力のある都市を建設する

ダッカやニューオーリンズやベネチアは将来の発展が望めず、住民は他の場所に移っていくが、来る変化にうまく対応できる都市は多い。移民に新しい住居を提供すれば、新たに移動してくる労働力から恩恵を得られる。端的に言って、どの都市も気候変動の影響が比較的小さくても、新しい状況にうまく適応しなければならない。なぜなら、温室効果ガスの排出量を正味ゼロにする課題が待っているからだ。立地が良い都市には何百万もの移民が押し寄せるが、彼らのニーズは複雑で、しかも安全で持続可能な住居を必要としている。したがって、これらの都市は環境に関する復元力が強くなければならない。資源を効率的に使い、排出物を最小限に抑え、危険な汚染物質を取り除かなければならない。

都市にとって今世紀最大のリスクは異常気象で、新しい開発計画はこのリスクに適切に対応しなければならない。干ばつに見舞われた故郷を逃れて都市に移住しても、その都市で洪水のリスクが高ければ何の意味もない。気候変動のリスクを交換しているだけだ。

雨が極端に多かったり少なかったりするケースはこれからもっと増えるのだから、こうした事態が大惨事を招かないよう、すべての都市に備えが必要とされる。豪雨による雨水を、イグサなどの植栽空間を通じ、地下のタンクや貯留槽にゆっくり浸透させるレインガーデンは、干ばつ対策としてニューオーリンズやロンドンなどの都市で取り入れられている。これから豪雨に見舞われる機会が最も多いのは、北欧や北アジアなどの高緯度地域だと予想される。中国政府は二〇三〇年までに、全国の八〇パーセントの都市に「水を吸収する」能力を持たせることを公約している。これは一平方キロメートルにつき、およそ二〇〇〇万ドルの費用がかかる。武漢などの都市は、雨水を吸収して洪水を防ぐために緑地や湿地帯や地下の貯蔵タンクを利用している。他の都市でも、運河の建設、下水の幅の拡張、流れの速い排水路の設置、透水性の舗装道路の利用などの対策が進められている。バルセロナは雨水を吸収しやすくする一方で暑さを和らげるため、路面の改修に取り組んでいる。もっと北に位置するスウェーデンのヨーテボリは、降水量の増加に合わせて水を管理するインフラを整備するだけでなく、人工の滝や「雨の遊び場」と呼ばれる施設を建設した。ここは雨で濡れた日は特に快適で、子供たちはプールや川やダムのようにして遊ぶことができる。なかには、革新的な浮体構造のインフラで水位の上昇に対処している都市もあり、住宅や病院や農地が水位に合わせて上下する。オランダには複数の水上コミュニティがある。家はプレハブ住宅が多く、岸に固定されている。大体は下から鉄柱で支えられ、地域の下水システムや送電網が敷かれている。陸地に建てられた家と構造は同じだが、土台の代わりに船の形をしたコンクリートが使われ、それで釣り合いを取っているので水上でも安定している。モルディブもマレの沖に水上集合住宅を計画中だ。オランダの建築事務所ウォータースタジオが設計したもので、手頃な価格の住宅が二万人を対象に準備されている。どの家の下にも人工岩礁が作られ、海洋生物の営みを支える。エアコンでは、深海からくみ上げた水が冷却用に使われる(5)。そして、洪水に対して安全な住宅は、技術の粋を集めた高価なものである必要はない。たとえばバングラデシュの建築家マリーナ・タバスムは、自分で組み立てる高床式の住宅を難民用に設計して賞を受賞した。その材料は竹だが、嵐にも洪水にも耐えられる(6)。

都市が解決すべきもうひとつの深刻な問題が猛暑だ。できれば二酸化炭素排出量を増やすのではなく、周囲の自然環境が持つエネルギーを利用する形の「パッシブ」デザインを使えれば理想的だ。今世紀には冷房の需要が跳ね上がる。そして冷房へのアクセスが死活問題になる熱波のあいだは特に、社会的公正の視点から重要な問題になる。冷房はすでに、世界のエネルギー生成の二〇パーセントを占めるが、二〇五〇年までには三倍に増えると予想される。二〇二二年の春にインドとパキスタンの全域が数カ月にわたって熱波に襲われたときには、午前一〇時以降に働けない人が何十万にも達した。電力の使用量の需要が供給を上回り、過負荷になって全地帯が停電するのを防ぐ目的で、一時的に決められた場所への給電が停止されたのだ。そのためクーラーや冷蔵庫を使えなくなった。熱帯では、すでに冷房への需要が跳ね上がっているが、これから大勢の人たちの移住先になる温帯地域でも問題は深刻になるだろう。

この負担を緩和するには断熱材が役に立つ。それから水も、建築家やプランナーが数世紀にわたって冷却用に使ってきたことを考えると、戦略的に利用すれば効果を発揮するだろう。実際に多くの都市が、新しい運河や池を計画している。たとえばアテネの中央にあるオモニア広場では、二〇二〇年にマルチジェット式の噴水が設置されて以来、気温が四℃下がったことが分析で明らかになった。建物の屋上や垂直面を利用して造られた庭は、猛暑、生物多様性の喪失、異常気象の抜本的解決策になる。植物は熱帯で最もよく繁るが、もっと北の地域でもスゲなどの植物を使えば効果を発揮する。シカゴでは、二〇〇四年に新しい法律とインセンティブが導入されて以来、屋上庭園は激増している。[7]いまや市庁舎の半分は屋上が庭園で覆われている。庭園のない場所では夏に地表面の温度が七七℃に達する可能性があるが、庭園のある場所では三二℃程度にとどまる。さらに屋上庭園は雨水を吸収できるので、豪雨による雨水の流出の減少につながる。

屋根などの表面を白く塗っても温度は下がる。ある研究によれば、真っ白な屋根は日光の八〇パーセントを反射するので、夏の午後でも温度がおよそ三一℃低下して、室内の温度は最大で七℃低くなる。[8]研究者の試算では、屋根の温度が低いとエアコンの費用が四〇パーセントも節約される。インドでは、ほとんどの屋根が金属やアスベストやコンクリートで作られ、温度が五〇℃に達する可能性があるが、屋根に石灰塗料を塗れば、室内の温度を最大で五℃下げることができる。このコストの低いツールの冷却効果は絶大で、もしも世界中の屋根を白くすれば、二四ギガトンの二酸化炭素が相殺される。つまり、二〇年間に三億台の車を道路から撤去した場合に匹敵する量の二酸化炭素が節約されることになる。

世界で温暖化が進行すると、白い屋根は北の都市でも重要な役割を果たす。そして科学者は、反射性の高い塗料の開発を続けている。これまでで最も優秀な塗料は、日光を九八パーセント以上も反射する。これがなぜ素晴らしい成果なのかと言えば、屋根で日光の反射率が一パーセント増えるごとに、太陽の熱が一平方メートル当たり一〇ワット少なくなるからだ。つまり、およそ九三平方メートルの屋根の部分に真っ白な塗料を塗れば、一〇〇キロワットの冷却力が生み出される。これは、ほとんどの家で使われる集中空調装置よりも強力だ。(9)

都市を脱炭素化する

二一世紀の避難都市は、極限状態と闘うだけでは十分ではない。それと同時に、気候変動の緩和にも取り組まなければならない。建物だけでも、平均すると都市の二酸化炭素排出量の半分以上を占める。パリ、ロンドン、ロサンジェルスなどの大都市では、この割合は七〇パーセントに達する。これからの目標は、二〇五〇年までにすべての建物がエネルギーを生み出し、それですべてのエネルギーを賄うことだ。(10) ロンドンなど一九の都市の市長は、二〇三〇年までに達成時期を繰り上げることで合意した。(11) 手始めとしては、壁や床や天井からの熱の漏れを防ぐために断熱材を入れて、窓からの熱の侵入を防ぎ、白い屋根で太陽光を反射させる。ただし既存の建物では、これは多くの時間を必要とする可能性がある。たとえばオランダの非営利のプログラム「エネルギー・リープ」では、建物全体を改修する費用は決して安くないが、断熱パネルで建物を包み込むので、作業はレゴを組み立てるように簡単だ。もうひとつの選択肢は断熱壁紙で、これなら様々なデザインを楽しめる。脱炭素を十分に進めるためには、効率の悪い冷暖房システムを(電気式に)取り替える必要もある。いまの冷暖房には、建物のエネルギー使用量の半分以上が使われており、その他に温水と照明にもエネルギーが必要とされる。たとえばどの都市でも公園、公共広場、道路、川、運河などの下にヒートポンプを設置して、大気中などから集めた熱を建物の冷暖房に利用することは可能だ。ニューヨーク州の都市イサカは革新的な投資プログラムを通じて一億ドルを調達し、二〇三〇年までにすべての建物で脱炭素を達成すると同時に新たな雇用の創出を目指している。(12) これは、もっと多くの都市が見習うべきだ。

しかしそれよりは、ゼロカーボンの建物を新しく設計するほうが簡単だ。しかも都市の急拡大が予想される今世紀には、イノベーションの絶好の機会が提供される。二〇一一年に完成したメルボルンのピクセル・ビルディングは、建物に入る光の量がパネルでコントロールされる。「スマート」ウィンドウは、夏の夜には熱を逃し、新鮮な空気を取り入れてくれる。屋根に設置されたソーラーパネルや風力タービンからは、再生可能エネルギーが生み出される。オンタリオ州のウォータールーに建設されたカナダで最初のカーボンニュートラル・ビルには、(微細な穴が多数開いた)ソーラー・ウォールが使われ、三階まで緑のカーテンで覆われているので、二酸化炭素の排出量が相殺される。熱や光に反応するスマートな素材や付属品は今後、建物では標準になるだろう。(透明な単板ガラスの)アウタースキンは、いちばん暑い時間帯には太陽の光を遮断して、寒くなると光を吸収する。足で踏みつけると電気が発生する床や、雨水を利用して水の損失を最小限に抑えるシステムもある。

拡大する移民都市の新しい住居は、プレハブのモジュラー住宅になる可能性が高い。これなら建設がいたって簡単で、何度も再利用できる柔軟性があるので、都市の人口構成の変化にも対応できる。住めなかった都市が、今世紀末に再び居住可能になってもすぐに建設できる。プレハブ住宅の素材は、竹や生長の速い針葉樹など、オーガニックなものがよい。特殊加工すれば、もっと硬い素材と同じ強さと耐久性が備わる。木造の建物は炭素の貯蔵効果が高い。対照的にコンクリートと鋼鉄を合わせた二酸化炭素排出量は、世界全体の一三パーセントを占める。ある研究によれば、一二〇メートルの高層建築を木造にすれば、炭素排出量が七五パーセント削減される。しかも木材は軽くて工事期間が短く、用途が広い。木造の高層建築や「プライスクレイパー」は、ノルウェーやニュージーランドなど世界各地で建設中だ。プライスクレイパーは、CLT(直交集成板)が耐火性接着剤で接続されており、構造用鋼と強度は変わらず、耐火性はむしろ優れている(鉄鋼は曲がるだけでなく、溶ける可能性がある)。将来の新しい住宅のほとんどは、CLTを組み合わせた五~六階建ての軽量の建物なので、ストリート型集合住宅が数日で完成する。フランス政府は、これから建設される公共建築はすべて、素材の半分以上に木材を使うことを義務付けるよう命じた。スウェーデンの町シェレフテオでは、学校、橋、高層建築、ホテル、さらには駐車場も木造だ。

ＩＫＥＡの子会社 BoKlok など、すでに複数の企業が、材料をトラックで運んですぐに組み立てられる木製のプレハブ集合住宅を販売している。住宅にはソーラーパネルなど省エネ機能が備わっている。トラックで運び込める住宅の長所は、必要になったら再びトラックに乗せて、場所を移動できることだ。移民が大量に押し寄せ、たくさんの住宅が必要とされる状況では、これは非常に役に立つ。

こうした移行をスムーズに進めるためには、政府の政策による後押しが欠かせない。カーボンプライシング〔訳注：炭素排出に価格付けを行なって、排出者に金銭的負担を求めることで行動を変化させる仕組み〕の導入や、化石燃料補助金の廃止などが考えられる。今日の建設業は環境汚染に大きく加担している。これからの新しい都市は炭素排出量を低く抑え、コンクリートにはセメントを使わず、鉄鋼の生産には高炉ではなく電気炉が使われるようになる。グラフェン〔訳注：炭素原子がハチの巣のような六角形格子構造で結合したシート状の物質〕で強化されたコンクリートの「concretene」は強度が非常に高いので、必要量が従来のコンクリートより三〇パーセント少なく、鋼鉄で補強しなくてもよいので、炭素排出量を大きく減らすことができる。

都市の快適さが失われても、やって来る人は増える一方なのだから、受け入れ態勢を整えるにはさらなる努力が必要だ。今日の特に乾燥が激しい都市と同様、水は循環させて、汚染物質を取り除いてから貯蔵して再利用する必要がある。建物は電気を生み出し、エネルギーのロスを防ぎ、植物を這わせる足場となり、鳥や昆虫や微生物に生息場所を提供し、危険な猛暑や嵐から住民を守らなければならない。都市には集合住宅が密集する。この住宅にはプライベートなバルコニーが設けられ、屋上庭園や中庭が造られ、屋外スペースが共有される。都市景観を創造する際には水の管理と貯蔵も欠かせない。そのために池や運河が造られ、周辺に社交スペースが準備される。移動は徒歩や自転車が中心になり、電動カーゴバイクや輪タクも使われる。北米の都市は海抜が低く、不規則に広がる傾向があり、車が主な移動手段なので、今後の課題の克服が特に難しい。しかしこれからは数億人もの移民がやって来て新しい住居を必要とするのだから、それを良い機会ととらえ、公共交通が移動の中心となる密集した都市の建設に取り組むべきだ。長距離の移動や重い荷物の運搬にもっと強力な乗り物が必要な場合は、電気自動車の出番だ。そのほとんどはカープールかレンタカーを利用する。公共交通機関は電気を動力源とし、料金を低く設定し、頻繁に運行する必要がある。

新しい移民の統合

残念ながら、熱帯に位置する国の多くは新しい環境に適応できない。状況はあまりにも厳しいので、気候変動適応基金は国内対策ではなく、市民が将来の移住先にうまく適応するために活用すべきだ。それにはトン大統領が結論したように、教育への投資が重要になる。教育を受けていれば、新しい都市で仕事を見つけやすい。さらに政府は、国外での土地の購入やレンタルの交渉を続けてもよい。

職業訓練は、農村からの移民にとって特に重要だ。都市で成功するためのスキルを持たないと、街角で物乞いをして貧困から抜け出せない状況に呆気（あっけ）なく陥るからだ。すでにバングラデシュは、再訓練プログラムに取り組んでいる。農村に残る年配の人たちには、現地で気候変動に適応するための手段が提供される。たとえば塩害に強いコメの栽培や、野菜に代わるエビの養殖などだ。一方、若い世代には「二次適応」のチャンスが与えられ、都市環境で成功するために特化した教育を受けられる。こうして政府は、国民が十分に準備を整えて都市に定住するための努力を惜しまない。

人口構成が大きく変化するグローバル・ノースの国々は、まもなく移民労働者を奪い合うようになるだろう。そこでは雇用や教育や快適な住居を提供できる国が有利になる。専門の資格を取得して到着した移民には、金銭的な苦労をせずに大学で学べる手段を提供し、母国での訓練の成果を認められるように配慮すべきだ。ところが、アフガニスタンのカブールからアメリカのダルースに移住したあるエンジニアは、大学の卒業資格の取得を目指しているが、高い家賃を払う余裕がないため、タクシー運転手として働きながら学校に通っている。むしろ、中規模の都市や大都市に次ぐ規模の都市のほうが、移民の流入の恩恵を受けられる態勢が整っている。なぜなら住宅の取得や大学での学習にかかる費用が安いうえ、都市は往々にして労働力不足に悩んでいるからだ。こうした場所には大勢の移民が集まってくる。たとえ極北に位置する都市でも、人口の多様化と知識の共有が進めば、規模が拡大して重要性も増すだろう。(13)

移民は成長産業の仕事に惹きつけられ、チャンスがあれば場所を問わず、どの都市にも移住する。(たとえば農業や鉱業と異なり)生命工学やデータ管理は場所を限定されない。ちなみに、新たに「気候変動からの避難所」に特定された都市の一部はコロナ禍の結果、すでに予想外の移民の流入を経験している。二〇二〇年にはバーモントに一万一〇〇〇人ちかくが移り住み、人口はおよそ一・五パーセント増加して六二万四〇〇〇まで膨れ上がった。これをきっかけに、自分は気候移民と無関係だと思っていた人たちは目を覚ました。「ここには仕事がないのだから、そんな場所を目指すモチベーションはわかない」と決めつけていたと、バーモント天然資源委員会で持続可能なコミュニティ実現プログラムの責任者を務めるケイト・マッカーシーは語る。「しかしコロナ禍をきっかけに、住民はふたつのことを理解するようになった。移民は、仕事がある場所にやって来る必要はない。仕事を自分で持ってくることができる。来年は何がもたらされるかわからない」

二〇一九年、ロサンジェルス、ブリストル、カンパラ〔訳注：ウガンダの首都〕など世界の一〇都市の連合が市長移住評議会を結成した。気候変動をきっかけとする都市への移住に、都市のリーダーが地方自治体レベルで対応できるようにするためで、自治体と新しい移民のどちらも恩恵を受けられる方法の考案に取り組んだ。ただし、必要とされるものは都市ごとに異なる。たとえばカナダの気候移民・難民プロジェクトは、気候変動の影響でブリティッシュコロンビア州の内外で発生する避難民を対象に、定住地の調整に取り組んでいる。そうすれば各都市が何を準備すべきか、具体的に勧告することができる。あるいは都市が変容するには、移民が平等に扱われる形で住宅や輸送システムを設計し直し、仕事の多様性を増やすことが大切だと考える都市もある。これにはバングラデシュが該当する。工業港湾都市のモングラなど、バングラデシュで大都市に次ぐ規模の都市の多くは、農村部からの気候難民を受け入れる準備を進めている。バングラデシュでは二〇二〇年だけでも、およそ四〇〇万人が異常気象の影響で故郷を離れた。モングラなどの都市は気候難民から、経済復興のチャンスを与えられる。政府はダッカのスラムの過密状態の悪化を防ぐための対策に取り組んでいるが、同様にモングラも新しい教育施設や住宅を建設し、雇用を創出するために奮闘している。

アラスカ州のアンカレッジは、斬新な移住政策の考案に取り組んでいる。これは、大変なショックやストレスを生き延びた気候移民は、ユニークなスキルセットを提供してくれるという発想を前提にしている。移民のほとんどはフィリピンなどアジア諸国の出身で、他にはメキシコからの移民が一〇パーセントを占める。アンカレッジ市長（当時）の妻のマラ・キンメルは、自身が移民問題専門の弁護士で、移民は都市の変容を後押しするユニークな能力を持っているので、積極的に受け入れれば都市に多大な恩恵がもたらされると確信している。現在アンカレッジは多様な難民の受け入れを増やす手段として、言語プログラムを提供し、移民が通勤に利用する輸送機関への平等なアクセスを徹底し、新しい移民のスキルに見合う仕事を仲介している。

「このように拡大した移民都市の持続可能性は、新しい移民の統合をいかに速く効率的に実現できるかに専ら左右される」と、イギリスのエクセター大学の人文地理学教授ニール・アジャーは語る。彼は世界各地の移民都市を研究し、移り住んだ都市への帰属意識を移民がどのように育むかという点に注目した。温かく受け入れられた移民は、市民としてきわめて忠実で、社会全体の強化に貢献する。

二〇一九年にアメリカで実施された調査によれば、移民とその子供たちの愛国心のレベルは、地元生まれのアメリカ人と同じで、むしろ上回るケースもあり、アメリカ政府を信頼する気持ちも地元民より強い。そこから研究者は、「移民は愛国心だけでなく、アメリカ政府機関への国民の信頼も高めてくれる」と結論した。[14] これには、数えきれないほど多くの事例による裏付けがある。アイルランドで生まれてフランスに移住したサミュエル・ベケットは、フランスレジスタンスでの英雄的行動を評価されてクロワ・ド・ゲール勲章を受章した。あるいは、ボリス・ジョンソン元首相、リシ・スナク首相、プリティ・パテル元内務大臣、サディク・カーン・ロンドン市長などイギリスの指導者の多くは、第一世代または第二世代の移民だ。さらに、イギリスで生まれてアメリカに移住した社会改革主義者トマス・ペインはパンフレットを作成し、それに刺激された愛国者は一七七六年にアメリカ独立宣言を行なった。

今日では、移民の割合は私たちの七人に一人で、そのなかで国外からの移民は二〇パーセントにすぎない。これから人々が居住可能な世界の都市に集中すると、この数はもっと跳ね上がるだろう。こうした市民は地球の誰も住まない場所に、都市では生み出せないすべてのものを頼らなければならない。なかでも最も切実に必要とされるのが食料だ。

第10章　食料

人新世の食料危機

大量の移民にとって最大の課題のひとつが、新しい土地での食料の確保だ。国連の試算によれば、二〇五〇年までに都市には二〇億の移民が加わるので、それまでに食料の生産量を八〇パーセント増やさなければならない。

ただし、気候変動や環境破壊の影響を考えれば、現在の農地の多くは候補から外れる。しかも今日、農業由来の炭素排出量は世界全体のおよそ一五パーセントを占め、生物多様性の喪失を加速させている。したがって、世界の人々に食料を供給する方法を抜本的に見直さなければならない。効率を高め、環境破壊を少しでも食い止める必要がある。そして、温暖化が進む世界で水を十分に確保できない状況でも、よく育つ作物を栽培するべきだ。グローバル・サウスで新しい環境に合わせて改良された作物を育て、はるか北の都市に移住した人たちに食料を新たに大量に供給しなければならない。

私たちは平均すると、一日に一人当たり二三五〇キロカロリーを食事で摂取する必要がある。世界中の農家は、地球上の全員が毎日五九四〇キロカロリーを消費しても十分なだけの作物を生産している。ただし、食料の多く――実に三五パーセント――は無駄にされる。さらに、三分の一は家畜の飼料になるので、土地もカロリーも使い方が効率的ではない。人間の食料として実際に残されるのは一人当たり二五三〇キロカロリーになる。これでも全員のニーズを満たして余りあるが、もちろんカロリーが平等に分配されるわけではない。健康な食事をとる余裕のない人（あるいは敢えて選ばない人）は多い。農業生産と栄養の摂取に関しては、世界的に非常に大きな格差が存在するのだ。北米では、国民が食事で摂取すべきカロリー量の八倍が生み出されるが、サブサハラ・アフリカではおよそ一・五倍にとどまる。世界ではおよそ八億五〇〇〇万人が空腹を抱えており、その数は増え続けているが、その半面、その二倍以上の人が太りすぎや肥満の問題を抱えている。

今日では、陸上の生物生産性の四分の一以上が人間の活動のために費やされ、数十年以内に半分を占める可能性は高い。世界の農地の八〇パーセント以上は家畜の飼料用に使われ、そのために世界の水全体の三分の一が引き込まれる。これでは自然は破壊される。いまでは、地球上の哺乳類全体の九六パーセント（重量に関して）を人間と家畜が占める。野生動物は三パーセントにすぎない。過去二〇年間で飛翔（ひしょう）昆虫や鳥の生息数は大きく減少したが、その原因はほとんどが農業である。そして熱帯雨林は、毎分三〇エーカーの勢いで伐採されている。

私たちが大量に仕留める最後の野生動物である魚も、大きな圧力を受けている。世界では、魚類資源の九〇パーセントが大量捕獲または乱獲されている。補助金を受けた底引き網漁船が海の生物をすくったあとの海底は、まるで砂漠のような光景だ。こうした大がかりな操業が幅を利かせ、持続可能性に配慮する多くの優秀な漁師たちは、活躍の場を次第に失っている。世界全体では、毎年八〇〇〇万トンの魚が海から水揚げされ、その他に八〇〇〇万トンが養殖される。この割合で魚類資源を獲り続けていけば、天然魚を食べる選択肢は数十年以内に消滅する。おまけに、今日の魚の養殖も絶望的なまでに持続不可能だ。魚は抗生物質を投与され、天然魚やトウモロコシや大豆を大量に食べさせられる。

このように、私たちの環境と食料生産の関係は持続が不可能なほど破綻しているが、これは長い年月をかけて進行したプロセスの集大成である。およそ一万年前の農業の発明から始まったプロセスの結果、人新世で大きく膨れ上がった人口を維持できるようになったのだ。一八二〇年から一八五〇年の三〇年間で人口が一〇億を超えると、アメリカとアフリカとアジアで合わせて六〇万平方キロメートルの土地が、開墾されて農地になったと推定される。これはヨーロッパの面積に匹敵する。一八五〇年から二〇〇〇年のあいだに人口は五倍に増加するが、それはいわゆる緑の革命のおかげだ。このとき収穫量の多い小麦やコメの品種が開発され、化学肥料が使われ始め、ポンプ灌漑システムが導入され、他にも現代的な農業技術がいくつも考案された。

今日では、人口が一〇億増加するまでに一三年しかかからない。いまや私たち人類は、自然を制圧して大勝利を収めたようにも感じられる。しかし現実には、完新世の恩恵を受けて農業を発達させたものの、その完新世を強制的に終了させ、温暖化が進む新しい世界を創造してしまった。いまや淡水の量は限られ、気候変動は予測不可能で、人口は大きく膨れ上がった。しかも農業に最適な土地は、すべて農地として使われている。現代の農業技術をいかに駆使しても、地球の資源で養える人の数には限界がある。現在、地球の環境収容力〔訳注：ある環境で維持できる生物の最大量〕はおよそ九〇億人だ。しかしこれから気温が四℃上昇すると、一〇億人まで落ち込む可能性があると複数の科学者が警告する。作物の収穫量や水の供給量が減少し、異常気象が猛威を振るい、海面が上昇し、海の酸化が進むからだ。

これは実に厳しい警告だ。それを真摯に受け止めるなら、従来の食事を抜本的に変化させなければならない。

今日では、地球で氷に覆われていない陸地全体の五分の四が食料の生産に使われている。食用植物は三〇万種類あるが、私たちの食事の九〇パーセントは、そのなかのわずか一七の品種に頼っている。その多くは穀物の単一栽培で、その結果として地下の帯水層は枯渇し、土壌はやせ、花粉を媒介する昆虫などが死滅して、水路が汚染されている。さらに、食料の生産という必要不可欠な活動自体が動物を虐待するもので、しかも農家は社会的絶望や貧困から抜け出せないため、自ら命を絶つ者もいる。

しかし、今日の食料生産地域が今後数十年間で気候変動から受ける影響に比べれば、こうした問題も色褪せてしまう。最近の研究からは、過去数十年間は気候変動の影響で、食料生産が落ち込んでいることがわかった[1]。六〇年間で世界の食料生産の伸びが二一パーセント減少しているが、これは七年分の生産量の伸びに匹敵する数字だ[2]。干ばつの影響を受けた場所の割合は、この四〇年間で二倍以上に増えて、どんな自然災害よりも多くの人を苦しめているが、そのほとんどが農家だ。世界中のすべての大陸で、いまや干ばつは農作物の生産に深刻な影響を与えている。アメリカでは農地の八〇パーセントが被害を受けている。これまでのところ、帯水層から汲み上げた水のおかげで被害はおおよそ緩和されているが、地下水もいまや干上がりつつあり、その影響は遠方の地までおよぶ。たとえばインドは過去数十年間、主に地下から汲み上げた水を使った灌漑で作物の栽培を大きく拡大してきたが、その結果として水の蒸発量が増加して地域の気候に変化が引き起こされ、他の場所に雨が降るようになった。いまでは東アフリカに降る雨の四〇パーセントは、インドが持続可能性を無視して水を汲み上げたことでもたらされている。おかげでエチオピアの農家は、新しい土地にまで農地を拡大した。しかし今後五年から二〇年でインドの帯水層が完全に干上がれば、東アフリカの農家も壊滅的なコストを実感するようになる。

二〇二一年の分析によれば、今世紀は世界の食料生産の三分の一が、気候変動によって脅かされる[3]。世界の気温が二℃上昇すると、新たに一億八九〇〇万人が飢えに苦しむ。四℃上昇すると悪影響は一〇倍になり、ここに一八億人が加わる。さらにある研究からは、気温が一℃上昇すると、トウモロコシの収穫量がアメリカだけでも一〇パーセント減少し、小麦、大豆、コメの収穫量も世界的に落ち込むことがわかった[4]。それでも一部の研究者によれば、これは大きく過小評価されている。というのも、昆虫の被害が増えれば、一℃上昇するごとの損失は最大で二五パーセント増える可能性があるからだ。

二〇二〇年だけでも、世界の土地のおよそ二〇パーセントがイナゴの異常発生の影響を受けた。被害はアフリカの角からアラビア半島、そしてインド亜大陸まで広大な範囲におよび、二四〇〇万人が食料不足を経験し、八〇〇万人が国内避難民になった。

海の幸も影響を受けるだろう。海洋熱波はすでに生態系に変化を引き起こし、熱帯の魚が温帯の藻場〔訳注：沿岸域の様々な海藻の群落〕に侵入し、魚が生息するサンゴ礁を破壊している。気温が四℃上昇すると、海洋熱波の発生頻度は四〇倍に増加して、平均すると一年の三分の一は継続する。しかも、影響を受ける地域は今日の二一倍にまで拡大する。ある研究では、気温が四℃上昇した世界では熱帯の海洋生態域の多くがデッドゾーンになると予測している。なぜなら海水の温度が、すべての生物種の熱耐性の閾値を超えてしまうからだ[5]。南極大陸を取り囲む南極海は生産性が豊かだが、かなり早い時期に深刻な影響を受ける場所のひとつになるだろう。この地域の九〇パーセントは酸性度が非常に高くなり、甲殻類は生息できなくなる。サンゴも様々な種類の植物プランクトンも影響を受けるが、いずれも海の食物連鎖を基盤で支える存在だ。水温が上昇して炭素の含有量が増えた海では、他にもクラゲの大量発生や有害藻類ブルーム〔訳注：大量発生した藻類による問題現象〕などの悪影響が考えられる。こうした要素を考慮するなら、事態はさらに深刻になる。海は大気から炭素を吸収する能力を失うだろう。そして、本来ならば表層と深海層を海水が循環する結果、養分が循環して炭素が貯蔵されるのだが、この大事なプロセスが失われてしまう。海の生物多様性は壊滅的な被害を受けるが、そこには私たちが食べる魚も含まれる。

食事を抜本的に変化させる必要がある

つぎの世紀には土地も食べられるものも少なくなり、人口が増加して大きな制約を受けることを考えれば、無駄を大きく減らす必要がある。半分に減らすだけでも、世界で供給される食料は二〇パーセント増加する。グローバル・サウスでは、インフラの改善に取り組めばこれは達成可能だ。道路を改修して走行時間を短縮し、もっと効率的な技術を取り入れて冷蔵貯蔵の方法を改善し、他には（常温輸送の）ドライコンテナをしっかり密閉すればよい。私は、ウガンダで目撃した痛ましい現実に呆れ果て、いまでもそれが忘れられない。干ばつに見舞われた北部では、村人が栄養不足で空腹に苦しんでいるのに、南部では収穫されない果物や野菜が腐っているのだ。その理由は、ふたつの地域をタイムリーに結ぶ道路が整備されていなかったことに尽きる。南部の農家は、市場に到着しないうちに腐ってしまう農産物に、輸送費を払うリスクを冒したくなかった。結局アメリカ合衆国国際開発庁が、飢饉の瀬戸際にいる北部の村人に支援物資を空輸した。

それでも解決策はある。たとえば、再生エネルギーを使って空気を圧縮して液化すれば、高い費用をかけずに冷却装置が出来上がる（エアコンの冷媒としても利用できる）。あるいは、生鮮食品の腐敗を大幅に減らすことも可能で、研究者はこうした手段の開発に取り組んでいる。収穫した作物を乾燥させる納屋を持たない農家は多いが、これでは水分を含む穀物に有毒なカビが発生する。納屋を数百万棟、中規模の貯蔵所を三〇〇棟、大きな倉庫を一〇〇棟建設するには四〇億ドル程度の費用がかかるが、サブサハラ・アフリカ全域でのフードロスを四〇パーセント削減できるという試算もある。

富裕国では、本当に食べるものだけを購入する形への文化的シフトが必要とされる。問題のひとつは、いまでは食品の価格が安くて、大切にされなくなったことだ。デンマークでは二〇一〇年から二〇一五年にかけて展開されたキャンペーンに関係者が協力した結果、スーパーは生鮮食品の一括大量仕入れでコストダウンを図り、レストランの客は食べ残しを「ドギーバッグ」に入れて持ち帰り、食品の賞味期限が変更された。いまでは、二〇三〇年までに無駄をさらに二五パーセント減らす目標の達成に取り組んでいる。一方、食品廃棄物をごみ廃棄場に捨てたり堆肥にしたりするよりは、ウジなど昆虫の幼虫の餌にするほうが良い選択肢だ。幼虫は養魚場で餌として使えるし、私たち人間が食べてもよい。ウジは体の四〇パーセントがたんぱく質、三〇パーセントが脂肪から成るので、ハンバーガーやケーキやアイスクリームなどの加工食品の材料としては、他の動物性食品に代わる理想的な存在だ。

利用できる農地は限られているのだから、最大の変化で最大の効果を上げるためには、菜食中心の食事に切り替え、肉や乳製品など高価な贅沢(ぜいたく)品は極力排除すべきだ。これだけでも今日の農地の七五パーセントが直ちに解放されるので、炭素排出量も窒素汚染も大幅に削減される。富裕国では、農業は最も汚染の深刻な産業で、むしろ石油会社よりもひどい。農業はＧＤＰの〇・七パーセントを占める程度なのに、炭素排出量は全体の一一パーセントに達する。食事から肉の一部を取り除いて別の食材に取り替えるだけでも、食料生産に関連する温室効果ガスの排出量は七〇パーセント減少する可能性がある。そのペースを速めるためには、石炭と同じように、カーボンプライシングを導入する方法もある。肉を食事から完全に取り除く必要はない。家畜には、これからも農業で果たす役割がある。ただしその数は、もっと減らさなければならない。放し飼いにして、草や牧草を食べ、そこに少量の海藻を加えれば、ゲップから発生するメタンガスの量は減少する。一方、魚など野生の食べ物や、乳製品など牛由来の食べ物は、今後は入手可能性と環境への影響に基づいて価格設定されるべきだ。そうなるとほとんどの場所でほとんどの人にとって、今日のキャビアや狩猟用の鳥のように滅多に食べられないものになる。結局のところ、畜産を今日の規模で維持したくても、これからは牧草地も資源も十分に確保できなくなってしまう。

ただし、何も食べるものがない大変な状況に陥るわけではない。なぜなら動物性食品がなくても、私たちの栄養必要量は十分かつ容易に確保できるからだ。様々な代替品をおいしく味わえるし、いずれも環境コストはずっと低い。

変化の兆しはすでに見られる。肉の代用品としては、いまでも様々なものが登場している。その傾向は加工食品で特に顕著で、ナッツ、大豆、エンドウ豆など、植物や菌類由来のたんぱく質が使われている。大豆は暖かい場所で長い生育期を必要とするので、北部地域では生長に苦労する。しかし北欧の大半やカナダでは数十年以内に、大豆の生長を支えられる気候条件が整うだろう。一方、エンドウ豆はすでに氷点下二℃の気温にも耐性がある。したがって人類が北の地に移住しても、肉に代わる農産物の増産は制約されないはずだ。一方、プラントベース（植物性）の様々な乳製品が、いまでは世界の家畜市場に参入している。家畜市場は年間一兆二〇〇〇億ドルの規模で、しかも肉と乳製品には一〇〇〇億ドルの補助金が支払われている。それが完全になくなれば、代替品への投資は加速するだろう。インポッシブル・フーズのCEO（現在は退任）のパット・ブラウンは、二〇三五年までに集約畜産と遠洋漁業を終わらせることを目標にして、その達成に積極的に取り組んでいる。さもなければ二〇五〇年までには、肉と乳製品を従来と同じペースで消費し続けるために六億ヘクタールの農地と牧草地が新たに必要になると、世界資源研究所は予測している。これはEUの面積よりも広い。要するに、他に選択肢はないのだ。

いまではバイオテクノロジーを使えばフェイクミートでも、血がしたたる本物のビーフのような出来栄えになる。インポッシブル・バーガーの肉は大豆のたんぱく質から作られ、遺伝子組換え酵母を用いて生産されたレグヘモグロビンが使われている。これはヘモグロビンのように鉄を運搬する分子なので、肉から血がしたたっているような印象を与える。ただし、肉を食べるときの楽しみの大半は、メイラード反応から生み出される味と香りだ。すなわち、加熱して糖とアミノ酸が融合すると、きつね色の香ばしい肉が出来上がる。いまではそれが、プラントベースの分子でまるで本物のように再現できる。さらに、肉にかぶりつきたい人も期待してよい。研究室で培養された次世代の人工肉が、二〇二〇年代の後半には一般市場に登場するはずだ。この新しい業界への投資は急拡大しており、二〇二〇年だけでも六倍になった[6]。人工肉を作るためには、まずは生きている家畜から筋肉組織を採取して、筋肉や脂肪の由来となる単核細胞を培養する。つぎに、この細胞が相互に結合して成熟すると、筋繊維になる。それを歯応えのある筋肉組織にまとめて成形すると、最後に肉が完成する。この人工肉の良いところは、実験室の場所を選ばないことだ。しかもバイオテクノロジー産業は、新しい都市の多くで移民のために大量の雇用を創出する。グーグルの共同創設者のセルゲイ・ブリンをはじめとする投資家は、人気のある肉の部位を環境に負荷をかけず安く製造するための、巨大なバイオリアクターの開発に大きく期待している。二〇二一年に実施された調査によれば、イギリスとアメリカではおよそ八〇パーセントの国民が、天然ではなく人工の肉を食べることに抵抗感を持たない。そこから研究者は、人工肉は一般市民に広く受け入れられる可能性が高いと結論している(7)。ただし、製造するためのエネルギーには多額の費用がかかるので、人工肉は贅沢品になる可能性が高い。

　アメリカでは、肉の消費量が早くも二〇二五年にはピークに達する可能性がある。そしてボストン・コンサルティング・グループの依頼で研究者がまとめた最近の報告によれば、細胞由来の人工肉が一五年以内に台頭する結果、アメリカの牛肉産業は破綻して、それと同時に飼料用の大豆やトウモロコシを生産する必要がなくなる。畜産業が破綻すれば、アメリカ大陸の四分の一に匹敵する農地が二〇三五年までに「解放され、他の用途に回せるようになる」と、報告は予測している(8)。温暖化が進む世界では多くの地域で農作物を栽培できなくなるので、増え続ける人口に食料を供給するにはこうした効率の追求が欠かせない。

　魚の養殖はこれからの数十年間も引き続き重要になるが、今日のように深刻な問題を抱えた方法は改めなければならない。海のケージを使う方式のサケの養殖は、餌用に大量の天然魚を消費するだけでなく、大量の排泄(はいせつ)物を生み出し、ウオジラミが大量発生して蔓延する。しかも養殖魚が海に逃げ出せば、自然の生態系が汚染される。いまや大西洋では、天然魚よりも養殖魚のほうが多い。しかし陸上養殖なら、こうした問題は解決される。ここでは循環濾過(ろか)養殖システムが使われ、温度調節された水が水槽を出入りして入れ替わり、餌には昆虫が使われる。この新しいシステムは、いまではメイン州のベルファストとバックスポートで建設中だが、今後拡大する北半球の移民都市の再活性化に役立つだろう。陸上養殖ならば数階建ての建物のなかでも可能だし、比較的高いエネルギーコストは再生エネルギーで賄える。こうした養殖魚は高価なものになるが、すでに紹介したように、持続可能性が追求されるこれからの時代には、魚や動物の肉は毎日の食卓にのぼるものではなく、時々食べる贅沢品になるだろう。

環境への影響が最も少ない肉は昆虫で、いまでも一三〇カ国で二〇億人以上が食している。コチニール色素で着色された食品を食べたことはあるだろう。ソーセージ、菓子、ヨーグルト、ジュースに使われる着色料だが、これは赤いカイガラムシが原料の可能性が非常に高い。ペルーでは、サボテンに寄生するこの昆虫を染色の原料に使っている。これは年間およそ三八〇〇万ドルの一大産業で、三万二〇〇〇人以上の農家を支えている。昆虫の養殖は持続可能な動物性食品としての潜在能力がきわめて高く、人間の食事を補う存在として期待できる。しかも役に立つ副産物も生み出され、肥料や医療素材としての用途もある。さらに昆虫は、たくさんの土地や水や餌を使わず大量に育てることができる。ひとつ、循環型経済の愉快な具体例を紹介しよう。昆虫には、人間の排泄物などの老廃物を餌として与えることができる。

一般的な家畜が食べた餌のカロリーが肉や乳製品に転換される割合は一〇パーセント、たんぱく質が転換される割合は二五パーセントにすぎない。対照的にコオロギやブラックソルジャーフライ（アメリカミズアブ）の場合、牛の六分の一、羊の四分の一、豚やブロイラーの半分の餌で、同じ量のたんぱく質を生み出すことができる。昆虫が驚異的な割合で体重を増やせるのは、変温動物なので、体温調節にエネルギーを消費する必要がないからでもある。昆虫の養殖は特に、養殖魚の餌としての潜在能力が高い。天然魚を捕獲してそのたんぱく質を補給するのは持続可能なやり方ではないが、昆虫はたんぱく質を豊富に含むので、質の高い代替手段として期待できる。しかも昆虫は、飼料として穀物よりもはるかに効率が良い。一年に一トンの大豆を生産するにはおよそ一ヘクタールの土地が必要とされるが、同じ面積で昆虫からは最大で一五〇トンのたんぱく質が生み出される。昆虫養殖産業にはこの五年間でかなり大勢の投資家が集まり、四〇〇〇億ドル規模の世界の動物飼料市場を転覆させようと牙を研いでいる。

移民の人口が北半球の都市に集中しても、昆虫は新しい環境にふさわしく、最も用途が広い家畜になるだろう。ブラックソルジャーフライの幼虫は、都市周辺の多層階の建物や地下での養殖が可能で、これなら限りなく生み出される都市の廃棄物を餌として利用できる。昆虫は体に食べられない部分がない。すりつぶした粉はスーパーフードで、たんぱく質と必須脂肪の含有量が多く、鉄やビタミンなどの微量栄養素も豊富だ。世界の人口が今世紀半ばまでに九〇億になっても、昆虫はたんぱく質と脂肪の主な供給源として役に立つだろう。

プラントベースの食事に

うまく後押しすれば、今後一〇年間でほとんどの人はプラントベース食にすんなり切り替えるだろう。ほとんど苦労することも、意識的に決断することもない。ある調査によれば、メニューの七五パーセントが野菜料理の場合、肉食の人でもプラントベース食を注文する傾向がある。ちなみに私はベジタリアンではないが、プラントベース食が中心だ。植物性のオイルやバターの代用品を使い、ポリッジ〔訳注：オートミールで作るお粥(かゆ)〕は牛乳ではなく、オーツ麦から作られるオーツミルクで煮て調理する。肉や乳製品を食べる主な機会は外食するときで、自分では作らないようなものを自分へのご褒美としてメニューから選ぶ。要するに私は、プラントベース食を敢えて決断するわけではない。あなたも同じだ。

これからはほとんどの食事が、植物や菌類や藻類中心になるだろう。九〇億人に供給する食事を準備するには、それが最も効率的な方法だ。干ばつ、海面上昇、異常気象、屋外での農作業には暑すぎるほどの気温上昇などの影響で、いまや土地は大きな圧力にさらされている。これからは完新世から人新世への移行に合わせ、食料を生産する方法を変えていく必要がある。たとえば、海も食料源として利用しなければならない。と言っても、すでに資源を枯渇させている乱獲を奨励するわけではない。たとえば沿岸都市の沖合でムール貝を養殖すれば、海水の浄化にも役立つ。あるいは、光合成を行なう海洋植物や藻類は、入手可能な食材のなかでも持続可能性が非常に高いので、大きな需要に応える準備が整っている。

海中で育つ唯一の顕花植物〔訳注：花を咲かせる植物〕の海草には食用種子があって、先住民は何世紀にもわたって食してきたが、つい最近ヨーロッパのシェフによって発見された。粒は栄養価が高く、グルテンフリーで、オメガ6とオメガ9の脂肪酸が豊富で、一粒当たりのたんぱく質含有量はコメの一・五倍になる。しかも、淡水も肥料も必要としない。バングラデシュなど、海面上昇で従来の作物栽培が不可能になる場所では、「海のコメ」の栽培は農業を拡大させる可能性がある。東南アジアの一部では、海草の粒がナッツと同じぐらい大きい。しかも海草には、海岸浸食を防ぐという恩恵もある。海岸は海洋生物多様性を支える重要な生息地なのだ。そしてもうひとつ、海草は熱帯雨林の三五倍のスピードで炭素を吸収する。海底のわずか〇・二パーセントを占める程度だが、海全体の炭素の一〇パーセントを毎年吸収してくれる。

海から収穫される海草にせよ、水槽で養殖されるスピルリナなどの微細藻類（植物プランクトンとも呼ばれる）にせよ、藻類はどれも肉の二倍のたんぱく質を含む。生長が極めて速く、しかも二酸化炭素を吸収するが、他の食品の養殖と違って貴重な土地を必要としない。食材やバイオ燃料として使われる海藻の群落が森のように広がるプランテーションは、カリフォルニアやイギリスなどですでに始められており、水中ドローンで管理されているところもある。これを北半球の海岸線に沿って拡大すれば、移民が参加できる新しい産業が生まれるだけでなく、貴重な食材が供給される。一方、微細藻類を育てる水槽は、置く場所をほとんど制約されず、砂漠や地下でも問題ない。さらに藻類は乾燥させれば、パンからスムージーまで、あらゆる種類の食品に添加できる。栄養不足の対策にもなるし、養殖魚など動物の餌にも使える。他には、遺伝子を操作されたバクテリアを水槽で育てれば、肉と同じたんぱく質や脂肪が効率的に作られる。しかも場所をほとんど取らないので、資源をほとんど使わずにすむ。こうした水素細菌〔訳注：水素をエネルギー源として利用する化学合成細菌〕のなかには、必要な水や二酸化炭素を大気から取り出すように設計されたものまである（したがって、太陽による光合成を必要としない）。

森を切り拓いて姿を現した地面に種を蒔き、そのあとのプロセスは太陽と雨に任せる魔法のような方法は、完新世には効果があったかもしれないが、これからは未来の技術に目を向けなければならない。池や湖の表面に発達した藻類マットで行なう養殖、浮遊プラットフォームや湿地帯を使った作物の栽培などは、都市に食料を供給するために役立つ。そして都市自体も、食料生産に貢献する必要がある。屋上の家庭菜園や、高層建築物の階層を利用した垂直農業には、空気を冷やして浄化するというおまけもある。そして、砂漠だって役に立つ。太陽光を使って発電し、水と空気を循環させれば、砂漠のなかに自給自足型の温室が出来上がる。すでにこれはオーストラリアやヨルダンで実用化されており、中国北部などの居住可能な地域でも、食料を確保するために利用できる。さもないとこれらの地域は、農地の砂漠化が進行して移住を迫られる。グラフェンなどの新しい素材、あるいは現在よりも効率的な淡水化技術も、太陽光を利用した循環型農業の最適化を促してくれる。

農業を改善する

熱帯は農作業には暑くなりすぎるので、これからの農業の多くは、カナダやパタゴニアなど緯度の高い場所で営む必要がある。極地の土地の大部分は土壌がやせて岩だらけで、たくさんの作物の収穫はまず期待できない。しかしある研究によれば、気温が四℃上昇した世界では、現在は寒帯に属する地域の四分の三が作物の栽培に適した場所になるという(9)。農業地帯はカナダ北極圏、アラスカ、シベリア、スカンジナビアに移行して、耕作可能な土地は現在の耕作地よりも北に一二〇〇キロメートル移動するだろう。そうなれば、農業に適した土地が一五〇〇万平方キロメートルも誕生する（アメリカとEU加盟国を合わせた面積に等しい）。ただし、穀物の種を蒔くために寒帯の森林を破壊して、永久凍土やツンドラを耕すのは、理想とは程遠い。むしろ寒帯での農業の大半は、カナダ西部の大草原、あるいは北欧諸国やロシアですでに存在する広大な農業地帯に集中させるとよい。なかでも、北極海に近くて比較的温暖な地域は有力だ。

これは、世界の地政学をシフトさせる可能性を秘めている。アメリカやブラジルなど、今日の農業大国の生産性は落ち込むだろう。一方、すでに小麦の最大の輸出国であるロシアは、温暖化が進むと農業での優位性がさらに高まる。

ただし農業の中心が北に移れば、強い日差しが降り注ぐ時間は少なくなるので、その対策に取り組まなければならない。特に冬は、日照時間が短くなる。しかも北には大勢の人が集まる都市が誕生するので、農地と都市が同じ土地や水を奪い合う可能性がある。しかし作物は、光合成とまったく同じ周波を持つLEDの人工光でも、十分に育つことが数々の研究から明らかにされている。つまり必要となれば、冬でも狭いスペースで野菜の水耕栽培が可能だ。生産工場に何段も積み重ねてもよいし、再生可能エネルギーを使った照明を利用すれば、地下で栽培する選択肢もある。これなら貴重な地面は他の用途に回せる。遺伝子操作された微生物や化学原料を使った屋内の工業型農業のシステムが確立されれば、大勢の移民がやって来たとしても、たんぱく質や脂肪などの必須栄養素を十分に供給できる。そこに畑で育つ作物が加われば、食感も味も充実する。

インドやタイなど、湿球温度が危険なまでに上昇する地域では、野外での生活や農作業は最終的に不可能になるが、(十分な水があれば)継続は可能だ。遠隔操作されたロボットが畑を耕し、ドローンで種子を散布して、生産や管理や収穫はAIの指示に従って機械が行なう。コロラド州ではすでに、ドローンによる畜産農業が試験的に行なわれている。[10] ただし、世界のなかでも農業への経済的依存度が未だに高い地域では、野外で体を動かして農作業ができなくなる未来など考えるだけでも恐ろしい。数十億人の命や生活——アイデンティティ——は土地と深く結びついているが、食料供給に関する予測にはぞっとする。これからも二酸化炭素排出量が増え続けて温暖化が進む状況では、適切な計画のもとで移住と食料生産を両立させることが喫緊の課題になる。農業が可能な場所では効率がきわめて重要になるだろう。一エーカーたりとも疎かにはできない。

現代の農業は罪深いが、収穫量を劇的に増加させたのも事実だ。もしも六〇年前と同じ方法を続けていたら、いまと同じ量の食料を世界に供給するためには二・五倍の耕作地が必要になる。今世紀は、集約的な工業型農業による食料生産を進めなければならないが、肥料や水の使い過ぎは禁物だ。別の形で、イールドギャップ〔訳注:作物の潜在的な収穫量と実際の収穫量との差〕を埋めなければならない。実際にサブサハラ・アフリカでは、イールドギャップが八一パーセントにも達する可能性がある。たとえば、ガーナのトウモロコシの潜在的な収穫量は一ヘクタール当たり八トンだが、実際の収穫量は一ヘクタール当たり一・五トンにすぎない。アメリカでさえ、イールドギャップは四〇〜五〇パーセントになる場合も考えられる。これまでは、水、化学肥料、殺虫剤、殺菌剤を大量に使った単一栽培でギャップを埋める対策が中心だった。ただしこれはサブサハラ・アフリカなど、そもそも肥料の使用量が少ない場所では効果があるかもしれないが、それ以外の場所での使い過ぎは生態系に大きなダメージを与えるだけで、生産量の増加がもたらす恩恵は長続きしない。結局は土壌が疲弊するのは、微生物が取り除かれるからでもある。土壌にはたくさんの微生物が生息し、驚くべき様々な方法で植物の生長を促してくれる。たとえば微生物のおかげで植物はコミュニケーションを取り合い、必要な栄養素を最適なタイミングで受け取ることができる。土壌を集中的に耕して、おまけに微生物を退治する化学物質を利用すれば、貴重な土壌の生態系が破壊されて生産量は減少する。

　農業は集約する必要があるが、賢く集約しなければならない。たとえば、種を蒔く前に土壌の微生物の活動を促しておくと、収穫量の増加が促されるので、干ばつ時には特に効果的だ。そして科学者は新しい作物の開発にも取り組んでいる。そのひとつが、毎年土を掘り起こして種を蒔き直す必要のない多年生の穀物で、これなら土壌に無駄な手が加えられずに豊かな地味が守られ、二酸化炭素排出量は減少する。あるいは、作物の横にクローバーなどの野生の草花を植えれば、花粉を媒介する昆虫の健康が改善するので、作物の収穫量も増加する。

　これから温暖化が進む世界で作物を育てるためには、品種改良や遺伝子組換えを通じ、暑さや干ばつや塩への抵抗性を持つ品種を選別しなければならない。たとえばマメ科の植物のように、（根粒(こんりゅう)菌と共生して）空気中の窒素をアンモニアに変える能力を持つ作物を開発すれば、肥料を使う頻度は減少する。遺伝子の研究からは、温室効果ガスの排出量も水の必要量も少ない食物の誕生が促されるだろう。コメなどの穀物がもっと効率的に光合成を行なう日がいまに実現すれば、耕地の面積は同じでも収穫量は増加する。主な穀物の光合成能力がトウモロコシやサトウキビと同程度にまで向上すれば、食料の生産量は劇的に増えるだろう。今日の私たちの生活を支えてくれる完新世の食物は、何千年にもわたる品種改良、試行錯誤、そこから獲得した専門知識によって誕生したものだ。これからは、ホットハウス・アース（温室と化した地球）で増え続ける人口に食料を提供するために、新しい品種の作物を開発しなければならない。そして残された時間は数十年しかない。

キャッサバやキビなど、暑さや干ばつへの抵抗性を持つ品種の作物は、遺伝子組換えされていないコメや小麦など、現在では主要作物として食卓にのぼる作物の多くから主役の座を奪うだろう。大気中の二酸化炭素レベルが高くなっても、これらの作物は生長が速く、必要とされる水の量も少ない。これからは栽培する作物を多様化し、輪作によって土壌の健康と肥沃度を維持しなければならない。様々な品種を発見していざとなれば使えるように、いまよりもずっと多くの金銭的・人的資源をつぎ込む必要がある。農作物の病害が世界的な規模で流行すれば、コロナと同様に壊滅的な被害がもたらされる。そして、これから直面する環境的な制約を考えれば、それに合わせて作物を選別することも大切だ。綿など大量の水を必要とする作物は、水を十分に確保できない畑にはふさわしくないので、栽培を放棄しなければならない。

特にコメは改善の余地がある。湛水田は現在、食物連鎖由来の温室効果ガス排出量のおよそ六パーセントを占めており、他のどの穀類と比べても二倍以上も多い。なぜなら、湛水土壌からは大量のメタンが放出されるからだ。メタンの温室効果は、二酸化炭素の三〇倍以上にも達する可能性がある。現在の人口増加傾向が続けば、稲作由来の温室効果ガス排出量は今後二〇年間で三〇パーセント以上も増える可能性がある。ただしいまでも、水稲栽培の必要がない方法がひとつある。ＳＲＩ（イネ強化法）として知られる栽培方法で、これなら種も肥料も減らせるし、栽培に必要な水の量も少なくてすむ。西アフリカの一三カ国でＳＲＩによるコメの栽培を行なった五万人の農家を三年間にわたって調査した結果、種の費用は最大で八〇パーセント節約された一方、生産量は平均で七〇パーセント、収入は四一パーセント増加したことがわかった。しかもメタンの排出量は半減した。

一方イギリスは今後、モンスーンのような豪雨や洪水などの異常気象を経験する機会が増えると予測される。そのため、いわゆる水耕栽培が導入されつつある。泥炭地から水を抜いて農地を改良すると、泥炭が分解されて大量の二酸化炭素が放出される。しかしその代わりに、飽和土壌でも育つ作物を選別すれば、泥炭地に雨が降って水分が増えても対応できる。ホタルイ属やガマ属、アシ属は泥炭地でよく育つが、他にはドジョウツナギも適している。これはワイルドライスに似ているが、粉に挽(ひ)けばポリッジの食材になる。

これから食物をどこで生産しようとも、適切な栄養素を適切な形で提供することを心がけ、点滴灌漑システムを有効に活用するなど、生態系の汚染を回避しなければならない。他には、フードロスや食品廃棄物を減らす必要がある。カバークロップ、敷きわら、間作を利用すれば、栄養素はリサイクルされるので、化学肥料の使用は必要なときだけに限定すればよい。そうすれば、土壌が疲弊した農地は地味が肥えるし、農業に適さない土地の生態系を回復することができる。たとえば中国は二〇〇五年から二〇一五年にかけて、(有機肥料による)統合土壌作物システム管理というプログラムを大がかりに進め、四〇〇〇万ヘクタールの土地での作業におよそ二〇〇〇万人の農家が関わった。その結果、作物の生産量は平均で一〇パーセント以上増加する一方、窒素肥料の使用量は一六パーセント減少し、経済に一二二億ドルもの節約効果がもたらされた。

移住と農地

食物は命にとって不可欠なだけでなく、私たちの生活の中核を成す存在でもある。およそ八〇〇〇年にわたってほとんどの人類を支えてきた生活には変化が引き起こされ、これからは都市が主な生活の拠点となり、食料の確保を赤の他人に全面的に依存しなければならない。いまや世界各地の農家は、こうした変化への対応を迫られている。従来、収入が乏しくても貧困状態に陥らないためには、とにかく土地を手放さないことが最も一般的な方法だったが、移住との両立は難しい。いまでも多くの国では、家族のほとんどが都市にとっくに移住してからも、村に残された家族は分割されて小さくなる一方の土地を将来への保険として持ち続けている(都市では家を購入する余裕がないケースが多い)。

これでは、広い土地でたくさんの作物を生産するのは不可能だ。そのため農村での生活は厳しくなる一方で、悪循環が収まる気配はない。一方、富裕国では正反対の傾向が見られる。一握りの裕福な地主が国内の広大な土地を所有していても、そこで食料を生産しないため、地域の人たちの生活は苦しい。

他の富と同様、農地の所有権は一握りの関係者に集中している。いまや世界の農業関係者の一パーセントが、世界の農地の七〇パーセントを支配するようになった。農家を統合した企業が展開するフードシステムは、土地との結びつきをほとんど持たないため、目先の利益だけを考えて破壊行為を繰り返す。[11] たとえばテクノロジー業界の巨人ビル・ゲイツは、農地の個人所有者としてアメリカでトップにランクされる。これに対し、先祖代々の土地を管理する従来の農家は現在のニーズを満たしつつ、未来の世代のために土地を守ることを優先しており、こうした努力を通じて世界の生物多様性の八〇パーセントを支えている。[12] このようにいびつな土地の分配を是正するための解決策としては、土地に関して富裕税を導入してもよい。そうすれば、地主は関心のあるファンドに土地を売却するかもしれないし、第三者にリースして有効活用してもらう選択肢もある。さらに、土地所有者が水を引き込んだとき、あるいは川に汚染物質を流し、窒素など温室効果ガスを排出して環境に負荷をかけたときには、その代償として税金を課せば農業による汚染の減少につながる。他には環境改善を促すインセンティブとして、水路の保守、生態系の多様性の確立、希少種の保護などに取り組んだときは、その労力に金銭的に報いてもよい。

それでも農業が不可能になったら、ベーシックインカムが提供される社会保障制度を通じ、農村から都市への移住を支援する必要がある。たとえばインドでは、マハトマ・ガンディー全国農村雇用保障法（MGNREGA）が農家を支援しており、一〇〇日間は最低賃金で「働く権利」が保障される。もちろん農作業はこれからも必要とされるし、国外からの移民の多くは農業に関して役に立つスキルの持ち主だ。ただし、受け入れ国の状況や農業にすんなり適応できるとは限らない。そうなると定住スキームには、訓練プログラムを組み合わせることが不可欠になる。バングラデシュでコメを栽培していた移民が、一夜にしてスコットランドの昆布養殖場で働けるようになるわけではない。しかし、空腹を抱える何百万もの移民が成功するためには、新しいスキルを一刻も早く身に付けるべきだ。

北半球に押し寄せる膨大な数の移民の多くは、成長著しいバイオテクノロジー産業か、新しい形の農業で仕事を見つけることになるだろう。都会の地下に造られた藻類養殖場や、温度と湿度が調節された高層建物内での垂直農業に従事するはずだ。あるいは先祖たちと同様、大地を耕し続ける人たちもいるだろう。食料の生産は、人類にとって最も重要な仕事であり続けてきた。それを私たちが自分たちの手でやりづらくしたのは事実だが、これから危機に直面しても、食料を確保するための新しい方法を考案できるだけの知識や専門技術は身に付けている。いま肝心なのは、冷静に準備を整えて移行期に備えることだ。飢饉や紛争が勃発するまで待ってから行動する選択肢もあるが、これはとんでもない結果をもたらし、私たち全員が危険にさらされる。

第11章　エネルギー、水、材料

ネットゼロのためのエネルギー源

地球の大部分が居住不可能になり、しかも増え続ける人口が戦略的に重要な地域に集中する世界では、淡水や原材料や電力を地政学的視点から重点配分する必要が生じる。そのためにはもっと賢明になり、資源の無駄遣いを控えなければならない。リサイクルや再利用を通じ、あらゆるものをもっと長く使い回すべきだ。そして社会的にも大きな課題に直面するが、その解決に取り組むためには、富や資源をもっと公平に分かち合わなければならない。

ではエネルギーの話から始めよう。今日、テクノロジーへの依存度が大きい私たちの社会では、世界全体で一次エネルギー〔訳注：自然界から得られるエネルギー〕をほぼ六〇〇エクサジュール（およそ一六万五〇〇〇テラワット時間）も使っている（二〇五〇年までには三万九〇〇〇テラワット時間に増加すると予想される）。おかげで私たちは健康になり、寿命が延び、生産性が向上したが、大きな問題がふたつある。まず、エネルギーの供給が公平ではなく、何億人もがエネルギーの供給を十分に受けられない。そのため照明、冷房、コンピュータの起動、冷蔵庫に必要な電気を確保できないだけでなく、安全に調理する方法や暖をとる方法が手に入らない。十分なエネルギーを確保できないと貧困や病気に悩まされる生活から抜け出せず、ひいては地域の環境にも壊滅的な被害がおよぶ。たとえば森林破壊の最大の動機のひとつは、暖房と調理のための薪(まき)を確保することで、これは大気汚染の大きな原因でもある。

グローバル・サウスの国の多くはこの数十年間に、国内で新たなエネルギー源を発見した。貯留岩、水力発電を期待できる川、太陽光発電や風力発電などだ。ここで問題なのは、この可能性を実現させるには、莫大な設備投資が必要とされることだ。電力供給網のインフラはきわめてお粗末なので、最もエネルギーを必要とする国が、エネルギーを確保できる可能性が最も少ない。しかも、こうしたエネルギー源の多くは環境に悪影響をもたらす。しかし人類の大移動が進めば、エネルギーの利用は加速する。というのも、人々が移り住む都市のほうが使用する機会が多いからだ。

エネルギー分野で世界が抱えるもうひとつの大きな問題は、温室効果ガスの八七パーセントがエネルギーの使用から排出されることで、このままでは壊滅的な結果がもたらされる。大気中に存在する二酸化炭素分子の三つにひとつは、私たちの活動に由来する。しかも、これまで人類の活動によって大気中に放出された二酸化炭素の三分の一は、この一五年間に集中している。二〇三五年までには気温の上昇の平均が一・五℃を上回る可能性があるが、地球の気温が上昇するたびに移住を迫られる人は増える。それなのに、二一〇〇年までにはエネルギー使用量が七倍になると予想される。農村の貧しい人たちが都市に移住して、エネルギーをたくさん使うことがその一因である。

世界のエネルギーの脱炭素化は、今後二〇年から三〇年かけて取り組むべき課題だ。私の子供たちが三〇代になる頃には、このエネルギー問題は解決していなければならない。問題の大きさには圧倒されるが、ほとんどの住宅ローンの存続期間中に解決可能だ。

まず取り組むべきは、発電の脱炭素化だ。それが実現したら、つぎはできる限りのものを電力化する。そして、エネルギーを生産する過程で生み出された温室効果ガスは、すべて回収しなければならない。

人類の大移動が混乱を招く事態にならなかったとしても、世界が温暖化と異常気象に見舞われる時代において、ネットゼロ経済に都市を適応させるのは並大抵の作業ではない。ちなみに二〇二〇年には、再生可能エネルギーの導入量が四〇パーセントと大幅に増加したが、国際エネルギー機関（ＩＥＡ）の試算では、二〇五〇年までにネットゼロを実現するにはその二〜三倍の割合で導入しなければならない。

電力容量が不十分で、石炭に依存する貧困国にとっては、再生可能エネルギーの導入に伴う資本コストが——低価格であることを考慮しても——法外に高くなる可能性がある。ここは国際社会が支援の手を差し伸べるべきで、たとえば低金利の融資を提供してもよい。再生可能エネルギーを導入し、発電設備を設置して実際にエネルギーを供給し、リサイクルや保守を手がけるための技術は、既存の都市だけでなく、極北の新しい経済圏でも多くの雇用を創出するだろう。

将来のネットゼロの世界は、電力生産への依存度がずっと高くなる。住宅や会社だけでなく、いまは化石燃料に大きく依存している工場や輸送機関にも、電気からエネルギーが供給されるだろう。こうした電気はすべて、太陽光発電や風力発電から生み出されるが、そのための巨大な施設は、居住不可能な中緯度の砂漠地帯に帯状に連なって建設される。生み出された電気は、高電圧直流送電線を介して高緯度の都市だけでなく、地域内の都市にも送られる。このシステムのモデルはすでに存在している。たとえばオーストラリアでは、北部の砂漠に世界最大の太陽光発電施設が建設中だ。予定通り二〇二七年までに完成すれば、全長四五〇〇キロメートルの海底ケーブルを介し、再生可能エネルギーがシンガポールまで二四時間休まずに送られることになる。すでにオーストラリアは、自国で利用または貯蔵しても、なお余りあるほどのエネルギーを太陽光発電から確保している。北アフリカも高電圧直流送電線を通じ、ソーラーアレイ〔訳注：複数のソーラーパネルを縦や横に並べて架台などに設置したもの〕で生み出された電気をヨーロッパに送っている。その他にも、地域の都市に水力発電所から電気を供給する計画を立てている。アフリカの砂漠は、大規模な太陽光発電や風力発電には理想的だ。

モロッコはすでにワルザザートで世界最大の太陽光発電所を稼働させており、他の場所でも同様の施設が建設中だ。化石燃料を使う発電所と比べて太陽光や風力の発電所は、人間の介入を必要とする場面がずっと少ない。そのため、居住不可能になった広大な地域を利用してエネルギーを生み出し、何千キロメートルも離れた安全な場所で暮らす人たちに供給することもできる。保守作業は、自動システムやロボットに任せればよい。一方、北海や大西洋の沖合に風力発電所を建設して大きな地域ネットワークと接続すれば、電力源の供給先が偏らない。たとえばグリーンランドは地熱と水力と風力で生み出した電気を、海底ケーブルを介してカナダや北欧やイギリスの都市に送ることができる。

高緯度の地域は海岸線の距離が長いので、海の無尽蔵の力を利用すれば、役に立つエネルギー源がまたひとつ増える。ＥＵは二〇五〇年までに、電気全体のおよそ一〇パーセントを波と潮による発電で賄う計画を立てている。このシステムが順調に機能して簡単に配備できるようになれば、導入される機会は増えるだろう。

一方、建物の屋根や乗り物などのインフラにソーラーパネルを設置して、それを相互に接続して配電網を構築すれば、近隣一帯が事実上の発電所となり、電力網への供給は途絶えない。ただし、最大の勝者は低緯度地域に暮らす人たちだろう。太陽の光が降り注ぐ機会が最も多いので、大勢の人の移住先である北の大都市に豊富な太陽エネルギーを売電することもできる。

このように、エネルギーは一部の地域で生み出されるが、世界中に供給される。生み出されたエネルギーが北の都市にケーブルを介して送られることもあれば、水素などクリーンな燃料の形で輸送されることもある。

電力供給網には発電、蓄電、送電の機能が備わっているが、需要と供給の日々の変動や季節ごとの変動には対応しなければならない。夜には太陽の光が降り注がないし、風はいつでも吹いているわけではない。むしろ水力発電のほうが信頼性は高く、先進国では過去一世紀にわたってその潜在能力が利用されてきた。ただし、大型の水力発電ダムは環境を破壊しかねないので、賛否両論がある。実際に多くの国では、いまや大型ダムの撤去が進行し、河川網が回復している。アメリカだけでもおよそ一六〇〇カ所のダムが撤去され、ヨーロッパでも数千カ所で取り壊しが計画されている。おまけに、水力発電は停電が定期的に発生するため、多くの場所で信頼性が低下している。氷河の融解が進めば川の水は少なくなるし、干ばつを経験している地域もある。そして異常気象はダムのインフラを破壊し、しばしば悲惨な結果を招く。

運河や貯水池にソーラーパネルを浮かべれば、既存の水力タービンの発電力が強化されるだけでなく、蒸発による水の損失の減少にもつながる。エジプトのナイル川に建設されたアスワン・ハイ・ダムなどの大型のダムは、貯水湖の水のおよそ四分の一が毎年蒸発してしまう。水力と太陽光を組み合わせたハイブリッド式発電所の潜在力を二〇二一年に調査した結果によれば、アフリカの貯水池の一パーセントをソーラーパネルで覆うだけでも、アフリカ大陸全体の発電能力は二五パーセントも向上する[1]。

今後数十年間は水力発電が期待できる場所では、水力発電が電力網に大きく貢献している。貢献度はどの部門よりも高く、世界全体の電力の一六パーセントを供給している。グローバル・サウスでは、新しいダムの建設ブームが進行中で、少なくとも三七〇〇カ所で新しいダムが計画中もしくは建設中だ。ただし、どれも問題を抱えている。世界の最貧地域の一部に電気が供給され、発展が約束されるのは事実だが、深刻な環境破壊を引き起こすリスクを伴う[2]。しかも、温室効果ガスのメタンが大量に発生することも多い。たとえば、メコン川流域で計画中または建設中のダムが完成すれば、メコンデルタに流入する土砂はおよそ九六パーセントも減少する。その結果として土地の浸食が進めば、デルタの存在そのものが脅かされるが、ここには二一五〇万の住民が暮らしている。

移住が必要かどうか決断するうえで、エネルギーの確保は大きな要因である。エネルギーが供給されれば、住みにくい環境で暮らし続ける期間は延長される。たとえば室内を冷房することも、水を供給することも可能だ。ちなみにアフリカの角では、気候変動による移住がすでに進行しているが、その一部であるエチオピアではGERDダムが建設中だ。ナイル川の水を利用するダムが完成すれば、総発電量は六〇〇〇メガワットにもなるが、その半面、二万人が立ち退きを迫られる。そして、これは下流のエジプトにも気候危機をもたらしている。貯水池の水が放出されないと灌漑用水を確保できないため、数年間にわたって作物の生長が深刻な影響を受けているのだ。エネルギーは、食物、気候、貧困と密接に関わっている。現地にとどまるか移住するかの決断は、これらの要素がいかに解決されるかに左右される。

コンゴ民主共和国がコンゴ川で計画中のグランド・インガ・ダムは、総発電量が四万メガワットで、総費用は九〇〇億ドルにのぼると予想される。これは貧困を劇的に軽減する可能性を秘めているものの、電気の供給先に問題がある。地元の貧しい農民は、大型水力発電ダム建設の影響を最も受ける一方、誰よりも切実に電気を必要とするが、ダムの恩恵をほとんど受けられない。多くの国は生み出された電気を近隣諸国に売電する。あるいは、都市に送電することもある。これでは恩恵を受けたければ、都市に移住するしかない。

これから増え続ける移民の多くが定住する北半球の地域では、気候変動に伴い水力発電の信頼性が総じて高くなると考えられる。環境に十分配慮した設計を取り入れ、町に電気を供給することが可能だ。たとえばノルウェーの温室効果ガス排出量が少ないのは、水力発電のおかげだ。小規模の水力発電所は環境にほとんど負荷をかけず、しかも遠隔地域にも恩恵が行き渡る。アジアの全域やヨーロッパの一部では、全部で何万もの水力発電所が利用されており、これから地球の全域にかなり廉価で建設することが可能だ。小規模水力発電所の候補地としては、ヨーロッパだけでもほぼ四〇万カ所が確認されている。中国は、小規模水力発電所全体の設備容量〔訳注：発電設備の最大出力〕がおよそ八〇ギガワットで、これは世界最大級の三峡ダムのほぼ四倍におよぶ。

信頼性の高いもうひとつのエネルギー源は地球の奥に眠っている。これをうまく利用すれば、北部の新興都市に大きな変革がもたらされる。地球の内部で発生した高温の気体や液体が、熱水噴射孔や亀裂から地表に噴き出してくる場所では、すでに地熱エネルギーが使われている。ただし、最も大きな可能性を秘めているのは、地球の奥深くで煮えたぎるマグマの熱エネルギーを活用した発電だ。これは規模がとてつもなく大きい。地熱は地球のどこでも利用できる。理論的にはどんな場所からでも取り出せるし、もちろん常に「オン」の状態のままだ。クローズドループ型ラジエーターを地中深くに建設するのは、おそらく短期的には最も有望な技術だろう。具体的には、地中に二本の井戸を建設する。両者のあいだには二・五キロメートルの隔たりがあり、何本も水平に配列された横方向の密閉パイプによって結ばれる。温かい流体がパイプのなかを上昇して地面に達すると、その熱がエネルギーとして利用される仕組みだ。これはクローズドループ型なので、冷たい流体は沈み込み、温かい流体は上昇するため、ポンプがなくても自然に循環させることができる。しかも規模を柔軟に変化できるので、土地の需要が高い都市などには理想的だ。電力網のベースロード電源〔訳注：最低限必要とされる電力量を安定的に供給する電力源〕として利用できるし、必要に応じて液体の流れを制約または遮断すれば、オンとオフを簡単に切り替えられる。いくつかの実験プラントでこの技術は試験的に実施されている。今後一〇年間は、それまで石油業界で働いてきた人材が地熱発電の分野で新たに雇用され、地熱発電システムを北部の多くの都市や町の地下に建設する作業に取り組むだろう。

炭素を発生させない信頼性の高いエネルギー源としてはもうひとつ、原子力発電がある。たとえばフランスは原子力を積極的に利用するので、温室効果ガスの排出量が少ない。製鋼などエネルギー集約型の産業プロセスを、化石燃料に代わって支えることが可能だ。原子を分裂させることでエネルギーを放出する大型原子力発電所は、世界各地で電力網のベースロード供給源として重宝され、ＥＵでは発電量全体の二五パーセントを賄っている（世界全体では一〇パーセント）。ただし多くの施設は老朽化が進み、気候変動の影響で冷却設備に問題を抱えている。古い施設を撤去して新しい発電所を建設する費用は、再生可能エネルギー施設よりもずっと高い。しかも、政治的・文化的な問題が浮上するので、説得はなかなか難しい。それでも、状況を変化させるのは可能だ[3]。費用を引き下げるためには、インフラや専門技術に政府が投資しなければならない。そして民間部門に金銭的余裕があるなら、民間部門が簡単に投資できる経路を準備しておく必要がある。一方、小型モジュール原子炉は、二〇二〇年代の末頃に初めて稼働を開始する予定で、用途の広いクリーンエネルギー源として期待できる。ロシアは浮体原子力発電所の設計にも取り組んでいる。これは水上の浮体に原子炉が実装されており、電力が必要なときはいつでも曳航できるので、北極海の氷が解けて新しい産業が生まれれば、全域で活用することができる。

　原子力発電にはもうひとつ、核融合がある。ふたつ以上の原子が衝突して核反応を起こすと、衝突前よりも大きな元素が生じるが、この核融合反応で放出されるエネルギーが使われる。この技術は長年待ち望まれてきたが、ほぼ一世紀にわたって遠い夢でしかなかった。しかし最近、小型モジュール原子炉の技術が大きな進歩を遂げ、従来よりも費用をかけずに核融合を実現できるようになったため、有望な計画として注目されている。最初の核融合炉は、二〇三〇年までに電力網の一部に組み込まれる可能性があり、イギリスでは二〇四〇年までに最初の核融合発電所が操業を開始する見込みだ。しかしはっきり言って、これでは遅い。これからネットゼロという目標を達成するためには、世界の温室効果ガス排出量を二〇三〇年までに四五パーセント減少させなければならない。その点、核融合からは大量のエネルギーがほぼ無料で提供される未来が約束され、私たちの生活は様変わりするだろう。地球上での人類の行動は、食品、衣類、おもちゃなど何を製造するにせよ、かならずエネルギーを必要とする。しかもこのエネルギーは量に限りがあるだけでなく、汚染物質をまき散らす。もしもこれから大量のエネルギーが無料で手に入り、しかも環境を汚染しなければ、人類と地球の関係は大きく変化するだろう。たしかに、事態を悪化させる可能性はある（そして環境保護主義者の多くは、種類を問わず、あらゆるものを節約させたがる）。しかし、大きく改善させる可能性もある。今日、きわめて深刻な環境破壊の一部は、最小限のものしか持たない人たちが引き起こしている。エネルギー貧困に陥ると、森を伐採し、川や海岸を汚し、野生動物を捕獲するしかなく、危険で不潔な住まいや仕事場を我慢しなければならない。

一方、いまでは大きな化学電池が世界のあちこちに設置されている。この電池には再生可能エネルギーが貯蔵され、必要に応じて電力網に放出される。あるいは、電力を熱エネルギーとして溶融塩のなかに蓄積することも可能だ。そして「揚水発電」ならば、余剰電力で下部貯水池から上部貯水池へ水を汲み上げておき、必要になったら下部貯水池に水を落としてタービンを回せば、発電することができる。[4] 将来のメガシティのエネルギー需要はとてつもなく大きいので、それを満たすためにはこうした形でのエネルギーの貯蔵が欠かせない。特に冬は、緯度が高い北部は日没が早く、照明や暖房に電気が必要なので、十分な備えが不可欠になる。

再生可能エネルギーを使って水の分子を分解するときに生成される水素も、エネルギーとしての貯蔵が可能だ。水素は圧縮すれば世界中に運搬できる。燃焼させてタービンを動かすことができるし、あるいは燃料電池（電池の一種）として、電気を生み出すために使うこともできる。オーストラリアは、一大産業の創出を計画している。豊かに降り注ぐ太陽のエネルギーを、曇りの日が多い北部の地方に効果的に輸出する計画で、世界各地に輸送する前には、太陽光由来の水素をあらかじめアンモニアに転換する（水素に戻すためには、もう一度化学反応が必要になる）。オーストラリアをはじめ太陽の光がふんだんに降り注ぐ国にとって、こうしたエネルギー供給構造は多くの労働力を必要としないので、大勢の人が国外に移住したあとの選択肢として有望だ。[5]

移動手段の変化

ヒトやモノの移動のほとんどは、電池の重量の制約を考えるなら、空路ではなく陸路にする必要がある。北部の都市は高速鉄道と航路で結ばれるだろう[6]。乗り物は電気で動き、原子力が使われる可能性もある。そして帆船が復活するだろう。ＡＩで制御されるスマートなセンサーとアジャスターが搭載されれば、風を最適な形で利用できるので、帆の威力が増強される。場合によっては、船舶の他の動力源に取って代わる可能性もある。

都市の時代が本格化すると、大気を汚染する今日の車を電気自動車にすべて取り替えても問題の解決にはならない。たくさんの自家用車が連なる交通渋滞を我慢することができても、車にかかるエネルギーコストは限界を超える。都市を移動するには、電気で動く公共輸送機関を使えば安全かつ健康的で時間も節約される。電動三輪車やカーゴバイクも便利だ[7]。電気自動車が必要な場面では、レンタカーやカーシェアリングが便利だ。充電スタンドは分散させればよい。電気自動車の充電スタンドを持つ世帯とドライバーをアプリで結びつける有料の充電スタンドシェアサービスは、すでに導入されている。

飛行機は脱炭素化が難しい。ただし、飛行機が気候変動に影響をおよぼすといっても、深刻なのは二酸化炭素よりも飛行機雲、すなわち細長い線状の雲のほうだ。飛行機による影響の三分の二を引き起こし、地球温暖化のおよそ二パーセントの原因になっている。飛行機が飛ぶ高度や時間を少し変更するだけでも、飛行機雲の発生に影響はおよぶ。高度を上下させて飛行ルートを変えれば、完全に回避できる可能性もある。これならほとんど費用をかけずに大きな利益が得られる[8]。一方、飛行機に課税すれば、無駄な出張が減少し、ビデオ会議で代用される可能性がある。ただし、温室効果ガス排出に誰よりも大きく加担する超富裕層は、ちょっとした税金程度では行動を改めない。むしろ、燃料が電気でないかぎり、プライベートジェットを禁じるべきだ。将来は、回収された二酸化炭素とグリーン水素〔訳注：再生可能エネルギーなどを使って、製造工程で二酸化炭素を排出せずに作られた水素〕から合成される航空バイオ燃料が、航空機にルネサンスをもたらす可能性がある。

飛行船も、将来の北の世界では一定の役割を与えられる。陸上輸送が不可能な季節には、北極圏の都市や遠方の鉱山に貨物を輸送するために活躍するだろう。すでに複数の企業が、このアイデアの実現を検討している。

化石燃料の終焉

いま世界が直面している問題は、私たちのエネルギーニーズをクリーンエネルギーだけでは満たせないことだ。あと数十年間は、化石燃料を燃やさなければならない。しかし二〇五〇年までにネットゼロを達成するためには、富裕国は化石燃料の使用を二〇三〇年代半ばまでにやめる必要がある。世界では、石炭と石油の使用を二〇四〇年までに段階的に廃止して、そのすぐあとにガスも手放さなければならない。ＩＰＣＣの一・五℃特別報告書では、気候変動に関する四〇〇以上のシナリオが紹介されているが、一・五℃という目標から大きく外れる事態が回避されそうなのは、そのなかでも五〇程度にすぎない。しかもそのなかで、温暖化緩和のための選択肢――大気から取り除かれる炭素の割合と規模、植林の範囲など――について現実的な仮定を立てているのは二〇程度にすぎない。さらにそこには、「困難な」戦略、すなわち本格的な規模で正しさが証明されていない戦略、社会的に問題を抱える戦略が含まれる。現実的には、気温の上昇を一・五℃以下に抑えられる可能性はきわめて低い。

石炭をすぐにでも段階的に廃止する必要があると、いまではほとんどの人が信じて疑わない。一方、化石燃料関連の企業――多くの電力会社は国有企業だ――や政府は、化石燃料のガス（メタン）や石油を私たちが今後も利用し続けると見込んでいる。そのため、燃焼によって排出される二酸化炭素を集めて地下に貯留することで、温暖化のさらなる進行を防ぐ計画が浮上している。これは、いかにも良さそうな印象を受ける。ただし、この二酸化炭素回収・貯留（ＣＣＳ）技術はまだ本格的に導入されていないので、実際に効果を発揮するかどうかわからない。それにもかかわらず、計画は進んでいる。政府や投資家が化石燃料の探査と抽出への支援を継続するかどうか、現時点ではわからないが、今後数十年間で北極の永久凍土の融解が進行すれば、新たに露出した土地資源開発が行なわれる可能性は高い。燃焼される化石燃料の悪影響を緩和するため、業界はＣＣＳなど化石燃料燃焼後の緩和策は有望だと強調する。しかしＣＣＳの効果が証明されたとしても、化石燃料を燃やす産業は環境を汚染しダメージを与える。

控えめに言っても、私たちの経済を脱炭素化するためには莫大な費用がかかるが、不当なまでに汚染をまき散らすグローバル社会を変容させるには、脱炭素化は避けて通れない。各国政府は、強い意欲で本格的にこの問題に取り組む必要があるが、これまでのところそんな姿勢は欠如している。たとえば戦争に臨むときのような、強い決意は見られない。銀行が団結して巨額の融資を行なえば、移行をスムーズに進めるための解決策のひとつとなり、「炭素の量的緩和」が実現するだろう。かつて奴隷貿易が廃止されたとき、奴隷所有者は補償金を支払われたが、それと同様、化石燃料による収入を失った産油国に補償金を支払うこともできるので、化石燃料産業が終焉する時期が早まる。

より良い成長

ここまで、エネルギー需要の拡大に世界が応える方法の一部を紹介してきたが、その代わりに、需要の拡大を抑えることもできる。具体策として真っ先に浮かぶのは、省エネの徹底だろう。先進国では国産技術の進歩によって、産業部門を中心にエネルギー効率が大きく改善されたが、その省エネ技術を世界で展開させる必要がある。

需要を減らすには、成長を抑える方法もある。景気が後退したときや、コロナ禍などで経済活動が停滞したときには、二酸化炭素排出量が大きく減少した。実際、多くの環境活動家が経済成長の終焉を呼びかけており、マイナス成長を求める声も聞かれる。従来、GDPの年間二～三パーセント程度の上昇は「健全な」成長率だとされてきたが、環境活動家の指摘によれば、これは環境的に持続可能ではない。現在、世界のGDPの年間成長率の平均はおよそ三・五パーセントだが、世界の環境問題は悪化する一方だ。ただし、成長が問題なのではない。環境的・社会的に持続不可能な成長が問題なのだ。

経済が成長すれば、モノやサービスの一人当たり生産量は時間と共に増加して、質も向上する。経済成長は、私たちが今日満喫している多くのものを生み出すエンジンでもある。ただし、富は世界に平等に分配されない。イギリスのように数世紀にわたって成長を経験してきた場所もあれば、チャドのように未だに極貧状態から抜け出せない場所もある。今日の貧困国の多くは大国の植民地となり、搾取されて貧困に突き落とされた。宗主国は植民地経済の成長を許さず、後に独立してからも、様々な方法で貧しい国の発展を妨害してきた(9)。しかしこれからは、再生可能エネルギー、全国民を対象とする保健医療、教育への投資を通じて政府が貧困を軽減できるように、緊急の資金援助を行なうだけでなく、積極的な政策を打ち出す必要がある。

すでに説明したが、人々が貧しい暮らしをするのは、本人が悪いからではない。住んでいる場所のせいなのだ。生産性が高い大きな経済圏に生まれついたか否かによって、将来は決定される。零細農業が営まれる田舎よりは、都市のほうが生産性は高い。そして貧困国よりは、富裕国のほうが生産性は高い。個人的にいくら運に恵まれても、いくら努力しても、それだけで収入やチャンスを獲得するのは不可能だ。人生の幸不幸は、どの国で市民としての身分を保証されるかによって決定される。チャドの農村でどんなに一生懸命働いても、マンハッタンのアッパーイーストで生まれた人と同じような金持ちになれる可能性はきわめて低い。しかしアメリカに引っ越せば、購買力は三倍にアップする（物価の上昇を考慮しても、収入は増加するからだ）。だからこそ、移住の実現を支援する態勢を整えておくことは、貧困を軽減するための秘訣になる。

当然ながら、貧困国の誰もが移住できるわけでも、移住を望むわけでもない。貧困から抜け出すルートが移住しかない社会はあまりにも多いが、そんな状況が許されるべきではない。貧困国は富める世界からの支援を受けて成長し、新しい環境に経済を順応させていく必要がある。すでにご存じのように、気候変動の影響で大勢の人が住めなくなる場所は多い。しかし国が豊かになるほど、新しい環境への適応力は向上し、住み続けられる期間は長くなる。祖国を離れた人たちからの送金を資金源とする経済成長によって、復元力のある強い社会を構築するべきだ。そうすれば移住を決断しない人も、あとから帰国する人も安心して暮らせる環境が整う。尊厳ある「良い」暮らしを営むためには、機会やモノやサービスが人々に提供される社会の存在が欠かせないが、経済成長はそれを可能にしてくれる。

一人当たりＧＤＰは、国同士の比較を行なったり、時間的な変化を確認したりするために役に立つ基準として広く採用されている。しかし、ＧＤＰを計算するときに自然資本（自然から提供されるサービスやモノ）は測定されず、むしろ環境破壊はしばしばプラスに評価される。たとえば森林が伐採されると、ＧＤＰが生み出される。しかし、森林の伐採は明らかに持続的成長をもたらさない。二一世紀の経済成長を測定するためにはもっと適切な基準が必要であり、ケイト・ラワース（『ドーナツ経済』の著者）をはじめとする経済学者はカーボンプライシングなどのツールを提案している。測定されるものは評価の対象になるのだから、国の豊かさに貢献するものをもっと適切に測定する方法を見つけなければならない。たとえばきれいな空気、健康な土壌、尊厳ある高齢者福祉などは国を豊かにしてくれるが、GDPや収入の増加には貢献していない。そして経済が成長すると、製品やサービスの量が時間と共に増加するだけでなく、質も向上することを思い出してほしい。石炭火力から風力に移行しても、生み出される電気の量は同じかもしれないが、電力の質は向上する。大気汚染は大幅に減少し、温室効果ガスの排出は回避される。さらに風力タービンのほうが安全で、保守もそれほど必要としない。ということは、これは経済成長に他ならない。あるいは、科学者がガンを治療する方法やマラリアを撲滅する方法を発見しても、経済は成長する。要するに、必要でもない消費の増加量や汚染物質の増加量だけに注目して経済成長を測定することには無理がある。これからは、過去数世紀の成長パターンをそっくり再現する必要はない。以前よりも優れた政策が採用されれば、もっと良い形での成長が可能だ。製造業や農業などでは、技術イノベーションによって生産性が向上した結果、必要な労働力の割合が減少した。あるいは、自動化の進行によって人々の仕事が奪われ、大きな社会的困難を招いたが、たとえばその解決策として、韓国ではロボットに課税している。そうすれば、生産性がもたらした恩恵の一部が国庫に還元される。

賢明な分配政策

国のなかでも国と国同士でも、非常に大きな不平等が存在するのは間違いない。世界には億万長者が三〇〇〇人ちかく存在する半面、必要最低限の製品すら確保できない低所得者が大勢いる。この数十年間で世界的に貧困は減少したが、アフリカでは進展が芳しくない。サブサハラ・アフリカでは、三七パーセントの住民が極貧状態で暮らしている。もはや貧しい人がいなくなり、必要なモノやサービスに誰でもアクセスできる段階に進むためには、不平等を減らすだけでは十分ではない。所得の平均レベルをアップさせ、持続可能な経済成長を実現する必要がある(10)。

しかしそうなると、厄介な領域に踏み込むことになる。というのも、生産を増やすためには、エネルギーや資源の使用量を増やす必要があるからだ。近年では、三〇カ国以上がＧＤＰと二酸化炭素排出量の増加を切り離す（デカップリング）ようになったが、[11] ほとんどの国はそこまでの行動を起こしていない。しかし、重要なデカップリングを進めるためには、クリーンエネルギーを大々的に利用する体制を迅速に整えるしかない。その実現を想定したＩＥＡのロードマップによれば、ＧＤＰが倍増しても、人口が二〇億以上増加しても、あるいは二〇三〇年までにすべての人がエネルギーを利用できるユニバーサルアクセスが達成されても、グローバル経済が使用するエネルギーの量は二〇五〇年までに八パーセント減少する。それは、グリーン経済での雇用増加にもつながると報告書は指摘している。

多様な文化が混在する新しい都市がうまく機能するかどうかは、持続的成長を実現できるか否かにかかっている。

ここでは、資源を賢明に分配する政策が不可欠になる。バイオテクノロジーやクリーンエネルギーなどの新興セクターからは、非常に大きな機会が提供される。それをうまく利用すれば、現地の住民も移民も数世代にわたり、経済的に持続可能で公平な社会を構築するプロジェクトに参加することができる。しかし対応を誤れば、いまでも不当に大きな分け前にあずかっている一握りの人たちの手に、富も機会もさらに集中させる可能性がある。脱工業化社会が到来すると、技術イノベーションだけでは生産性が容易に向上しないサービス部門などは置き去りにされる。それでも美容師や看護師として働く人材は、どんなときでも必要とされる。しかも今世紀半ばには、イギリスは超高齢化社会になる。そうなると必要な労働力を確保するためには、移民に頼るしかないだろう。

全国民を対象とする保険医療と教育は、成長の鍵を握る。教育の充実は収入を改善するための足がかりになるだけでなく、今世紀の成長産業の大半——バイオテクノロジー、ナノテクノロジー、材料科学など——にとって不可欠な要素になるだろう。教育があれば、移民には都市で利益を確保するためのルートが提供される。したがって都市が移民を受け入れるためには、教育機関の充実が欠かせない。一方、保健医療へのアクセスが不十分だと経済的負担が膨らみ、命や生活が脅かされる。現時点で富裕国の大半では、全国民を対象とする保険医療が確立されている。ただし顕著な例外であるアメリカを筆頭に、一部の国では市民が様々な形で犠牲を強いられている。たとえばイギリスは、OECD加盟国のなかで法定疾病手当が最も少ない（これは、コロナによる死者が増加した一因でもある）。そして高齢の市民は、貧困生活をおくる可能性が高い。今後、新しい都市への移民は保健医療に十分アクセスできなければならないが、その一方、保健医療の財源を提供する労働力として活躍してくれる。ただし、移民の出身国が取り残されてはならない。貧困国の多くでは、多くの国民に基本的な医療さえ提供されない。富裕国は支援の一環として、急拡大する都市を中心に適切な医療施設を提供し、新しい世代の医療従事者の教育をサポートする必要がある。

富が社会で分配される方法は、政策を通じて変化させなければならない。具体的には、相続税、富裕税、土地保有税などのツールが考えられる。炭素税と水道料金も、エコロジー関連の資産を保護するために役立つだろう。大勢の人たちが食べ物の確保にも苦しんでいる社会で、億万長者が富を貯めこんでいる状況は正当化されない。むしろ病的とも言える。蓄積された富は社会で活用するほうがずっと健全であり、それなら市民の生活様式に悪影響はおよばない。目下、環境破壊を伴わない経済成長の達成という目標までの道のりはまだ長いが、到達するための方法はいくつか存在する。ちなみに一部の環境活動家はデグロース（脱成長）を目指すべきだと主張するが、そんな状況で生活水準を維持できるのかどうか、私には確信できない。民主主義社会が生活水準の低下を選択するとは想像できない。

循環型経済へ

安全な避難所であるメガシティへの人口集中の利点は、効率化の機会が提供されることだ。輸送機関、子供のおもちゃ、オフィス機器、暖房、照明、動力などの資源を個人で確保する代わりに、コミュニティ全体で共有するようになれば、原材料の使用量も廃棄量も減少する。こうしたシェアリングエコノミー（共有経済）の萌芽(ほうが)はすでに見られる。たとえば私は、地元のおもちゃ図書館と、カーシェアリングサービスの「ジップカー」の会員になっている。そもそも都市は自立しているわけではなく、外の世界に頼らなければ生き残れない。たとえばスウェーデンの都市は、一年に一人当たり合わせて二〇トンの化石燃料と水と鉱物を輸入している。

温暖化や海面上昇が危険なまでに進行すれば、あと数十年のうちに、鉱物や天然素材の多くは人間による採掘が物理的に不可能になる。そうなると代わりの資源を見つけるか、ロボットによる作業に頼らなければならない（そんなのはあり得ないと思うかもしれない。しかし日本の大手企業の大林組は、すでにロボットを使って巨大ダムを建設している）[12]。一方、北半球の寒冷地域では、北極や深海底の新しい鉱床ですでに採掘が可能になっている。そのためアナリストは、資源が供給不足に陥るとは予想していない。ただしこれからは、環境に悪影響を与えずに資源を採掘する方法を考える必要がある。淡水の使用量を減らし、化石燃料を使わず、汚染や生態系の破壊で鉱山の環境を台無しにしてはならない。

社会の電化が進むと、銅をはじめ、周期表に並ぶ複数の元素が大量に必要とされる。その多くはつい最近まで、スズなどの金属を採掘する際、不純物として廃棄されていた。しかし電気自動車業界の需要に応じるだけでも、鉱物の供給量を二〇四〇年までに三〇倍に増やす必要があると、ＩＥＡは警告している。そうなると、数十年前に——場合によっては数世紀前に——採算が取れなくなった場所で採掘が再開されるだろう。たとえばイングランド南西端のコーンウォールはリチウムを抽出するためにスズ鉱山を再開しており、電力は同じ鉱山の地熱エネルギーから確保している。

トリウムやウランや希土類金属の埋蔵量が豊富なグリーンランドには、アメリカと中国とオーストラリアが大きな関心を寄せ、採掘開始の承認を得るために競い合っている。この世界最大の島では、認可を巡る議論が政治危機につながり、二〇二一年には総選挙が行なわれた。五万六〇〇〇人の市民は、壊れやすい環境の保護を訴えるグループと、現時点では漁業とデンマークからの補助金に依存する経済の発展を優先するグループに分断された。このときは、環境保護を主張する陣営が勝利を収めた。

資源が不足すれば、循環型経済に移行せざるを得ない。循環型経済では、あらゆる製品の寿命が終わると、その時点から新しい製品の設計段階が始まるものと見なされるので、原材料の再利用や循環が容易に継続され、しかも廃棄物がほとんど発生しない。わずかなエネルギーで廃プラスチックを効果的に油化してリサイクルする方法も開発されており、これが普及すれば、プラスチックごみがもたらす災難もようやく終わるはずだ。炭素をはじめ様々な資源から作られる新しい原材料も、製品製造の持続可能性を改善するために役立つだろう。竹など生長の速い素材は、生息地の熱帯だけでなく、もっと北のプランテーションでも順調に育つだろう。

今世紀最大の懸念は水不足

ただし、今世紀最大の懸念となる資源は水である。水は慢性的に少なすぎる半面、定期的に多くなりすぎる。世界の水の九八パーセントは海水だ。残りの二パーセントのほとんどは、南極とグリーンランドの氷河に存在する。すべての川と湖と湿地の水の合計は、一パーセントの一〇〇〇分の八。そして雲と水蒸気と雨の水の合計は、一パーセントの一万分の一にすぎない。つまり、私たちが当てにできる水の量は驚くほど少なく、貯水量も十分ではない。何百万ものダムや貯水池や池を造っても、全体の供給量は二年分にも満たない。しかもこの水は、世界中に平等に分配されるわけではない。カナダ、アラスカ、北欧諸国、ロシアには、名前が思い浮かばないほどたくさんの川が存在するが、サウジアラビアにはひとつもない。そしてノルウェーは一人当たり八万二〇〇〇立方メートルの淡水を確保できるが、ケニアは八三〇立方メートルしか確保できない。一方、ナイル川、コロラド川、黄河、インダス川など、世界でも特に重要な大河の一部は水があまりにも大量に汲み上げられるため、海に注ぐ水はごくわずかだ。

今後数十年間は、気候変動に伴う移住の主な要因が水問題になるだろう。

今日では、全人類の三分の二に相当するおよそ四〇億人が、少なくとも一年に一カ月は水不足を経験しており、そのうちの半分は中国とインドの住民だ。インドでは、ニューデリー、ベンガルール、チェンナイ、ハイデラバードなど少なくとも二一の都市で二〇二五年までに地下水が枯渇して、およそ一億人が影響を受けると予想される。さらに、国立インド変革委員会の報告によれば、インドの人口の四〇パーセントは、二〇三〇年までには飲み水を確保できなくなるという。すでに数十万人の市民が、給水車で運ばれる水の配給を受けるため、定期的に長い列に並ばなければならない。氷河が解ければ、当初は山から流れてくる川が増水するが……最後は消滅してしまう。実際、氷河を水源とする世界の重要な河川の半分以上は、すでにこの「ピークウォーター」の閾値を超えている。

世界では、水全体のおよそ七〇パーセントが農業に使われている。しかし水が不足すると、都市はきまって農業用水を横取りするので、農家はそのあおりを受けて食料不足が深刻化する。これでは移住するしかない。

なかには降水量が増加する川もあるが、農業にとって最も役に立つ時期に降るとはかぎらない。むしろ鉄砲水が頻繁に発生し、浸食作用が進み、予測不能の出来事で作物や生命が失われる機会が増えるだろう。たとえばロンドンをはじめヨーロッパの都市は、鉄砲水のあとに日照りが続くパターンを定期的に経験するだろう。要するに、年間降水量の大半を占めるのは、制御不能な嵐となる。猛烈な嵐に襲われると、街路などアスファルトの表面は削り取られて濁流に飲み込まれるし、大量の雨は帯水層に浸透する前に蒸発してしまう。これからの都市は、気温が上昇して水が最も必要とされるとき、何カ月も雨が降らない状況の打開策を考えなければならない。すでにカリフォルニアの住民は、大気中に含まれる水蒸気を凝縮して飲み水を確保する機械を購入しているが、これには多くのエネルギーが必要とされ、費用もかなり高い。

北緯四五度よりも北に位置する都市でも、これからは雨水を確保して再循環させるため、巨大な地下貯水池を建設する必要があるだろう。シンガポールやカリフォルニア州オレンジ郡ではすでに完成している。「トイレの水を飲み水に」という表現には興味をそそられないが、漏水や蒸発によって失われる水の量を最小限に抑えて閉回路式のリサイクルが効率的に機能すれば、水は十分に濾過および浄化され、都市にいつでも供給できるように保管される。水の保全で世界をリードするのはイスラエルで、水は税金の対象になっている。いまでは下水の八五パーセントが処理されリサイクルされている。このインフラを支える資金は水の累進課税なので、国民は無駄遣いを控えるようにもなる。

水に関する新しい政策は、産業界だけでなく一般住民にとっても、これからますます重要になる。これまで供給不足を経験してこなかった場所も例外ではない。たとえばホースの利用を控え、維持不可能なゴルフ場を閉鎖して、貯水槽には蚊よけのカバーを義務付け、屋根に雨水貯留タンクを設置して、節水型の家電を導入するなどの対策が考えられる。さらに、配水管の清掃を義務付け、洪水帯での建築を禁止してもよい。そして、再生可能エネルギーや原子力を動力源とする海水淡水化プラントを建設すれば、沿岸都市は恩恵にあずかり、農家には灌漑用水が提供される。

地球の温暖化が進むと、カナダ中南部の大草原やロシアのステップは乾燥が激しくなるが、川の流れを変えれば農業への被害は緩和される可能性がある。しかし、北部地域のほとんどは降水量が増えるので、水のある場所を求めて移住が加速するだろう。すでに一九九〇年代の時点で、北極圏は北部でも植物が生い茂るようになったため、衛星写真で緑色の部分を鮮明に確認できるほどだ。グリーンランドでは、アザラシを狩猟してきた住民が農業を始めている。収穫されたジャガイモはヨーロッパのどこよりも味が良いので、デンマークの科学者はその理由の解明に取り組んでいる。

一方、水不足は対立の引き金になり、それをきっかけに移住を迫られる可能性もある。たとえばこれからは、人工雨を降らせるため雲の種蒔きをする機会が増えると予想されるが、そうなると、周辺国から雲が「盗まれる」——降るはずの雨が降らなくなる——心配がある。アメリカでは日照りが続くと雲の種蒔きが行なわれるが、すでにアラブ首長国連邦も、貯水池に十分な水を定期的に溜めておくため、雲の種蒔きに取り組んでいる。そうすれば、いつでもスキーを楽しめる条件も整う。一方、水を別の場所に誘導するためには、新しい貯水池や運河を建設し、川の流れを変更させる必要がある。ただし、これは確実に論争を引き起こす。特に問題なのは、世界の重要な河川の多くに複数の流域国があることだ。そうなると、大きな「給水塔」が他の国に存在するケースもめずらしくない。たとえばエチオピアは、スーダンとエジプトへの給水を、アメリカはメキシコへの給水を、そして中国はバングラデシュ、ミャンマー、ラオス、カンボジア、タイ、ベトナムへの給水をそれぞれ管理している。[13]なかでも中国は、ヒマラヤから流れてくる大量の水を巨大なダムに溜め込んでいる。そしてブータンの豊富な水資源を横取りするため、主権国であるにもかかわらず村を建設し、治安部隊を派遣している。[14]

今後数十年間に予想される水不足に対処して開発を進めるため、本格的な運河を新たに建設し、川の流れを変える計画も進められている。このままでは水不足で数百万人が移住を迫られるが、計画がうまくいけばその人数が減少し、時期が遅れる可能性もある。最も有名なのは中国の南水北調プロジェクトで、長江の豊富な水を降水量の少ない黄河に流すルートを建設し、水不足の解消を狙っている。二〇五〇年までには完成する予定だ。一方アフリカ中部と西部で進められているトランサクア・プロジェクトは、コンゴ盆地を貫流する幅の広い川の流域に複数の水力発電ダムを建設し、年間五〇〇億立方メートルの水をシャリ川に送り込む計画で、水は最終的にチャド湖に注ぐ。この計画が実現すれば、水力発電と輸送ルートが確保され、コンゴ民主共和国と中央アフリカ共和国はその恩恵にあずかり、深刻な水不足に悩むチャド湖にも水が流れ込む。チャド湖はこの五〇年間で水が九〇パーセントも干上がり、地域に壊滅的な結果をもたらしている。この分水プロジェクトが完成すれば、カメルーン、チャド、ニジェール、ナイジェリアの四カ国で、最大七万平方キロメートルの農地が灌漑される。フィジビリティスタディ（実現可能性調査）には、中国の一帯一路構想から資金が提供されている。

インドが国の総力をあげて取り組む河川リンクプロジェクトは、規模が桁違いだ。インド北西部は雨が多く、ヒマラヤ山脈にはガンジス川の源流がいくつも存在する。その水を雨の少ない低地まで引いてきたうえで、既存の河川同士を運河や貯水池やダムで結びつける計画で、完成すればインド亜大陸全体の河川が再編される。水をもっと上手に管理するだけでも、水不足に伴う問題の多くは緩和されるのだから、水体系を再編する大がかりな計画など不要だという批判もある。実際、掘削だけでも地球上で最大の建設プロジェクトになるので、環境（そして文化）が深刻なダメージを受ける可能性はきわめて高い。しかし一六八〇億ドルを費やすプロジェクトが完成すれば、年間一七四〇億立方メートルの水が運びこまれ、三万四〇〇〇メガワットの電気が生み出され、インドの灌漑農地は三〇パーセント増加する。

人類は資源不足に本当に制約されているわけではない。いつでもイノベーションによって資源不足を克服できるし、何らかの新しい選択肢を見つけてくることもできる。エネルギーや水、鉱物や富が制約されるとしたら、その原因は実のところ人類の限界である。太陽の光が一時間降り注ぐだけで、世界中に一年間電力を供給できるだけのエネルギーが生まれる。水は周囲にあふれており、淡水化さえすれば十分に確保できる。地球とその生態系からは、私たちが必要とするすべてのもの、いやそれ以上のものが作られる。ところが人類は複雑な社会経済システムを創り出し、自ら限界を設けてしまった。ここで決断すれば、再出発して制約から解放されることは可能だ。それは決して平坦（へいたん）な道ではないが、もはやそれ以外の選択肢はないだろう。

第12章　回復

この世界を再び住みやすくするために

ここでちょっと立ち止まり、私たちが失った世界をしのんでみよう。今日、生物多様性や文化は失われつつある。私たちは気候科学者や環境活動家の話に耳を傾けず、無駄に時間を過ごしてしまった。これまでは、素晴らしい生物圏の自己調整能力のおかげで住みやすい環境が提供されてきたが、その維持は難しくなった。住みにくくなる一方の地球で生き残るためには、少しでも住みやすい場所に移住するしかないが、それは大混乱を伴う。これは最悪の結果で、とんでもない状況に放り込まれてしまう。

それでも私たちは行動しなければならない。この世界を再び住みやすくするために何ができるか、ここで考えてみようではないか。

今回のとてつもない大移動は、人類が深刻な危機に見舞われた状況で進行する。いまや異常気象は大惨事をもたらし、生物多様性は失われ、人口は急激に増加している。これからの数十年間は、人類史上きわめて特殊な時期として突出するだろう。そのあいだに劇的な変化をうまく乗り切ると同時に、世界の回復に努め、生態系も気候も健全な状態に立ち返らせる必要がある。うまく速やかに回復に取り組むほど、移住を迫られる人の数は減り、地球での生活は快適になるだろう。

ここに立ちはだかる最大の問題は生物多様性の喪失と気候変動で、どちらも人類が自ら作り出したものだ。ただし幸運にも、ふたつは関連性のある問題なので、自然の回復と気候の回復にはある程度まで、同じルートで取り組むことが可能だ。生物多様性の喪失は土地の乱開発が大きな原因だが、乱獲と気候変動も関わっている。そして、気候変動は生物多様性の喪失の原因なのだから——たとえば干ばつは土壌や森林にダメージを与えるのだから——地球の気温を下げれば生物多様性の回復にもつながる。プラスにもマイナスにも相乗効果が働くので、生物多様性が回復された場合には、吸収され貯蔵される二酸化炭素の量が増えるので、地球の気温は低くなり、ひいては気候変動が緩和される。要するに、壮大な事業からはいくつもの勝利がもたらされる。

自然の回復

では、生物多様性の喪失から考えてみよう。私たち人間も、人間が作り出したシステムも、世界の生命体に全面的に支えられている。ところが今日、世界の国の五分の一は、生態系崩壊のリスクにさらされている。私たちは土壌を劣化させ、サンゴ礁を減少させ、河川を汚染することで、自分たち自身の生存を脅かしている。自然体系がなぜ素晴らしいかと言えば、生物には自己複製能力が備わっているからだ。だから正しい条件が整っていれば、自然は決して衰えない。ところが困ったことに、私たちはこの条件を劇的に変化させている。たとえば森林は、いまや火事と気温上昇から深刻な影響を受けている。森林で火事が発生したあと、樹木は元通りに生長しない。もはや土壌は、灌木地をかろうじて支える程度にまで劣化してしまう。これは地球規模の問題で、アフリカ、アジア、ヨーロッパ、カナダなど各地の森林が危険にさらされている。ロッキー山脈では、焼き尽くされた森林の三分の一は二度と樹木が生長しない。カリフォルニア州のシエラネバダ山脈では二〇一〇年以来、森林全体の半分が消滅した。カナダのアルバータ州では、現存する森林の半分が今世紀中に消滅する可能性がある。そして二〇五〇年までには、熱帯雨林は二酸化炭素の排出量が吸収量を上回ると予想される。

人類が広大な土地を放棄して都市や国外に移住することには、プラス効果がひとつある。失われた生物多様性の一部で自然が回復するのだ。人々が立ち去ったあとの場所は、驚くほどの速さで肥沃な土地に立ち返る。これから熱帯では二酸化炭素濃度が上昇し、降水量が増えると予想され、これは人類には厄介だが、植物にとって悪い環境ではない。森林やマングローブや草原の一部は復活するだろう。そうなれば、こうした場所に依存する動物種の一部は生息数が増えるかもしれない。移住は人類だけでなく、動物にとっても救済策なのだ。多くの生物種が絶滅に追いやられる原因は、気候変動そのものではない。生息地が破壊され、あるいは人間のインフラに妨害された結果、安全な場所に移動する能力を奪われることだ。私たちは野生生物が移動しやすい安全な回廊を提供し、健全に繁殖できる環境を準備しなければならない。驚くような方法もある。たとえば、海底の石油掘削装置が解体されたら、人工サンゴ礁として再利用すればよい。そうすれば外洋に重要な養魚場を確保できる。

　人類が作り出したインフラの総重量は、いまや地球のリビング・バイオマス〔訳注：生物体の総量から排出物を除いたもの〕を上回る。手つかずの自然は、地球の陸地全体のわずか二・八パーセントにすぎない。[1] 生物学者の故E・O・ウィルソンに触発された一部の環境活動家は、地球の陸地の半分を自然保護区にすることを要求している。世界人口の増加を考えれば、これはかなり大胆な目標だ。しかし、地球で最も劣化が進んだ地域の三分の一が回復するだけでなく、まだ状態の良い生態系が保護されれば、種の絶滅の七〇パーセントは防ぐことができるし、産業革命が始まって以来の排出量の半分に匹敵する炭素が貯蔵される。ちなみに生態学者が作成したKBA（生物多様性の保全の鍵になる重要な地域）には、炭素貯蔵機能を有する場所や、生物多様性の保全に役立つ場所（たとえば野生生物の回廊）などが記されている。世界の陸地の一五パーセントはすでに何らかの形で保護されているが、この「グローバル・セーフティネット」の規模はそれを上回り、様々な保護措置が提案されている。[2] そしてこれは完全に実行可能だ。たとえばコスタリカは、かつては森林破壊が世界で最も速く進行する場所だったが、いまでは国土の四分の一が自然保護区に指定され、豊かな生態系を楽しむネイチャーツーリズムで収入を確保している。

ただし、自然保護区に指定される地域の多くには先住民が暮らし、独自のニーズを抱え、独自の生活を営んでいる現実を忘れてはいけない。暮らしを営む人々を守ってこそ、野生生物を守ることはできる。地域社会に金銭を支払う見返りに、森林や野生生物を保護してもらうことを考えてもよい。あとから定住した人には、重要な生態系を離れてもらうための補償として、他の場所に住居を確保して生活できるように支援を行なってもよい。自然の(破壊ではなく)回復への投資を市場に促す金融ツール[3]も役立つだろう。たとえば、炭素排出量削減のための量的緩和などが考えられる。

人間が活動していなかった場合と比べ、いまでは生物の絶滅率は少なくとも一〇〇〇倍に達する。そしてなかには、地域での生物絶滅が人間を直接脅かすケースもある。たとえば花粉を運ぶ動物は、私たちの食物の多くにとって欠かせない存在だ。ところがイギリスでは牧草地の九七パーセントが、集約農業を導入したおかげで消滅し、その結果として昆虫と鳥の生息数が激減した。これから世界の九〇億の人々に提供する食料の生産を限られた場所で増やさなければならないのだから、野生生物への影響はさらに悪化する可能性がある。問題を解決するためには、畑に野生の草花を植えることを義務付ける政策も考えられる。そうすれば花粉を運ぶ動物が集まってくるし、農薬の使用量を減らしても耕作地にほとんど被害はない。そして都市にも役割はある。イギリスのプライベートガーデンの総面積は、国内の自然保護区の総面積よりも広く、実に一〇〇〇万エーカー以上にもおよぶ。ここに重要な花の種を蒔けば効果は抜群だ。道沿いに緑地帯を設けてもよい。このように都市で生物多様化を進め、余分な手を加えなければ、その積み重ねは大きい。イギリスの都市には自然が回復し、ドーセット州〔訳注：総面積は約二七〇〇平方キロメートル〕に匹敵する緑地帯が出来上がる。

生物多様性の喪失の規模は大きく、範囲も広い。人類が環境に引き起こした変化に生物種が対処できるようになるためには、いまや多くのケースへの介入が欠かせない。時間とお金はかかるが、遺伝子技術を使い、生物種が人新世の状況に適応しやすくする方法はある。アメリカの栗の木は、胴枯れ病への耐性を持たせるため遺伝子操作された。絶滅の危機に瀕しているクロアシイタチは、細胞からクローンが作られている。サンゴのコロニー（群体）は、水温の上昇に耐えられるように遺伝子操作されている。生物種を絶滅の危機から救うため、別の場所への移動が必要なケースもあれば、特別保護区や何らかの政策が必要なケースもある。たとえばルワンダでは、ゴリラツアーに観光客は高い料金を支払うが、それは地域社会発展プロジェクトと野生生物の保護の財源になっている。大勢の人が熱帯を離れると、地球の大切な自然を守って回復させるため、あとに残る人たちにはたくさんの役割が期待される。

今後数十年間で都市への移住が進めば、農村地域には広大な土地が残される。したがって、グローバル・サウスの農地をひとまとめにして大きく使えば、農作業の効率は大幅に改善する。生産性の低い耕作限界地は、もとの原生地に戻せばよい。遺伝子を組換えた品種の作物を使えば、生態系に有害な化学物質を使用する機会は減少する。そして、いまは多すぎるほどの農薬を使って栽培されている野菜も、都市の垂直農法ならば作業が自動化されて効率が高く、農薬を使う必要もない。あるいは小規模農家が持続可能な方法を採用し、生物多様性の保全と回復に協力したら、金銭的な見返りを支払えばよい。そしてリジェネラティブ（環境再生型）農業は、土壌の炭素や肥沃度の回復と維持に役立つだろう。

ただし自然に基づく解決策〔訳注：自然を保護し、その力を活用することで、社会的な課題を解決すること〕では、環境問題はなかなか改善されない。いまや問題があまりにも深刻で、自然の繁栄は簡単に取り戻せない。アフリカや中国では「緑の壁」植林プロジェクトが一〇年以上にわたって続けられ、地球温暖化によって進行した砂漠化の改善を目指している。ただし全面的に成功とは言えない。植えられた木の多くは、過酷な環境を生き残れない。

植林は、炭素排出を相殺するための手段として非常に人気が高いが、選ばれる品種が局地的条件にふさわしくないケースは多く、実際には二酸化炭素排出量を増やしてしまう可能性もある。[4] むしろ牧草地を広げるほうが良いかもしれない。あるいは、せっかく植林してもプランテーションのように画一的では、生物多様性はほとんど育まれず、自然の混合林が生態系にもたらすような恩恵は得られない。[5] そして「排出を相殺する」手段としての植林には、他にも問題がある。複数の当事者によって森林がダブルカウントされるかもしれないし、炭素吸収能力が検証されず、長期的なケアが疎かにされる恐れもある。そもそも炭素排出を相殺するために植林しても、木が生長して目標を達成するまでには数十年を要する。そのあいだに森が焼き尽くされたら何が起きるのだろう。排出量相殺に関する市場やガバナンスには、排出ガスへの課税や価格付けとは別に、十分な制約が確実に必要とされる。

それでもやはり、地球を回復させるためには新たに植物を植える必要がある。土地管理の失敗で森林破壊が進んでいても林業に適した場所、たとえばイギリス南東の低地などでは、植林は大成功する可能性を秘めている。しかも投資によって雇用も創出されるはずだ。それと同時に、ステップや半乾燥地帯の草原など、他の重要な植生も守らなければならない。草原は炭素吸収能力が優れており、地域の環境にそぐわない形で作られた森林よりも、火事で消滅する可能性がずっと低い。あるいは泥炭地も役に立つ。森の二倍の炭素を蓄えており、炭素が土壌全体の半分を占めている。ところがいまやイギリスでも熱帯でも、こうした重要な湿原では農業のために、猛烈な勢いで木が伐採され、水が抜かれ、草が燃やされている。

一方、海草やマングローブや湿地は炭素吸収能力が高く、陸の森林の三〇倍にも達するので、浸食作用を減らし、魚など海の生物を養うために役に立つ。しかしいまや、こうしたタイプの生態系――「ブルーカーボン」と呼ばれるときもある――のほとんどが生存を脅かされている。したがって保全と回復に力を入れれば、複数の恩恵がもたらされるばかりか、雇用も創出される。水深が深くて船舶に邪魔されない場所に海草を植えて群生させるために、様々なプロジェクトが世界中で進行している。あるいは、開発で破壊された場所を中心に、熱帯マングローブの種を新たに蒔く計画もある。そしてもうひとつ、昆布も炭素吸収能力が高く、しかも生長が速いので、生態系に複数の恩恵がもたらされる。もちろん、人間が食べることもできる(6)。

地球の生物多様性の回復は労働集約型の世界規模の取り組みなので、官民連携プロジェクトによって移民にも地元民にも有益な仕事が提供され、報酬も支払われる。こうした「グローバル・コミュニティ」型の大事業は、多くの新しい都市で国が進める地域おこし計画としても役に立つだろう。

ただし、すべてが回復されるわけではない。地球上のすべての生命の四分の一と、世界の一〇億の人々の生活を支えてくれるサンゴ礁は、あと四〇年以上は存続しないと予想される。なぜなら、気温の上昇と海洋酸性化の進行を生き延びられないからだ。気温が二℃上昇すると、サンゴ礁はほとんど消滅する。しかし上昇を一・五℃に抑えたとしても、造礁サンゴは今日と比べて九〇パーセントも失われる。私は海に潜るので、サンゴ礁が無残に失われた様子に胸が痛むが、サンゴ礁はただ美しいだけでなく、はるかに重要な役割を担っている。現在のところ、生態系サービス〔訳注：資源の供給や気候の調整など、人類が生態系から得られる恩恵〕へのサンゴ礁の貢献度は一〇兆ドルと推定される。脆弱な海岸線を浸食作用や嵐から守り、浜辺の砂を創り出してくれる。生態系を現在の状態で保全できない場所では、機能の一部の回復に努めるべきだ。たとえば人工サンゴ礁を形成して養魚場にしてもよい。遺伝子工学を利用して、熱に強い品種のサンゴのポリプ（小さな個体）を選抜育種すれば、そこに共生する藻類が集まり、サンゴ礁の生存能力が伸びるケースも少しはあるだろう。さらに汚染や船舶によるダメージなど、他のストレスを取り除いても成果は得られる。しかし地球の気温の上昇が止まらなければ、サンゴ礁は消える運命にある。

気候の回復

世界の人口のおよそ半分が、二〇五〇年までに脆弱な熱帯地域に集中すると予想されるが（今日よりも四〇パーセント増加する）、この時期が到来しないうちに、熱帯の多くの地域は居住に適さない環境になってしまう。もしも地球の気温を下げられれば、移住を迫られる人は大幅に減少し、避難した人たちが戻ってくることもできる。ただしそれを実現するためのジオエンジニアリングと呼ばれる手法は、まだほとんど試されておらず、物議を醸している。

たとえば、大気中の二酸化炭素の量を減らす方法がある。これを本格的に実行するのは困難で（私たちは未だに二酸化炭素を大気に排出し続けている）、効果もすぐには表れないが、試すだけの価値はある。なぜなら、いまよりも安全で安定した気候システムが回復し、生物多様性が改善するケースも多いからだ。他には、地球の気温を上昇させる太陽放射の量を減らし、地球を物理的に冷やす選択肢もある。そのためには、反射粒子を成層圏に散布する技術が考えられる。

私たちは地球の気温を調整する能力を手に入れた。温暖化の抑制に早い時期から取り組むことを選択すれば、何百万もの人たちが移住を迫られる事態は回避される。あるいは、あとで危機に見舞われてから重い腰を上げる選択肢もある。そうなるとたとえば、熱波に何度も襲われて何千人もの命が奪われてから、ようやくジオエンジニアリング技術の採用に踏み切ることになる。いずれにしても地球の気温上昇を制約しようとすれば、政治的にも社会的にも技術的にも、かつてなかったほど大きな反応が返ってくる。しかし、この賭けに失敗したときの代償は計り知れない。もしも世界の温暖化がこれ以上進めば、移住する程度では生き残れなくなるのだ。

いまの私たちは、問題のこれ以上の悪化に加担すべきでない。そのためには化石燃料を燃やし続けてはならない。あるいは農作業で土を掘り起こしたとき、土壌に蓄積された二酸化炭素が放出される事態を回避しなければならない。干ばつや森林破壊や熱波によっても、二酸化炭素は放出される。一方、すでに大気に排出された二酸化炭素は、森林の復元によって取り除き、確実に閉じ込める必要がある。森林はこの「ネガティブ・エミッション」活動を、伐採され焼却されるまで続ける。あるいは海草も、炭素を海底に閉じ込める能力が優れている。そしてもうひとつ植物を利用する戦略もある。たとえばトウモロコシのヒゲなどの農業廃棄物を酸素のない状態で燃やすと、あとには炭（「バイオ炭」）が生成される。これは固体の炭化物なので、土壌に埋め込めば地味が肥える。豊かになった土地からはさらに多くの植物が育つので、収穫するたびに炭素が手に入る。ただしマイナス面もある。他の用途、たとえばこうした農業廃棄物は家畜の飼料にも、地表面を覆うためにも使えない。

　バイオエネルギーと炭素回収・貯留を結びつけた技術——一般には「ＢＥＣＣＳ」と呼ばれる——は、廉価なネガティブ・エミッション技術で排出量の相殺が可能なので、政府や企業のあいだで非常に人気が高い。ＢＥＣＣＳのプロセスでは、まず燃料となる植物を育て、生長したら発電所で燃やしたあとに生成された二酸化炭素を回収し、安全な形で貯留する。ひとつ問題なのは、正味排出量を大幅に減少させるために、広大な土地が必要とされることだ。現在の農地の八〇パーセントが必要だという予測もあるが、すでにおわかりのように、農地は食料生産や野生生物の保護にも必要とされる。単に燃料となる植物を育てるために貴重な土地を使うのは常識的ではない。

　海洋肥沃化は、気候を回復させる大きな潜在力を秘めており、貴重な土地を使わずにすむ。そもそも海は砂漠の土壌から運ばれてきたミネラルによって、自然に肥沃化する。こうして獲得された栄養素のおかげで生長を促された植物プランクトンは、光合成の過程で、二酸化炭素全体の四〇パーセントを吸収すると推測される（アマゾン熱帯雨林の吸収量の四倍）。植物プランクトンは海洋食物連鎖を基底で支え、生物多様性にとってきわめて重要な存在である。だから人工的に増やしたらどうか。たとえば南極などの海水に鉄粉を散布すると、植物プランクトンが増殖し、二酸化炭素を吸収してくれるので、海洋酸性化の減少にもつながる。過去の地質時代には、いまよりもずっと大量の砂塵が砂漠から海へ風で運ばれてきたので、地球の気温が低くなった。海洋を人工的に肥沃化すれば、同じ効果が得られるだろう[7]。

大型の海洋哺乳類、特にクジラには、大きな役割が期待できる。クジラは深海で餌を食べてから、呼吸するため海面に戻って排泄するが、そこには鉄分が多く含まれるので、植物プランクトンが増殖する絶好の条件が整う[8]。二〇世紀の産業捕鯨は、炭素を豊富に含む海洋生態系を壊滅させたが、クジラを保護すればその是正に大きな効果を発揮する[9]。クジラの生息数を回復するためには、海洋肥沃化が役に立つ。海洋肥沃化によって植物プランクトンが増殖すれば、植物プランクトンを餌にするオキアミの生息数が増えて、ひいてはオキアミを食べるクジラの生息数も回復する。

陸地で計画的に植林を行なっても目標を達成できないケースが多いが、それと比べれば、海洋肥沃化によって複雑なサイクルを回復させるほうが、二酸化炭素を吸収して地球の気温を下げる手段としての効果を期待できる。ただし現時点では「ジオエンジニアリング」に分類されているので、リスクが高すぎる介入策と見なされ、小さな規模で科学実験を行なう以外は認められない[10]。海洋肥沃化にはいくつかの懸念材料があるが、藻類が制御不能なまでに増殖することもそのひとつだ。藻類が大発生して死んだあと、バクテリアによる分解が始まると、その過程で酸素が消費されるので、他の海洋生物が全滅して「デッドゾーン」が形成される。実際にこれは、農薬が過剰に使われて、陸の水域や沿岸地域を汚染するときに発生する。しかし、栄養素が限られるうえに、水が勢いよく循環する海で肥沃化を行なっても、デッドゾーンが形成されるリスクは考えられない。むしろ、海水からきれいに酸が取り除かれるので、プランクトンやサンゴなど殻を形成する海の重要な生物に恩恵がもたらされる。試験的調査は進行しているが、いますぐ本格的な規模で成果を試してみるべきだ。

炭素を燃やす発電所には例外なく、二酸化炭素回収・貯留（ＣＣＳ）技術を導入すべきだ。いまではほとんどの発電所の煙突から、およそ一〇パーセントという、かなり濃度の高い二酸化炭素が放出されている。したがってCCSを取り入れれば、化石燃料の継続的な燃焼が地球温暖化の危機を悪化させる事態を食い止められる可能性が大いに期待できる。炭素は地下の塩水層や空隙の多い帯水層に貯留される。あるいは、二酸化炭素は売却してもよい。温室など産業用の使い道があるし、水素と結合させれば合成燃料が生成される。今日、CCS技術が採用されているところでは、二酸化炭素は主に枯渇した油井（ゆせい）に注入され、石油やガスの増産に使われているが、これは理想からかけ離れている。コストの高さから、ほとんどの国はすべてを貯留することをためらっているが、カーボンプライシングが行なわれてネットゼロが目標にされる現在、技術の採用は避けられない。もちろんCCSの規模を拡大すれば、コストは低下する。そのためには政府の投資も欠かせない。

地質学的なアプローチも可能だ。「風化」という自然のプロセスを促進すれば、大気から直接二酸化炭素を回収することができる。風化とは、岩石の継続的な浸食作用だ。岩石は雨水に溶けた二酸化炭素と化学反応を起こすと破壊され、ほとんどは海に運ばれた後、炭素は海底に貯留される。このプロセスでは私たちの炭素排出量の〇・三パーセントが吸収されるが、その能力を向上させれば、吸収率は劇的に改善される。吸収する能力は、岩石によって異なる。地球の表面でよく見かける玄武岩やカンラン石などのケイ酸塩岩は、砕けると反応性の高い粉末になる。そのため農地に散布すれば風化が人工的に促され、地中の根や微生物が二酸化炭素を取り除くペースが加速する。この粉末は、土壌にミネラルを加える手段としても優れており、土壌の栄養レベルが向上するだけでなく[11]、収穫量が増加して、荒廃した農地の回復にも役立つ。ちなみにケイ酸塩岩には、作物の健康を改善させ、害虫や病気から守るという利点もある。そして、この風化促進法は水のアルカリ度を高めるので、肥料の使い過ぎによる土壌の酸性化を防ぐこともできる。農家は土壌の酸性化を防ぐために石灰を加えるケースが多いが、その代わりにケイ酸塩岩を使えばよい。このような恩恵がもたらされれば農家の収益性は向上するのだから、農業部門は風化促進法の採用に積極的だ。しかも、これなら大気から二酸化炭素が取り除かれる。

風化促進法は海でも利用できる。ケイ酸塩岩を浜辺に散布すれば、潮にのって海に運ばれるが、その結果、海から多くの二酸化炭素が取り除かれる。そうなると、大気から吸収できる気体の量が増えるので、地球の気温は低くなる。さらに、ケイ酸塩岩が散布された場所の近くを中心に、海洋酸性化が緩和される利点もある。これはサンゴ礁の生態系にとって命綱になるだろう。

問題はコストだ。岩石を採掘してから粉砕し、それを広範囲に散布するためには多大なエネルギーが必要とされ、費用も馬鹿にならない[12]。たとえばBECCSに比べ、二酸化炭素排出を「相殺する」手段としてこのプロセスに投資すれば、大きな機会が提供される。それに、選鉱くずや残留物の処理は、今日では業界に厄介な問題を突き付けているが、それを風化促進法で利用できれば、誰にとってもウィンウィンの状況が生み出される。

これと比べると、二酸化炭素を大気から直接回収するタイプのCCS技術のほうが、選択肢としては人気が高い。すでに複数のスタートアップ企業が巨額の投資を行ない、積極的に活動している。ここで問題なのは、大気中の二酸化炭素濃度がわずかしかないことだ。たった〇・〇四パーセントなので、取り除くには莫大なエネルギーが必要とされる、ある研究によれば、今日の地球全体のエネルギー供給量の半分が必要だという[14]。しかも大気は大量に存在するので、大々的な規模で大気を吸い上げ、そこから二酸化炭素を回収して貯留するためには、地球規模の産業が欠かせない。これほどの規模のプロジェクトは、まだ構想もされていない。二酸化炭素を取り除くプロセスには何百万トンもの溶媒と莫大なエネルギーが必要とされるので[15]、直接空気回収（DAC）には莫大な費用がかかり、たくさんの資源とエネルギーが費やされる。そして、かりに本格的な導入が成功して二酸化炭素濃度が低下しても、まだ問題は残る。海が二酸化炭素濃度の低下に反応を示し、貯留している二酸化炭素の一部を大気に戻す可能性があるのだ。二酸化炭素は大気と海洋のあいだを常に行き来している。その均衡状態が乱されるとどうなるか誰にもわからないが、科学者の計算によれば、ＤＡＣによって取り除かれた二酸化炭素の五分の一は、海洋からの放出で補塡されるという[16]。それでも直接空気回収には本格的に取り組むべきだ。このままでは気温上昇を二℃未満に抑える希望は少ないのだから、せめてもの努力は必要だろう。

そして何といっても気がかりなのは、二〇五〇年までにネットゼロを達成するための公式のロードマップのすべてが、ＢＥＣＣＳかＤＡＣのいずれか、もしくは両方に大きく依存していることだ。実際のところ、どちらも本格的に採用された場合の成果が証明されたわけではない。ある程度までは、社会の抜本的な変化を通じてエネルギー消費量を減らすよりも、未来のテクノロジーに賭けるほうが現実的かもしれない。それでも、地球の気温の危険なまでの上昇をいずれかの方法で食い止められるとは、私はとても確信できない。

すでに地球の気温は一・二℃上昇し、その影響に私たちは苦しんでいる。この一〇年間には、一年に二一五〇万人が異常気象のせいで移住を迫られた。これは武力紛争を逃れて移住したケースの三倍、そして迫害を逃れたケースの九倍にもなる。しかも、今後一〇年間で人数はさらに三倍に増加すると予想される。二〇二〇年、世界が異常気象関連で受けた被害は、二一〇〇億ドルにのぼった。地球の気温上昇が一・五℃を超えたら（これは二〇二六年までに実現する可能性がある[17]）、およそ三〇億人が、人間にとって居住可能な範囲を超えた状況を常に経験する場所で暮らすことになる。世界はあと数十年待ってから、地球の気温の低下に取り組み始めると私は思うが、そうなると人類の大移動は避けられないだろう。

ジオエンジニアリングによる地球の冷却

これほど多くのものが危機に瀕しているのだから、太陽の光を地球から宇宙に反射させる設備を導入し、地球の気温を安全なレベルで維持することだけでも始めてもらいたい。しかし今日では、こうした形のジオエンジニアリング――地球の気候システムへの意図的かつ大がかりな介入――はタブー視されている。二酸化炭素の排出によって気温を上昇させる行為は許されるのに、同じようには許されない。でもここで、はっきりさせておこう。地球全体で土地を利用する方法に変化を加え、大気汚染を深刻化し、おまけに化石燃料を大量に排出して大気や海の温度を上昇させる行為は……ジオエンジニアリングに分類されているわけではないが、間違いなくジオエンジニアリングに匹敵する。地球にもっと住みやすい環境を取り戻すためには、使えるツールは総動員しなければならない。

いまや氷は記録的な速さで失われつつあり、特にグリーンランドと南極では融解が猛烈なスピードで進んでいる。すでにこれは海面を上昇させているが、これまでに大量の二酸化炭素を排出してきた影響で、氷がさらに解ける展開は避けられない。この惨状には、様々な対策が提案されている。たとえば、光を反射するフリースの毛布で氷山を覆い、アルベド（反射率）を増加させるアイデアもあるが、これはまだヨーロッパアルプスでしか使われていない。あるいはアラスカでは、こんなアイデアが現時点で試されている。[18] シリカ（ガラス）で作られ、光を反射する人工雪を氷河に吹きつけるのだ。そうすると、氷の反射率は一五～二〇パーセント増加する。本格的に導入する費用は五〇億ドルと推定されるが、実現すれば気温は一・五℃下がり、氷の厚さは最大で五〇センチメートル増えるので、プロジェクトの事務局によれば、温暖化に関して一五年の時間稼ぎができる。

研究者からは、風力発電式の巨大なポンプを使って北極海の氷の減少を食い止めるアイデアも提案されている。冬のあいだ、ポンプは海水をくみ上げ、それを氷の表面にまいて凍らせる。その結果、氷は厚みを増すので、暖かい季節になっても薄くならない。プリンストン大学の氷河学者マイケル・

ウォロヴィックは、グリーンランドや南極の氷河の一部が、人工の貫入岩床を使うと安定する可能性に注目した。砂や岩石などを使い、海底に人工の小山を作るのだ。そうすれば、温かい海水が氷の下に入り込まなくなるので、氷が下から解け出す事態が回避される。あるいは、極地の氷河の上空に垂れ込める雲を白色化するアイデアもある。遠隔操作されるドローンの船を使って塩水を雲に噴霧すると、氷は光をさえぎられて温度が低くなる。これは、イギリスの元主席科学顧問のデイヴィッド・キング卿が先頭に立って進めているプロジェクトで、二〇二四年には試験的に始めたいと考えている。

この雲の白色化は、気温の上昇によるサンゴ礁の白化を防ぐためにも有効だ。実際、グレートバリアリーフの上空では科学者による試験が行なわれた。改造されたタービンの一〇〇本の高圧ノズルから、ナノサイズの海水の結晶が一秒間に何百兆個も船の後方から噴霧された。海面から風に運ばれて上昇した水蒸気が塩の結晶のまわりに集まると雲が形成されるが、この装置を使えば、自然のプロセスが進行するスピードよりも速く雲が作られる。実験で使われる塩の結晶は大気中に一日か二日しかとどまらないが、もっと大きなタービンをもっとたくさん使い、少なくとも一〇倍はスケールアップする計画もある。そこまでのレベルになると、数百平方キロメートルの地域を上空から覆う雲を作ることも可能で、これなら海水の温度が少し下がる。他には、生きたサンゴ礁の存続を長引かせる選択肢も検討されている。たとえば冷たい水を海面の水に噴霧して、上に細かい霧やもやを発生させる方法も考えられるが、それよりは、光を反射する炭酸カルシウムの微細な界面フィルムで表面を覆うほうが実現の可能性は高い。同様の技術は現在、貯水池やダムで飲料水などの蒸発を防ぐために使われており、光の浸透を二〇パーセント以上減少させることができる。サンゴの白色化が予想される夏のあいだには、(飛行機、船舶、自動ブイなどを使って) 界面フィルムで水面を定期的に覆う必要がある。そうすれば、太陽熱の放射がサンゴに到達する割合を減らすことができる。今後数十年間は、こうした薄膜技術がサンゴを保護するだけでなく、もっと広い範囲で使われる可能性が高い。貯水池の水の蒸発を防ぐために使う機会を増やせばよいし、それを水上太陽光発電と組み合わせればよい。

もちろん、地球温暖化の悪影響が最も大きいのは、人々が存在する場所、すなわち陸地だ。したがって、地球の一部または全体を冷却する技術が必要とされるが、そのひとつが硫酸塩の細かい霧を大気に噴霧する方法だ。二酸化炭素は熱を吸収することで大気を温めるが、逆に硫酸塩が大気を冷やすのは、太陽の放射線の一部を宇宙に跳ね返すからだ。冷却効果は極地よりも熱帯で顕著なので、極地の氷の融解による海面上昇を防ぐためには大して役立たない。しかし今後数十年間で熱波が何千人もの命を奪う可能性が消滅し、移住が不要になる住民は数百万人にのぼるだろう。

ただし、こうしたジオエンジニアリングはタブー視されているため、ごく簡単なテストをガラス張りの方法で実施することすらできず、モデル調査に頼るしかない。硫酸塩を成層圏に噴射するアイデアは原則として、化学的にも物理的にも十分理解されているので、地球冷却化の効果を疑う理由はまずない。しかし硫酸塩を噴射するためには何が最善の方法で、どれくらいの頻度が必要かまだわからない。さらに、大気や気候にどんな影響がおよぶか、なかでも地球にとって重要な気候循環や降雨のパターンに何が起きるかも不明だ。

地球を冷却すれば、アジアやアフリカの人口密度が高い地域の住みやすさが維持されるので、都市は空調や水の供給に費やす資源を減らすことができる。土壌の熱が冷めて水分の蒸発が少なくなれば、熱帯での植林は簡単になり、成功する可能性も高くなるので、大気から取り除かれる二酸化炭素の量が増える。そして農業では、熱中症で命を落とす心配をせず野外作業に従事できるし、作物もよく育つ。実際、地球の気候変動の最悪の影響から作物を守るためには、表面温度を下げるのが最も効果的だ。むしろ雨よりもこちらのほうが重要なことが、研究からは明らかにされている。二〇二一年の研究によれば、炭素排出量を減らすよりも、ジオエンジニアリングで太陽放射を管理するほうが、作物るからだ。

の収穫量には良い効果がもたらされる[19]。というのも、二酸化炭素は光合成の過程で植物が利用してい

もちろん、だからと言って二酸化炭素排出量の削減を継続し、すでに存在する二酸化炭素を一刻も早く取り除く作業のペースを落とすべきではない。むしろ速めるべきだ。なぜなら、こうした高価な冷却技術を使う必要が生じるのは、二酸化炭素による地球温暖化が継続しているからだ。大気中にあり余っている二酸化炭素が引き起こす根本的な問題、たとえば海洋酸性化などは、太陽光を反射するだけでは解決されない。それでも、脱炭素化を進めてネガティブ・エミッションを達成するまでの時間稼ぎにはなる。そしてここが肝心だが、地球の気温上昇を少しでも長く食い止めれば、最貧層の人たちは環境の変化に適応し、貧困を緩和することができる。これは道徳的にきわめて重要であり、生態系の回復にもつながる。今日すでに排出された炭素を大気から効果的に取り除く作業は、効果を高めることができる。これからはグローバル経済でネットゼロを実現し、生物多様性の増加という目標を達成し、人々の生活や幸福を改善する必要があるが……壊滅的な気候変動、頻発する異常気象現象、干ばつ、熱波の負担が取り除かれた世界では、どれも実現しやすくなる。地球を冷却する選択肢はそれを後押ししてくれるのに敢えて使おうとしないのは、道徳的に擁護できない。

硫酸塩――他にも選択肢はあるが、いまでは最も有望だ――は、飛行機や自律飛行型のドローンによって、成層圏に定期的に噴霧すればよい。冷却効果は直ちに表れるが長続きしないので、継続的に行ない、二酸化炭素の濃度が下がれば徐々に量を減らす。こうして継続しないと、二酸化炭素による温暖化の影響はすべて戻ってくる。

ただし、こうした方法で地球の冷却に取り組んだ経験はないので、どんな望ましくない効果が表れるかわからない。そして効果が温暖化の継続がもたらす影響を上回るのかどうか、それもわからない。しかし何かあったらすぐに中止すれば、影響は早い段階で食い止められる。たとえば紫外線の量がわ

ずかに減少した場合、作物の生産や自然の生態系にどんな影響がおよぶのか現時点ではわからない[20]。さらにジオエンジニアリング技術を使うと、一部の地域で降水量が減少する心配もある。そこで科学者は、まずはプロセスの進行を加減してみることにした。硫酸塩による冷却化で地球温暖化を〔完全に解消するのではなく〕目標を半分にとどめてみた。このモデルからは、このような形で硫酸塩を噴霧しても、二酸化炭素排出量の増加による影響のほとんどは相殺されることがわかった。シミュレーションによれば、熱帯低気圧は猛威を振るわず、どの地域でも水不足、極端な気温上昇、豪雨のいずれも確認されなかった[21]。全般的に、硫酸塩による冷却化は干ばつの減少につながる。ある研究によれば、大気中の二酸化炭素の量が産業革命以前の二倍になるケース（二〇六〇年頃に予想される）と比べ、ほとんどの地域で熱波が発生する回数は減少し、雨の降らない日は長続きしなくなる[22]。

大量の二酸化炭素を大気に放出し続ければ、望ましくない結果が生み出され、その程度には地域差がある。それと同じ過ちを繰り返してはならない。たとえば、太陽光の反射を使った冷却化の悪影響を受けた場所は、何らかの補償を受けるべきで、それにはガバナンスと監視が欠かせない。いまでも太陽放射管理ガバナンス構想は存在するが、組織に権限はなく、明確な目的を与えられているわけでもない[23]。

なかには、ここでジオエンジニアリングを使った冷却化という「簡単な」選択肢をとると、二酸化炭素排出量の減少に向けた努力が疎かになると確信する人たちもいる。たしかにカーボンオフセット〔訳注：まずは温室効果ガス排出量の削減に努め、それでも排出される量を、他の場所での削減のための活動に投資して埋め合わせること〕を戦術として使うと、二酸化炭素の排出はとりあえず継続されるので、脱炭素化に向けた努力が回避されたり、遅れたりする恐れがある。したがって規制関係者は、ジオエンジニアリングが排出量削減の代わりではなく、それと組み合わせて使われるように目を光らせなければならない。

さらに、私たちの「良からぬ」行動が環境を汚染して地球温暖化を引き起こしたにもかかわらず、その解決に新しい技術を使うことについて、道徳的観点から良心の呵責（かしゃく）を感じる向きもいる。そんな人たちは、とにかく生活で省エネを徹底させるべきだと信じて疑わず、地球の冷却化にはマイナス成長が必要だと主張する。そのほうが道徳的に優れていると考えるからだろう。たしかに、節度を欠くほど環境を汚染する生活様式にこだわり続ける人はいるし、自分たちの行動が環境に与える影響については誰もが意識しなければならない。それでも一部の環境活動家は、社会を一変させようとする姿勢がかなり目立つ。快適さが失われる点は無視して、ジオエンジニアリングによって地球の「自然な」状態を取り戻す対策など歯牙にもかけない。私には、これは道徳的に問題があるとしか思えないが、結局のところ道徳とは主観的なものだ。私ならば、同胞がみんな安全な気候条件のなかで暮らし、食べ物を十分に確保できるために努力を惜しまないことが、道徳的に正しいと考える。それには、危険でつらい目にあっている人たちの移住を助ける必要があるし、地球に安定した気候を取り戻す必要もある（今日このような気温を経験しているのは、過去の行ないの報いだということを忘れてはいけない。悪い行ないを続けたら、そのしわ寄せは将来の気温上昇という形で現れる）。

　グリーン経済からは、健康、生活、生態系の保護、コストなど、様々な面で複数の恩恵がもたらされる。したがって、化石燃料の燃焼は直ちにやめるべきで、そうなれば地球の気温は確実に下がる。このプロセスを継続させるには法律による裏付けが欠かせない。しかし化石燃料は、人間が作り出したシステムに組み込まれ、食べ物、エネルギー生産、輸送、産業プロセスに深く関わっている。したがって、他のものに置き換えるまでには時間も費用もかかり、なかでも悪質な利害関係者の影響は無視できない。地球温暖化の物理的な進行に比べると、化石燃料を代用させるプロセスの進行は遅い。このままでは気温は三℃から四℃上昇する可能性があり、そうなれば何十億もの人たちの生活が脅かされる。私は、こんなリスクを受け入れられない。あらゆる努力を払って地球の冷却化に努めるべきで、とにかく実行可能なことから積極的に進める必要がある。そして硫酸塩による冷却化は、間違いなく実行可能だ。

温室効果ガスの排出量を削減するためどんなに努力しても、それだけでは気温は少なくとも三℃上昇する。しかし年間およそ一〇メガトンの硫酸塩を成層圏に注入すれば、太陽光の一パーセントは宇宙に跳ね返されるので、気温の上昇が一・五℃未満に抑えられる。これなら壊滅的な海面上昇は回避され、干ばつや森林火災やハリケーンの発生は減少し、一部のサンゴ礁には生き残るチャンスが与えられる。ちなみに今日の産業汚染からは、年間およそ一〇〇メガトンの硫酸塩が人為的に生み出される。

太陽光の遮断による地球の冷却化には、あまり論じられない側面がある。まず、効果は平等に分配されない。地球温暖化の被害を受けるのは熱帯の国が圧倒的に大きく、それ以外の国にはむしろ何らかの恩恵がもたらされるが、冷却化の場合はその逆が成り立つ。今日、産業活動や輸送に由来する硫酸塩排出の冷却効果は、熱帯の経済には恩恵をもたらしているが、それ以外の国の経済は悪影響を受けている。[24] これは、成層圏に硫酸塩を注入して地球を冷却する取り組みにも当てはまる。要するに、数十億人が暮らすグローバル・サウスの熱帯にはこの介入策から利益がもたらされ、作物の収穫量は増加して生活環境も改善する。しかし北部では、一部の地域はすでに温暖化の恩恵を受けている。氷が解けて耕作可能な土地が増えたため、収穫高も増えている。したがって、冷却化はあまり喜べない。これから化石燃料が使われなくなり二酸化炭素排出量が減少し、世界中でネットゼロが達成されれば、二酸化炭素濃度は四二五ｐｐｍまで減少するどころか、四〇〇ｐｐｍまで戻るかもしれない。そうなると、グローバル・サウスは危険が減って、もっと快適な場所になるが、北部の地域は温暖化による恩恵を失う。

一方、私たちはジオエンジニアリングによって地球の気温を選択する能力が与えられるが、理想の気温については意見が分かれるだろう。熱帯で暮らす人たちは、気温が低くなるほうを好む。そうすれば空調設備は不要になり、干ばつも滅多に発生しない。これに対し、北部の寒冷地域で暮らす人たちは、気温が上昇するほうを好むだろう。すでに気温の上昇に適応したインフラが整備され、新しい都市が建設され繁栄していたら、なおのことその思いは強い。地球の気温が一・二℃上昇した現在、ロンドンで暮らす私は庭で柑橘類を育てることができるし、家で暖房を使う機会は少ない。かつてイングランド南東部はずっと寒かったが、いまは地中海と同じ温暖な気候になり、私はそれを楽しんでいる。しかし同時に地球温暖化によって、異常気象による災害の発生件数はこの五〇年間で五倍に増え、二〇〇万人以上の犠牲者を出し、経済に三兆六四〇〇億ドルの損害がもたらされた[25]。

地球は誕生してから四五億年のあいだに、気温の大きな変動を何度も繰り返してきた。しかし、ほとんどの時期はいまよりも暑く、実際、氷のないときが大半を占めた。ただし私たち人類は、氷河に覆われた更新世に進化を遂げた。気候が安定し、気温が上昇して快適になったのは完新世になってからで、それは地球の長い歴史から見ればつい最近の出来事だ。そんな条件に恵まれたおかげで文明は創造された。人類の活動の影響で地球の気温は上昇し、私たちの適応力は限界まで追い詰められている。しかし、どんな気温を選べばよいのか。産業革命以前の平均だろうか、あるいは〇・五℃の上昇、それとも一℃の上昇だろうか。そして、誰がそれを選ぶのか。これはグローバル・ガバナンス機関が取り組むべき重要な問題であり、そんな機関を一刻も早く組織して、権限を与えるべきだ。

まだ遅すぎるということはない

生物多様性と気候が回復すれば、私たち人類にとっても野生生物にとっても地球は住みやすい場所になり、大混乱の多くは収束するだろう。問題解決に早く取り組むほど、人類の大移動は不要になり、人生のやり直しを迫られる人は少なくなる。間違いなく、これからも移住はなくならない。人類には移住を好む習性があるのだ。それでもここで厄介な問題に取り組んでおけば、もっと簡単に移住できるようになり、しかも成功する可能性が高くなると私は期待している。地球の回復にすぐにでも本格的に取り組まないと、気温はどんどん上昇し、人類の生存が脅かされるレベルにまで達してしまう。

でも、まだ遅すぎるということはない。世界人口は二〇六五年頃に九七億でピークに達すると予想されるが、そこからは横ばいになるか、もしくは減少する可能性のほうが高く、二一〇〇年には現在のレベルに戻ると思われる。人口の減少には不安材料もあるが、資源が極端な圧力から解放されるのは事実だ。もしも環境条件が許せば、人類の大移動は高緯度地域への移住と極地への入植では終わらない。むしろ次の世紀まで継続し、かつて放棄した場所に戻ることになるだろう。地球の回復が進めば、やがて人類は再び移動を始め、避難場所から地球の隅々まで広がっていくだろう。

まとめ

何十億人もの大移動について考えるなど馬鹿げている。そして、どんな結果になるか知りながら、地球の温暖化を継続させるのも馬鹿げている。私は執筆や研究でキャリアを積み重ね、気候変動とその影響について語ってきたが、未だにこんな状況に置かれていることが信じられない。でも、それが現実なのだ。六歳児特有の冷静さと合理性を併せ持つ私の娘は、こう尋ねた。化石燃料なんて、やめちゃえばいいのに。「うーん、そう簡単な問題じゃないのよ」と私は難しい顔をして答えた。

でも、実はいたってシンプル。私たちは科学を理解しているし、技術を持っている。短期的にはかなり高い費用がかかるだろうが、いまの私たちはせっかくのお金を他のことに無駄に費やしている。自分で状況を複雑にしているのだ。社会や政治や経済を網の目状に張り巡らせた挙句、そのなかに閉じ込められてしまった。人類は罠(わな)のような構造物を自分で作り出しておきながら、そのなかで身動きできなくなった。だから危険な状況に放り出され、何十万年も暮らしてきた場所から大移動しなければ生き残れないような、何とも馬鹿げた立場に置かれたのである。

移住は避けられないし、必要なケースも多いのだから、スムーズに進めるべきだ。しかし、世界の一部が住めない環境になっただけで住み慣れた場所からの移住を迫られるのは、悲劇でしかない。ある意味、この状況は避けられないものではない。私たちには地球の気温上昇を抑える能力があるのだから、それを使わなければならない。そうすれば、人類の大移動といった極端な展開は回避されるだろう。ただし気温が一・二℃上昇した現段階でも、すでに人々はそれ相応の理由で移住する。みんな様々な問題を抱えているかもしれないが、移住してくる人たちを問題視する姿勢は改めなければならない。

むしろ移住の多くは歓迎すべきだ。見知らぬ都市や国や大陸に移住してくる人たちは、自分が豊かになるだけでなく、新しい拠点となる社会を豊かにしてくれる。人類は目覚ましい成功を収め、多様で複雑な文化を築き上げたが、移住はそれを支える大事な要素であり続けてきた。最近はどちらかと言えば、移住する機会は減少している。それでも住み慣れた場所を離れて新天地で成功への道を求めれば、もっと多くの人たちに充実した人生が手に入る。

移民は文化の橋渡し役になる。私たちが自分をもっとよく知るためにも、お互いに理解し合うためにも役に立つ存在だ。私自身、複数の場所で暮らした経験があるが、そのおかげで大切な友情を育み、自分とは異なる考え方や暮らし方を学び、地域や住民についての理解を深め、新しい言語のスキルを磨くことができた。でもそれと同じぐらい重要だったのは、移民と知り合えたことだ。移民は個人的に勇気や好奇心や決断力を持ち合わせている。馴染み深い人々や場所や言語をあとに残し、未知の世界に大胆に飛び込み、時には大変な困難を克服する。海外に飛び出すのは道徳的に悪いことではないのだから、移民を罰する必要はない。移住はもっと簡単に実現しなければならないが、いまは不必要に厄介な状況がわざわざ作り出され、たびたび危険を伴う。

この世界の社会的不平等は最初から決定されている。私たちは市民権を受け継ぎ、家族の安全を受け継ぎ、人生のチャンスを受け継いでいる。生まれついた環境に伴う幸運や悲劇は、そう簡単には変えられない。しかし身の安全まで、生まれついた環境に左右されるべきではない。身の安全は非常に重要なのだから、それは許されない。みんなが共有する地球全体を、誰もが安全に移動しやすくするべきだ。普段は特に意識はしないが、誰もが平等に地球という惑星を受け継いでいる。

今世紀の大移動の大半を占めるのは、気候変動の影響を受けた貧困国から富裕国への移民になるだろう。富裕国は、気候変動の恩恵を受けて豊かになる。ここで何らかの社会的公正を実現すれば、状況の改善が促され、受け入れ国も移民も新たな成長の恩恵を受けるだろう。都市が繁栄するためには移民が必要とされるが、移民は正しく管理して支援しなければならない。お互いに歩み寄って協力する必要があり、実際、協力すれば効率は高まる。だからこそ、進化には協力を好む傾向があるのだ。これからは、国際協定によって移住が安全かつ合法的に実現する環境を整えるべきだ。新しい市民の大量の流入に備え、社会経済的コストを分担するメカニズムを前もって準備する必要もある。意外にも、グローバルな視点から人々に仕事や教育や住居を提供する一貫性のある戦略はまだ存在しない。デジタルの世界では簡単にできるはずだから、ここで新たな戦略を立案しなければならない。

先進国は、移住は安全を脅かすと決めつけるが、この発想は間違っているし、変えていかなければならない。本書の執筆中にもおよそ二万人の子供たちが、アメリカで劣悪な環境の仮収容所に閉じ込められている。この小さな亡命希望者は寒さに震え、お腹をすかせ、シラミが体にたかり、かさぶただらけだ。一方ヨーロッパは、三七〇〇万ユーロをかけた出入国管理プログラムの一環として、難民に対する「強硬な手段」を試している。EUは気前よく、戦争で荒廃したウクライナから数百万の難民を受け入れたが、他の場所からの亡命希望者への対応は徐々に悪化して、北アフリカから海を渡って来る難民の捜索救難活動を犯罪行為と見なすまでになった(1)。移民を寄せ付けないために時間とお金をかけて悪知恵を働かせているが（良い結果にはつながっていない）、それよりはむしろ、都市の新たな労働力となる市民を受け入れるための計画に労力を費やすほうが、はるかに建設的だ。これなら誰もが豊かになれる。これからは移民に関する考え方を改めるべきだ。来るものを拒まず、強力で活気のあるナショナル・アイデンティティを築き上げなければならない。自らの文化を自慢する一方で貶（おとし）める人――大きく評価しておきながら、外国人を受け入れる能力があるとは信じられない人――には、この矛盾をわからせなければならない。文化は、すでに持っているものを守り続けるだけでは進化しない。殻に閉じこもるのではなく、複雑な交流を経て豊かになってこそ、進化は実現する。

移住を必要とする人には、堂々と安全に移住できるルートを準備しなければならない。危険を冒して国境を越える以外には選択肢がないため、毎日大勢の難民が命を落としている現状は許されない。[2]移住のスムーズな進行は気候変動への適応策として重要であるばかりか、貧困や飢餓の解決にもつながる。グローバル・サウスに残っている人たちだけでなく、グローバル・ノースの外から、あるいは内部で移住する大勢の人たちへの投資は、私たちが共有する未来への投資につながる。そのためには、市民権の提供から始めればよい。

移民から受ける恩恵に関しては、比較的快適な生活をおくっている人のほうが評価しやすい。「取り残された」町の住民は、移民がもたらす影響について不安を募らせる。これから世界各地で人々が避難を迫られ、人類の大移動が始まる可能性を考えれば、政治指導者は国民の不安を煽るのではなく、安心させなければならない。貧困を緩和し、すべての市民のために住宅やサービスや仕事を創出する政策を打ち出し、不安を払拭させるべきだ。

私たちはこれまで地球の気候変動を加速させてきた、実際、人類の大移動の必要性は、少なくとも一〇年前から明らかだった。したがって指導者は、準備不足を言い訳にできない。今日の移民への「対応」は、道徳的にも社会的にも経済的にも失敗で、毎日たくさんの命が無駄に失われている。そろそろ、移民問題への取り組みについて会話を始める時期だ。世界各地から様々な意思決定者を集め、気候変動と移住について積極的に話し合い、世界が協力して解決策を打ち出さなければならない。

いまから二〇三〇年までのどこかの時点で、気温の上昇を一・五℃までに抑える目標は従来の緩和策だけでは実現不可能だという現実を受け入れる必要がある。これからは太陽光を宇宙に跳ね返して地球の冷却化に努めるのか、それとも危険なほど高い気温に適応するほうに集中すべきか、決断を下さなければならない。ただし、世界の二二億人の子供たちのすでに半分が、気候変動の影響を受ける「リスクがきわめて高い」という事実を忘れてはいけない。(3)

気候変動にはすべてのものの変化が関わっている。なぜなら、気候は私たちの生活を土台で支える存在だからだ。人間がどこに暮らせるか、そこでどんな生活を営むか、季節はどのように移り変わるか、何を育てればよいか、どこに雨が降るか、気温はどのくらい高くなるか、海岸線はどんな形状で、見渡す限りの風景はどこまで広がるのか、海流はどんなルートをとるのか、嵐はどれだけ激しくなるのか、すべては気候によって決定される。そして私たちの全員がこれからの数十年間、存在に関わる深刻な変化を経験するだろう。私たちの文化や社会や生活を育んできた環境との関係は断ち切られてしまう。気候変動はスムーズに進行するわけでもないし、予測可能でもない。不安定な状態が長期間にわたって続き、衝撃的な出来事で大きな変化を思い知らされる。二〇二一年に北米の太平洋沿岸を襲った熱波では、一〇億以上の海辺の生き物——多くは甲殻類——が大量死した。果物も木についたまま加熱処理した状態になり、作物や建物は焼け焦げ、何百人もの命が奪われた。これからは、地球が極限状態に陥る頻度が増え、そうなれば大勢の住民がいきなり避難を迫られるだろう。

今日では、再生可能エネルギーは化石燃料に代わる存在ではなく、併用されているため、気温は上昇し続けている。人類が全歴史を通じて生み出した炭素排出量のほぼ三分の一は、二〇〇六年にアル・ゴアの『不都合な真実』が公開されてからのものだ。そうなると、何が問題なのか気付かれていないとは考えられない。二〇五〇年までには、一〇億人以上の規模の大移動が始まると予測されるが、それがすべての人に恩恵をもたらす形で進行するように、何らかの方法を考えておく必要がある。

私たちは存亡の危機に直面している。それがどれだけの規模なのかほとんど理解できないが、まもなく現実のものになる。人類の危機は地球全体におよび、その猛威には圧倒されるばかりだ。とても希望のある状況とは思えないが、そんなことはない。

この激動の時代に備えるためには、不確かな未来に直面しても対応できるだけの復元力を養う必要がある。先行きが不透明だと、計画や準備をやめ、遠い未来に目を向けられなくなる。現在から未来を想像し、馴染み深い景観を変化させようという気持ちにもなれない。しかしそれでも、温暖化が進んだ世界で何ができるかという大変な問題には、きちんと向き合わなければならない。そのためには、人々が日々の生活を優先する姿勢を改めるように強く後押しして、二〇年、三〇年、四〇年先の未来の自分を想像してもらうとよい(4)。どんな目標に到達できる可能性があるか、誰もが心を開いてじっくり考えるべきだ。偏見にとらわれ、様々な可能性を条件反射的に拒んではいけない。将来の年老いた自分の立場になって、未来の世界について考えてみよう。どんな社会があなたをサポートしてくれるだろうか。それは若くて活力と希望に満ちた社会だろうか。それとも、誰からも手を差し伸べてもらえない不安だらけの社会だろうか。

気候変動や大惨事によるストレスや衝撃に耐えられるだけの復元力を、私たちの社会制度に組み込むことは可能だと私は考える。しかし同時に、自分たちの未来は自分たちで管理することも必要だ。そのためには、将来のビジョンに関する合意が欠かせない。私たちの大切な文化、快適で安全な生活、そして自然の世界が最大限の価値を保持するためには、どんな結果が求められるか意見を統一しておくべきだ。

私たちは無力な傍観者というわけではない。ところが今日の私たちには一貫性のある計画が欠如している。世界の気温上昇をただ経験するだけで、新しい衝撃に見舞われるたびに反応する。干ばつ、台風、森林火災、ボートピープルを経験するたび、応急処置を施す。しかしこれからは、自分たちの未来を管理しなければならない。そのためには、すべての人類の幸福を守るための計画が必要だ。これからの数十年は困難な環境に見舞われるのだから、貧富の差に関係なく、すべての大陸のすべての人たちの幸せを守らなければならない。それには、人間としてあるべき姿に関する見解を改める勇気も求められる。これからは住み慣れた場所を離れて自由にあちこちを移動して、安全な場所を探し求めることが大切になる。

私たちは何がノーマルで何が社会的に可能か理解していたつもりだったが、コロナ禍のあいだにどちらも大きく変容した。大勢の人が自宅から数メートル圏内の移動制限を自発的に選ぶなど、誰が信じられただろう。むしろ私は、逆の展開のほうが想像しやすい。大勢の人たちが自宅から数千キロメートル以上離れた場所に移動する光景のほうが、簡単に想像できる。

これからは何百万もの人たちの大移動が始まるが、それをうまく進めるためのチャンスはいまだ。大移動を計画的に実行すれば、安全で公平な世界への移行が平和裏に実現する。世界が協力し合い、行動を正しく制約すれば、地球は住みやすい場所になれるし、そうなるべきだ。

これは挑戦しがいのある課題だ。さあ、いますぐ始めようではないか。

マニフェスト

（1）住む場所を変えるのは、人間にとって自然な行為だ。移住は優れた生存適応策である。

（2）現在人々が暮らしている場所は居住困難になる。したがって、移住を安全かつ公平なプロセスで進める必要があり、真の権限を持つ国際機関の監視を受けるべきだ。

（3）これからは気候変動と迫りくる人口危機に対処することに、社会の生産能力を向け直す必要がある。

（4）移住は経済問題であり、安全保障上の問題ではない。移住は経済成長を促し、貧困を軽減させる。

（5）訓練と教育を充実させ、気候変動による被害からの復元力を強めるための投資に、富裕国と貧困国は協力して取り組まなければならない。

（6）私たちの経済の脱炭素化には、世界全体で緊急に取り組むべきだ。課税やインセンティブなどの対策が考えられる。

（7）氷の融解とサンゴ礁の消滅は、すでに危険なまでに加速している。雲の白色化などで太陽光を宇宙に跳ね返す技術は、すぐにでも導入すべきだ。他にも、気温を下げるための技術を開発する必要がある。

（8）復元力を構築して自然体系を守るため、生態系の破壊を逆転させて生物多様性を回復する作業をすぐにでも始めなければならない。

謝辞

本書は数年間にわたる研究の集大成になるが、世界中の本当に大勢の方々の支援と思いやりがなければ実現しなかった。自分とは違う人たちの生活を私が理解できるように、貴重なお話を聞かせてくださったすべての方々に、この場を借りて感謝する。それから、専門家の皆さんの知識と博識はとても参考になった。どの方も、私のためにわざわざ時間を割いて、研究内容について説明してくれた。以下に、特にお世話になった方々の名前を紹介する。マーガレット・ヤング、ダンカン・グラハム＝ロウ、マン＝キート・ルーイ、オリ・フランクリン＝ウォリス、デボラ・コーエン、リチャード・ベッツ、ローレンス・スミス、ダグ・サンダース、ハンナ・リッチー、マックス・ローザー、デイヴィッド・キング、デイヴィッド・キース、ジェシー・レイノルズ、クリス・スマジェ、ニール・アジャー、マリアナ・マッツカート、ケン・カルデイラ、アレックス・ランドール、ステイン・ホーレンス、ファティ・ビロル、そしてＧａｖｉワクチンアライアンス、ＵＮＩＣＥＦ、ＵＮＨＣＲ（国連難民高等弁務官事務所）のチームの皆さん。

聡明なエージェントであり友人でもあるパトリック・ウォルシュ、そしてPEW Literaryの素晴らしいスタッフであるジョン・アッシュとマーガレット・ハルトンのサポートと励ましがなければ、本書は存在しなかった。そして、Allen LaneとFlatiron Booksの優秀なチームにも、とびきりの感謝を忘れてはいけない。なかでも私の担当編集者として素晴らしい仕事をしてくれたローラ・スティックニーとリー・オグリスビーには、誰よりもお世話になった。貴重なアドバイスのおかげで、本書は本としての形が整った。他には、サム・フルトン、ジェイン・バードセル、リチャード・ダギッドの名前もここで紹介しておきたい。

いまこれを書いているのはコロナ禍の最中で、ロックダウンやホームスクールなど、大きな障害に直面している。この試練を乗り越えられたのは、愛情深い家族と友人のおかげだ。ここに名前を紹介して、感謝の気持ちを伝えたい。ジョリオン・ゴッダード、ロワン・フーパー、オリーブ・ヘッファーナン、サラ・アブダラ、ジョン・ウィットフィールド、シャーロットとヘンリー・ニコルズ。そしてペン家では姉妹のジョー・マーチャントとエマ・ヤング、両親のイヴァンとジーナ、兄弟のデイヴィッド、私の生きがいであるニック、キップ、ジュノ。私の不平不満を耐え忍んでくれて、本当にありがとう。次回はもっと忍耐強くなるつもり……。

訳者あとがき

この「訳者あとがき」を書いているいまはちょうど梅雨真っ盛り。梅雨と言えば、雨がしとしと降るイメージだったが、いまは梅雨に入った途端、土砂降りに見舞われる。すでに台風は発生し、雷や雹(ひょう)の被害もめずらしくない。そうかと思えば、すでに気温が三五℃を超える日もある。小雨にしっとり濡れる紫陽花(あじさい)をゆっくり観賞できる日は少なくなった。

本書によれば、日本は亜熱帯化するというが、熱帯で暮らしているように感じられるときもある。梅雨の晴れ間の日差しは強烈で、夏本番になったらどうなるのか心配になる。桜の開花時期がずいぶん早まったのも、温暖化の影響だ。そして冬の寒さはすっかり和らいだ。私はずっとスキーを楽しんできたが、近年の深刻な雪不足には驚かされる。かつての豪雪地帯でも、いまは降雪機を使わなければスキー場を営業できない。そして人工雪も、気温が一定レベルまで下がらなければ作ることができない。

本書『気候崩壊後の人類大移動』は、気温がこのまま上昇し続けた場合の地球の未来像を紹介したうえで、人類の生き残り戦略を提言している。ちなみに著者ガイア・ヴィンスの最初の著書『人類が変えた地球』でも、同じテーマを取り上げている。本書のユニークな点は、気候変動への対応策として移住に注目していることだ。本書によれば、人類はアフリカで誕生して以来、快適な場所を求めて移住を繰り返し、地球全体に広がっていった。一カ所に落ち着くようになったのは、農業を始めたからで、長い歴史のなかでは最近の出来事だ。今後、熱帯で気温が連日四〇℃を超えるようになったら、冷房の効いた屋内に避難しなければ快適な暮らしは不可能だ。でもその経済的余裕がなければ、高緯度地域に移住するしかない。一方、高緯度に位置する先進国では人口減少と高齢化が進んでいるのだから、移民は貴重な労働力になるはずだ。実際、移民の受け入れ態勢がしっかりしている国は、計算通りにいけば、人口が落ち込んでも生活の質を下げる必要がなくなる。

ただし、大きな移民集団がある日いきなり押し寄せてきたら、頭ではわかっていても、自分の縄張りを荒らされるように感じられ、拒絶反応を起こしたくなる気持ちも理解できる。しかし、もう昔には戻れない。そもそも人種の違いにかかわらず、人類の遺伝子はほとんど変わらないという。困っているときは、お互いに協力して乗り越えるべきだろう。そして本書が強調するように、先進国は気候難民を受け入れると同時に、温暖化を食い止めるための努力を惜しんではならない。努力の結果、熱帯が再び居住可能になれば、難民は故郷に戻ることができる。本書は決して、気候変動に対して移住が最善の解決策だと勧めているわけではない。気候変動の問題と向き合わず、何の対策も講じなかったときの近未来のシナリオを紹介し、その実現を遅らせ、できれば食い止めるにはどうすべきか、具体策を色々と紹介し、その実現を個人にも社会にも呼びかけている。

将来の建築物や食事がどのように変化するのか、本書に紹介されている内容は興味深い。建築物は素材にこだわり、二酸化炭素を排出せず、できれば吸収できる構造になり、緑がうまく配置される。そんな建物が並ぶ未来の都市からは、自然との共生がうまく進んでいるイメージがわいてくる。そして、食事の材料も環境に負荷をかけないことが優先される。野菜は室内での栽培を増やし、肉は人工肉が主流になる。そうすれば家畜の飼料用の作物を育てる必要がなくなるので、環境への負荷は大きく軽減される。どの提言も少しずつでも実践すれば、気温の上昇に少しは歯止めがかかるような印象を受ける。

しかし現時点では、こうした取り組みが着実に進んでいるようには思えない。というのも、本書で紹介された具体策の多くは、最初の著書『人類が変えた地球』にも紹介されているからだ。この訳書が出版されたのは二〇一五年だから、一〇年ちかく前のことで、まだ人新世という言葉に馴染(なじみ)がなかったため、主に「アントロポセン」という訳語を使った。そして翻訳を進めながら、ユニークな解決策に興味をそそられたが、山の岩に白いペンキを塗って、太陽光を反射させる対策は面白いと思った。同様に本書では、屋根を白くして太陽光を反射させると温暖化対策に効果的だと紹介されている。しかし実際のところ、日本に限っては（他の国の事情はわからない）、白い屋根は見かけない。白い色の重要性は、あまり認識されていないようだ。あるいは、人為的な気候変動対策であるジオエンジニアリングについても、どちらの著書でも同じように紹介されている。ということは、一〇年ちかく進展が見られないのだろう。著者によれば、これは他の対策の効果が表れ始めるまでの時間稼ぎになるというが、特効薬として勧める人もいれば、地球環境をさらに破壊する劇薬だと考える人も多い。しかし著者は、人類が短期間にここまで地球を変えてしまった行為はジオエンジニアリングに他ならず、いまさら新しい対策を否定するべきではないと訴えている。

これから世界がどのように変わっていくのか、正確に予測することはできない。もしかしたら火山が大噴火して、火山灰の影響で気温が下がる可能性もある。でも日本で暮らす私たちは、東日本大震災を経験し、適切な準備をしておけば被害をある程度食い止められることを学んだ。そしていま世界は大きく変化している。私は今年、久しぶりにヨーロッパを訪れたが、飛行機の窓から見えるグリーンランドの氷河には、いくつも亀裂が入っていた。滞在先のベルギーは、民族の多様性に富み、活気が感じられた。世界は動いているのだから、日本も取り残されてはならない。地球市民としてどう生きるべきか、考えるために本書が役に立てば幸いだ。

最後に、本書の翻訳では河出書房新社の渡辺和貴さんに大変お世話になった。ガイア・ヴィンスの著書を再び翻訳する機会をいただいただけでなく、細かい部分を丁寧に確認してくださったおかげで、無事に完成までこぎつけることができた。本当にありがとうございました。

小坂恵理

索引

あ行
アイスランド　53, 162
アフリカ
　アジェンダ2063　131
　アフリカ連合　131, 169
　移民　175, 285
　サブサハラ・アフリカ　78, 103, 218, 231, 251
　人口　59, 103, 121
　都市　183–185
　農業　69
　発電　239, 241, 259
　貧困　251
　猛暑　44, 46, 49
アマゾン　32, 39, 50
アムステルダム　195–196
アメリカ合衆国
　移民　115–119, 137–138, 158, 215–216
　海面上昇　54
　火事　39
　干ばつ　15, 52, 57, 220
　気候移住　15
　人口　121
　浸水　15
　ネットゼロ　58
　農地　219–220, 225, 235
　猛暑　46–47, 49
アラスカ　46, 159, 215, 230, 274
アラブ首長国連邦　48, 97, 258
アラベナ、アレハンドロ　196–197
アルプス　166, 274
アレニウス、スヴァンテ　161
安全で秩序ある正規の移住のためのグローバル・コンパクト　103, 113
アンデス山脈　51
イギリス
　移民　99–101, 107, 136–138, 216
　人口　119–120, 175
　発電　25
イスラエル　116, 257
イスラム教徒　136–137, 145
イタリア　95, 101, 136, 145
インド
　移民　113
　温室効果ガス排出量　26
　河川リンクプロジェクト　259
　人口　103, 120
　農業　220, 231
　水不足　256
　猛暑　43, 47, 208–209
インドネシア　54, 162, 202
ウェールズ　16
ウクライナ　104, 122, 138–139, 143, 147, 198, 285
エチオピア　220, 242
エルニーニョ現象　57
オーストラリア
　移民　100, 123
　協定　131
　発電　229, 239, 245
　ブラックサマー　36, 38, 40–41
　ポイント制　121
オランダ　55, 195, 203, 208, 210

か行
海面上昇　31, 53–55, 202–203

海洋酸性化　221, 267
海洋熱波　221
海洋肥沃化　269-270
核融合　244
火事　35-41
化石燃料　24-25, 247-248
カタール　47-48
カード、デイヴィッド　116
ガーナ　125, 231
カナダ
　移民　158, 163, 168, 191
　永久凍土　165
　温暖化の恩恵　160-161, 163-164
　気候移民・難民プロジェクト　206, 214-215
　コミュニティ・スポンサーシップ　191
　人口　168
　農業　230
カプラン、ブライアン　111, 114
カーボンプライシング　212, 223, 250
カリフォルニア　38-39, 117, 257
干ばつ　49-53
気候変動に関する政府間パネル　→　IPCC
キューバ　115-116, 119
教育　49, 112, 115, 126-127, 213, 252-253
ギリシャ　118, 172, 176
キリスト教徒　136-137
キリバス　174, 205
クオータ制　129-130
グラスゴー気候合意　25
グリーンランド　30, 160-161, 240, 255, 258, 274-275
クレメンス、マイケル　114, 123
グローバル・サウス　25, 103, 128, 166, 182, 222, 238, 241, 280
グローバル・スキル・パートナーシップモデル　113
グローバル・ノース　13, 213
ゲイツ、ビル　235
原子力発電　243-244
更新世　63, 66, 281
洪水　53-58
鉱物　254-255
高齢化　13-14, 119-120, 122, 199, 252
国際移住機関　16, 102-103
国際エネルギー機関　→　IEA
国民国家　94-99, 149-151, 168
国連気候変動枠組条約第 26 回締約国会議　→　COP26
コスタリカ　151, 263
五大湖　39, 158
コメ　233
コロナ禍　→　新型コロナウイルス感染症
コロンビア　47, 50-51, 166-167
コンゴ民主共和国　242
昆虫（食料）　226-227

さ行

再生可能エネルギー　25, 239, 245
サウィーリス、ナギーブ　172
サハラ砂漠　32, 43, 157
サンゴ礁　31, 221, 267, 275-276
ジオエンジニアリング　14, 268, 270, 274-281
シーステディング　171-172
自然保護区　263-264
シベリア　12, 39, 157, 164-165, 230
ジャカルタ　46, 202
ジャン・チャールズ島　16, 206
上海　47, 202
狩猟採集民　65-67, 69, 92
循環型経済　226, 255
植物プランクトン　269-270
植林　265-266, 270
ジョンソン、ボリス　107, 216
シリア難民　122, 172, 198
新型コロナウイルス感染症　15, 26, 44,

119, 128, 147–148, 214, 253
シンガポール　98, 145, 169–170, 184, 257
人工肉　224–225
人種　78, 86–87, 90, 139–140, 142–143
水素　245
水力発電　161, 240–242
スウェーデン　122, 161, 207, 212, 254
スコットランド　162, 166
スペイン　14, 192–194
スラム　80, 181, 185–188, 197, 201, 204
世界人口　13, 16, 59, 81, 175, 199, 282
ゼロカーボンの建物　210–211
先住民　69, 71–72, 74, 98–99, 159–160, 264
藻類（食料）　228–229
ゾンビ火災　39–40

た行

タイ　172, 231
太陽光発電　239–241
ダッカ　204
脱成長　253
脱炭素化　210, 238, 246, 278
ダム　241–243, 258–259, 275
ダルース　158
ダンバー数　92–93
チェコ　117
地熱発電　243
チャーター都市　167, 169–174
チャーチル（カナダ・マニトバ州）　163
チャド　259
中国
　移民　113
　温室効果ガス排出量　26
　海面上昇　54
　洪水　57
　国内移動　13, 105, 147, 175
　人口　103, 120
　都市　147, 207
　南水北調プロジェクト　258–259
　ネットゼロ　58
　農業　234
　発電　242
　猛暑　43, 47
ツバル　54
ツンドラ　39, 157, 159–160
定住　67–73
デッドゾーン（海）　31, 221, 270
テロ　141–142
電気自動車　246, 254
電池　245
デンマーク　100, 116, 118, 160, 222
ドイツ　117, 119, 122, 175–176, 193–194, 197–198
東京　43, 199, 202
トウモロコシ　52, 231
トランプ、ドナルド　86, 120, 137
トン、アノテ　174, 205–206

な行

ナイジェリア　126–127, 162, 173, 184, 259
ナショナル・アイデンティティ　78, 86, 94, 96, 98–99, 150–152
南極　30, 42, 166, 221, 255, 274–275
ナンセン・パスポート　129–130
日本　14, 54, 120–121, 199
ニューオーリンズ　177, 202, 207
ニュージーランド　131, 166, 205–206
ニューヨーク　46, 56–57, 80, 159, 185, 203
ヌーク　160–161
ヌサンタラ　202
ネガティブ・エミッション　269
熱帯雨林　32, 157, 218, 262
熱帯収束帯　→ ITCZ
ネットゼロ　24, 26, 58, 239, 244, 247, 273
熱波　43–44, 46–47, 49, 52, 201–202, 208
ノーム、クリスティ　98
ノルウェー　242

は行

パスポート　92, 129
パタゴニア　157, 166, 230
パッシブ・デザイン　208
バーバー、ベンジャミン　80
パリ協定　25
ハリケーン　55–57, 177
パルラ　192–194
ハンガリー　129, 138
バングラデシュ
　移住　13, 176–177
　洪水　56–57
　人口密度　83, 204
　都市　213, 215
　難民　106–108
　農業　54, 213, 215, 228
　猛暑　47
飛行機　46, 246–247
ヒートストレス　48, 51–52
フィジー　174, 205
フィリピン　54, 112
フィンランド　26
風化促進法　271–272
風力発電　239–240
フェイクミート　224
プーチン、ウラジーミル　166
ブラジル　50, 120, 162
フランス　95, 116, 136, 192, 194, 211, 243
プラントベース　224, 227
フレイザー、ショーン　163
ブレグジット　90–91, 107, 120, 138
プレハブ住宅　211–212
フロリダ　55, 177
ベイルメルメール　195–196
ベトナム　48, 55
ベネチア　55, 80, 202–203
ベビーブーマー世代　120, 139
ベラルーシ　138
ペルー　50, 181
ヘルド、デヴィッド　149
亡命希望者　99–100, 136–139, 145, 191, 285
北西航路　162–163
保健医療　252–253
ボストン　121, 158
北極圏　14, 39, 160, 230, 258, 274
ホプン　162
ホモ・サピエンス　64–65
ポーランド　129, 138
ボリビア　50–51
ホワイト・フライト　145, 198
香港　169–170, 173
ホンデュラス　170

ま行

マイアミ　116
マッケイ、アダム　40
マリ　126
マレ　204, 208
水不足　255–259
ミラー、デイヴィッド　150
ミレニアル世代　90, 103
メガシティ　44, 54, 80, 169, 183, 254
メキシコ　117, 191, 197
メタン　223, 233, 241
メデジン　166–167
メルケル、アンゲラ　197
猛暑　41–49
モルディブ　54, 203–204, 208
モロッコ　239–240

や行

ヤクーツク　164
ヤムナ人　71–72
遊牧民　18, 67, 69, 71, 73
養殖（海産物）　218, 225–226, 228–229
揚水発電　245

ら行

ラゴス　183-184
ラニーニャ現象　57
ラミー、デイヴィッド　86, 89
ラワース、ケイト　250
リマ　181
ルワンダ　100, 265
ロシア
　ウクライナ侵攻　104, 138-139, 143, 147, 166, 198
　永久凍土　164-165
　温暖化の恩恵　160-161, 164-166, 230
　人口　120, 165
　チャーター都市　173-174
　熱波　44
ロッキー山脈　166, 262
ロッテルダム　203
ロヒンギャ　106-107
ローマー、ポール　169
ロンドン　43, 55, 57, 142, 147, 152, 185-187, 195, 207, 210

わ行

ワクチン（新型コロナウイルス）　119, 128, 148-149

アルファベット

BECCS　269, 272-273
CCS（二酸化炭素回収・貯留）　248, 270-272
COP26（国連気候変動枠組条約第 26 回締約国会議）　27
DAC（直接空気回収）　272-273
EU
　移動の自由　131
　移民・難民　100, 104, 126, 129, 137-138, 143, 147, 285
　発電　240, 243
　猛暑　44
IEA（国際エネルギー機関）　44, 239, 252, 254
IPCC（気候変動に関する政府間パネル）　27, 161, 247
ITCZ（熱帯収束帯）　33
Z 世代　140

原注

はじめに

(1) United Nations (Department of Economic and Social Affairs), *World Population Ageing 2019* (ST/ESA/SER. A/444) (2020).

(2) https://www.climate.gov/news-features/blogs/beyond-data/2021-us-billion-dollar-weather-and-climate-disasters-historical

第1章 嵐

(1) 100万人以上を対象に行なった世界的な世論調査で、3分の2がこのように回答した。United Nations Development Programme: https://www.undp.org/publications/g20-peoples-climate-vote-2021

(2) Alan M. Haywood, Harry J. Dowsett and Aisling M. Dolan, 'Integrating geological archives and climate models for the mid-Pliocene warm period', *Nature Communications* 7: 1 (2016), pp. 1–14.

(3) このとき二酸化炭素が放出された途端に温室効果が引き起こされたが、同時に排出された大量の硫黄が太陽光線を反射して遮ったため、効果は完全に相殺された。地球の気温は一気に低下した。しかも日照不足になり、海洋循環が変化したため、地球の植物は壊滅的な被害を受け、大量絶滅に至った。

(4) これは、産業革命以前と比べた地球の気温上昇。

(5) J. M. Murphy, G. R. Harris, D. M. H. Sexton, *et al.*, 'UKCP18 land projections: Science report' (UK Met Office, 2018).

(6) Thomas Slater, Isobel R. Lawrence, Ines N. Otosaka, *et al.*, 'Earth's ice imbalance', *The Cryosphere* 15: 1 (2021), pp. 233–46.

(7) CIRES, *The Threat from Thwaites: The retreat of Antarctica's riskiest glacier* (2021). 以下を参照。https://cires.colorado.edu/news/threat-thwaites-retreat-antarcticas-riskiest-glacier ならびに https://www.youtube.com/watch?v=uBbgWsR4-aw

(8) N. Boers and M. Rypdal, 'Critical slowing down suggests that the western Greenland Ice Sheet is close to a tipping point', *Proceedings of the National Academy of Sciences* 118: 21 (2021), p.e2024192118.

(9) 中新世には、二酸化炭素濃度が今日をわずかに下回るレベルからおよそ500ppmにまで増加したため、南極では現代の氷床の30〜80パーセントに匹敵する量の氷が消滅した。今日では南極の氷床は3400万年におよぶ歴史のどの時期よりも、急速な後退と崩壊の危険にさらされていると言ってもよい。

(10) N. Burls and A. Fedorov, 'Wetter subtropics in a warmer world: Contrasting past and future hydrological cycles', *Proceedings of the National Academy of Sciences* 114: 49 (2017), pp. 12888–93.

(11) Charles Geisler and Ben Currens, 'Impediments to inland resettlement under conditions of accelerated sea level rise', *Land Use Policy* 66 (2017), p. 322. [DOI: 10.1016/j.landusepol.2017.03.029]

(12) Samantha Bova, Yair Rosenthal, Zhengyu Liu, *et al.*, 'Seasonal origin of the thermal maxima at the Holocene and the last interglacial', *Nature* 589: 7843 (2021), pp. 548–53.

(13) 人類が更新世に進化したことは忘れないでほしい。当時は過酷な氷河期で、人類はこの厳しい状況を生き延びるために苦労しながら進化の大半を実現した。これはきわめて例外的な環境だ。実際、地球の歴史のほぼすべての時期は、火山活動のおかげで気温も二酸化炭素濃度もいまよりずっと高かった。

(14) Paul J. Durack, Susan E. Wijffels and Richard J. Matear, 'Ocean salinities reveal strong global water cycle intensification during 1950 to 2000', *Science* 336: 6080 (2012), pp. 455–8.

(15) Aslak Grinsted and Jens Hesselbjerg Christensen, 'The transient sensitivity of sea level rise', *Ocean Science* 17: 1 (2021), pp. 181–6.

第2章 人新世の四騎士

(1) 「火新世」は、環境史家のスティーヴン・J・パインによる造語。

(2) カリフォルニア州は8月に最初のギガファイア〔訳注：100万エーカー以上の火災〕を経験し、100万エーカー以上が焼き尽くされた。

(3) Adam M. Young, Philip E. Higuera, Paul A. Duffy and Feng Sheng Hu, 'Climatic thresholds shape northern high-latitude fire regimes and imply vulnerability to future climate change', *Ecography* 40: 5 (2017), pp. 606–17.

(4) D. Bowman, G. Williamson, J. Abatzoglou, *et al.*, 'Human exposure and sensitivity to globally extreme wildfire events', *Nature Ecology & Evolution* 1 (2017), e0058.

(5) Merritt R. Turetsky, Brian Benscoter, Susan Page, *et al.*, 'Global vulnerability of peatlands to fire and carbon loss', *Nature Geoscience* 8: 1 (2015), pp. 11–4.

(6) Saul Elbein, 'Wildfires threaten California communities on new financial front', *The Hill,* 8 April 2021. 以下を参照。https://thehill.com/policy/equilibrium-sustainability/566360-wildfires-threaten-california-communities-on-new-financial

(7) A. McKay, 'Just had my home insurance cancelled because Southern California is at too high risk now for fire and floods. This shit is real and happening right now. #endfossilfuels #dontlookup', Twitter, 14 January 2022: https://twitter.com/ghostpanther/status/1482064740482359297

(8) State of California, 'Commissioner Lara protects more than 25,000 policyholders affected by Beckwourth Complex Fire and lava fire from policy non-renewal for one year', CA Department of Insurance (n.d.).

(9) Intergovernmental Panel on Climate Change, '5: Changing ocean, marine ecosystems, and dependent communities' in *IPCC Special Report on the Ocean and Cryosphere in a Changing Climate* (2019). Available at: https://www.ipcc.ch/srocc/

(10) Chi Xu, Timothy A. Kohler, Timothy M. Lenton, *et al.,* 'Future of the human climate niche', *Proceedings of the National Academy of Sciences* 117: 21 (2020), pp. 11350–55.

(11) アメリカ国立気象局の「熱指数」――気温と湿度を組み合わせて計算される「体感温度」では、40.6℃（105°F）が危険とされる。

(12) Eun-Soon Im, Jeremy S. Pal and Elfatih A. B. Eltahir, 'Deadly heatwaves projected in the densely populated agricultural regions of South Asia', *Science Advances* 3: 8 (2017), e1603322.

(13) Ibid.

(14) Tamma A. Carleton, Amir Jina, Michael T. Delgado, *et al., Valuing the Global Mortality Consequences of Climate Change Accounting for Adaptation Costs and Benefits,* National Bureau of Economic Research, working paper 27599 (2020).

(15) Yan Meng and Long Jia, 'Global warming causes sinkhole collapse: Case study in Florida, USA', *Natural Hazards and Earth System Sciences Discussions* (2018), pp. 1–8.

(16) 空気が暖かくなると密度が小さくなるので、翼の下では離陸に必要な空気圧が十分に確保できない。しかも問題はそれだけではない。エンジン内部に取り込まれる酸素が減少すると、推進力が衰える。そして極端な暑さは乱気流を発生させるだけでなく、滑走路が歪んで亀裂が入る原因になる可能性もある。

(17) F. Bassetti, 'Environmental migrants: Up to 1 billion by 2050', *Foresight,* 3 August 2021.

(18) Zhao Liu, Bruce Anderson, Kai Yan, *et al.,* 'Global and regional changes in exposure to extreme heat and the relative contributions of climate and population change', *Scientific Reports* 7: 1 (2017), pp. 1–9.

(19) Ethan D. Coffel, Radley M. Horton and Alex De Sherbinin, 'Temperature and humidity based projections of a rapid rise in global heat stress exposure during the 21st century', *Environmental Research Letters* 13: 1 (2018), e014001.

(20) Yuming Guo, Antonio Gasparrini, Shanshan Li, *et al.*, 'Quantifying excess deaths related to heatwaves under climate change scenarios: A multicountry time series modelling study', *PLoS Medicine* 15: 7 (2018), e1002629.

(21) Suchul Kang and Elfatih A. B. Eltahir, 'North China Plain threatened by deadly heatwaves due to climate change and irrigation', *Nature Communications* 9: 1 (2018), pp. 1–9.

(22) S. Mufson, 'Facing unbearable heat, Qatar has begun to air-condition the outdoors', *Washington Post,* 16 October 2019.

(23) E. Team, 'This air-conditioned suit lets you work outside on even the hottest days', eeDesignIt.com, 13 December 2017.

(24) M. Nguyen, 'To beat the heat, Vietnam rice farmers resort to planting at night', Reuters, 25 June 2020.

(25) Nick Watts, Markus Amann, Nigel Arnell, *et al.*, 'The 2019 report of The Lancet Countdown on health and climate change: ensuring that the health of a child born today is not defined by a changing climate', *The Lancet* 394: 10211 (2019), pp. 1836–78.

(26) O. Milman and A. Chang, 'How heat is radically altering Americans' lives before they're even born – video', *The Guardian,* 16 February 2021.

(27) Sara McElroy, Sindana Ilango, Anna Dimitrova, *et al.*, 'Extreme heat, preterm birth, and stillbirth: A global analysis across 14 lower-middle income countries', *Environment International* 158 (2022), e106902.

(28) Marco Springmann, Daniel Mason-D'Croz, Sherman Robinson, *et al.*, 'Global and regional health effects of future food production under climate change: A modelling study', *The Lancet* 387: 10031 (2016), pp. 1937–46.

(29) IPCC, *Climate Change 2022: Impacts, adaptation, and vulnerability. Contribution of Working Group II to the Sixth Assessment Report of the Intergovernmental Panel on Climate Change,* ed. H-O. Pörtner, D. C. Roberts, M. Tignor, *et al.* (Cambridge University Press, in press).

(30) 'Report: Flooded future: Global vulnerability to sea level rise worse than previously understood', *Climate Central,* 29 October 2019.

(31) Svetlana Jevrejeva, Luke P. Jackson, Riccardo E. M. Riva, *et al.*, 'Coastal sea level rise with warming above 2°C', *Proceedings of the National Academy of Sciences* 113: 47 (2016), pp. 13342–7.

(32) K. Mohammed, A. K. Islam, G. M. Islam, *et al.*, 'Future floods in Bangladesh under 1.5°C, 2°C, and 4°C global warming scenarios', *Journal of Hydrologic Engineering* 23: 12 (2018), e04018050; https://doi.org/10.1061/(asce)he.1943-5584.0001705

(33) Stein Emil Vollset, Emily Goren, Chun-Wei Yuan, *et al.*, 'Fertility, mortality, migration, and population scenarios for 195 countries and territories from 2017 to 2100: A forecasting analysis for the Global Burden of Disease Study', *The Lancet* 396: 10258 (2020), pp. 1285–306.

第３章　故郷を離れる

(1) Scott R. McWilliams and William H. Karasov, 'Migration takes guts' in *Birds of Two Worlds: The ecology and evolution of migration* (Smithsonian Institution Press, Washington, DC, 2005), pp. 67–78.

(2) Dominique Maillet and Jean-Michel Weber, 'Performance-enhancing role of dietary fatty acids in a long-distance migrant shorebird: the semipalmated sandpiper', *Journal of Experimental Biology* 209: 14 (2006), pp. 2686–95.

(3) 科学者は、「探検者の遺伝子」（遺伝子G4GR）を私たちのDNAのなかに確認した。おそらくそのおかげで私たちの先祖は、水を確保するために移動する草食動物の群れを追いかけながら、遊牧民としての行動に順応することができた。その結果、集団が一カ所にとどまっているときと比べ、私たちの遺伝子プールは多様化したのである。

(4) 農業が広く普及したことまでは理解していても、それはアイデアが伝わったからか、それとも人々が移動したからか、最近までわからなかった。しかし遺伝子の分析からは、そのどちらでもあった可能性が暗示される。肥沃な三日

月地帯では、農業の知識が生み出されて道具が考案され、それが住民のあいだで共有された。やがて、いまから 9000 年から 7000 年前ごろ、これらの農民から成る小集団はアナトリアやレバント地方をあとにして、収穫や種まき、醸造や畜産に関する専門知識をヨーロッパや東アフリカに伝えた。ソマリ人の DNA の 3 分の 1 は、レバントの集団に由来する。

(5) Elizabeth Gallagher, Stephen Shennan and Mark G. Thomas, 'Food income and the evolution of forager mobility', *Scientific Reports* 9 : 1 (2019), pp. 1–10.

(6) David Kaniewski, Joël Guiot and Elise Van Campo, 'Drought and societal collapse 3200 years ago in the Eastern Mediterranean : A review', *Wiley Interdisciplinary Reviews: Climate Change* 6 : 4 (2015), pp. 369–82.

(7) S. Solomon, 'The future is mixed-race and that's a good thing for humanity', *Aeon,* 19 February 2022.

(8) D. Varinsky, 'Cities are becoming more powerful than countries', *Business Insider,* 19 August 2016.

第 4 章　移民を締め出す愚行

(1) S. Loarie, P. Duffy, H. Hamilton, *et al.,* 'The velocity of climate change', *Nature* 462 (2009), pp. 1052–5.

(2) Jonathan Woetzel, Anu Madgavkar and Khaled Rifai, *People on the Move : Global migration's impact and opportunity* (McKinsey Global Institute, 2016).

(3) A. Gaskell, 'The economic case for open borders', *Forbes,* 21 January 2021.

(4) I. Dias, 'One man's quest to crack the modern anti-immigration movement by unsealing its architect's papers', *Mother Jones,* 30 March 2021.

(5) David A. Bell, *The Cult of the Nation in France* (Harvard University Press, Cambridge, MA, 2001).

(6) M. Nagdy and M. Roser, 'Civil wars', *Our World in Data.* 以下を参照。https://ourworldindata.org/civil-wars

(7) かつての植民地でもインドのように複雑な官僚制度が確立されたところは、大体においてかなり安定した国民国家が誕生した。一方、ベルギー領コンゴのように官僚制度が存在せず、宗主国が専ら資源を搾取した植民地では、安定した民主主義国家が誕生しなかった。

(8) M. Salvini, 'A Tripoli coi ragazzi della Caprera, che difendono I Mari e la Nostra Sicurezza : Onore!', Twitter, 25 June 2018 : pic.twitter.com/wgbgctvut7

(9) Chi Xu, Timothy A. Kohler, Timothy M. Lenton, *et al.,* 'Future of the human climate niche', *Proceedings of the National Academy of Sciences* 117 : 21 (2020), pp. 11350–55.

(10) この世界で初めての事例は実のところ、国家が申請を拒んだ決定を国連人権委員会が支持したときの出来事だ。太平洋の島国キリバス出身のイオアネ・テイティオタは、家族と一緒にニュージーランドに移住して、2010 年にビザが失効すると難民認定を申請した。テイティオタは、故郷のサウス・タラワ島は今後 10 年から 15 年で住めなくなるので、家族の命が危険にさらされると訴えた。しかしニュージーランドはテイティオタの難民申請を拒絶して、国連もその決定を支持した。なぜなら、キリバスはまだその段階では居住不可能ではなかったからだ。したがって「キリバス共和国が国際社会の支援を受けて国民を保護し、必要とあれば移住させるために積極的な措置を講じる行動には、介入の余地がある」と判断したのである。しかし同時に委員会は、気候危機は「個人の権利を侵害する」可能性があるので、国際法の下で国家は、難民を祖国に送り返すことを許されないと結論した。このとき委員会は、市民的および政治的権利に関する国際規約のなかで生存権について触れている第 6 条と第 8 条に言及した。

(11) 裁判所が近年認めた命にかかわるリスクは、気候変動に限らない。フランスの裁判所は 2021 年、バングラデシュへの送還を不服として控訴した人物のケースで、出身国の環境条件を考慮する歴史的判決を下した。出身国の大気汚染は危険なレベルに達しているので、送り返すのは安全ではないと裁判所が判断した結果、この人物はフランスにとどまることを許された。

第5章　移民は富をもたらす

(1) B. Caplan and Z. Weinersmith, *Open Borders: The science and ethics of immigration* (St Martin's Press, 2019).〔ブライアン・カプラン文、ザック・ウェイナースミス絵『国境を開こう！——移民の倫理と経済学』、御立英史訳、あけび書房、2022年〕。

(2) Paul Almeida, Anupama Phene and Sali Li, 'The influence of ethnic community knowledge on Indian inventor innovativeness', *Organization Science* 26: 1 (2015), pp. 198–217.

(3) Caroline Theoharides, 'Manila to Malaysia, Quezon to Qatar: International migration and its effects on origin-country human capital', *Journal of Human Resources* 53: 4 (2018) pp. 1022–49.

(4) John Gibson and David McKenzie, 'Eight questions about brain drain', *Journal of Economic Perspectives* 25: 3 (2011) pp. 107–28.

(5) https://www.oecd.org/dev/development-posts-Global-Skill-Partnerships-A-proposal-for-technical-training-in-a-mobile-world.htm

(6) Jonathan Woetzel, Anu Madgavkar and Khaled Rifai, *People on the Move: Global migration's impact and opportunity* (McKinsey Global Institute, 2016).

(7) B. Caplan and Z. Weinersmith, *Open Borders: The science and ethics of immigration* (St Martin's Press, 2019).

(8) 移民の流入をまとめたデータで中央値に位置する国は、移民が流入しない国と比べ、平均所得が20パーセント高い。貧しい暮らしをしている人の割合と失業率はそれぞれ3パーセンテージポイント低く、都市化の割合は31パーセンテージポイント高く、学歴も高い。Sandra Sequeira, Nathan Nunn and Nancy Qian, *Migrants and the making of America: The short- and long-run effects of immigration during the age of mass migration,* National Bureau of Economic Research, working paper 23289 (2017).

(9) G. Peri, 'Immigration, labor markets, and productivity', *Cato Journal* 32: 1 (2012), pp. 35–53.

(10) たとえばノーベル経済学賞を受賞したアビジット・V・バナジーとエステル・デュフロは、共著 *Good Economics for Hard Times*〔『絶望を希望に変える経済学』、日経BP日本経済新聞出版本部、村井章子訳、2020年〕のなかでわかりやすく説明している。

(11) Andrew Nash, 'National population projections: 2016-based statistical bulletin', Office for National Statistics (ONS), October 2015.

(12) ベビーブーマーは、不動産価格の高騰、相続、最終給与に基づく年金制度の普及のおかげで地位を盤石にした。C. Canocchi, 'One in five baby boomers are now millionaires as their wealth doubles', *This is Money,* 15 January 2019.

(13) J. P. Aurambout, M. Schiavina, M. Melchiori, *et al., Shrinking Cities* (European Commission, 2021; JRC126011).

(14) Michael A. Clemens, 'Economics and emigration: Trillion-dollar bills on the sidewalk?', *Journal of Economic Perspectives* 25: 3 (2011), pp. 83–106.

(15) International Labour Conference, 92nd Session, *Towards a Fair Deal for Migrant Workers in the Global Economy: Report VI* (2004).

(16) 「移民は過去も現在も、オーストラリアの成長の重要な牽引役である」。以下より引用。Dr Stephen Kennedy's speech, 'Australia's response to the global financial crisis'. 以下を参照。https://treasury.gov.au/speech/australias-response-to-the-global-financial-crisis

(17) Jose-Louis Cruz and Esteban Rossi-Hansberg, *The Economic Geography of Global Warming,* National Bureau of Economic Research, working paper 28466 (2021).

(18) Hein De Haas, 'International migration, remittances and development: Myths and facts', *Third World Quarterly* 26: 8 (2005), pp. 1269–84.

(19) Paul Clist and Gabriele Restelli, 'Development aid and international migration to Italy: Does aid reduce irregular flows?', *World Economy* 44: 5 (2021), pp. 1281–1311.

第6章　新しいコスモポリタン

(1) E. McConnell, '27 people drowned and I

laughed', *Kent Online,* 30 November 2021.

(2) D. Bahar, P. Choudhury and B. Glennon, 'The day that America lost $100 billion because of an immigration visa ban', *Brookings,* 20 October 2020.

(3) Tim Wadsworth, 'Is immigration responsible for the crime drop? An assessment of the influence of immigration on changes in violent crime between 1990 and 2000', *Social Science Quarterly* 91 : 2 (2010), pp. 531–53.

(4) Eurostat 2021, 'Asylum applicants by type of applicant, citizenship, age and sex – monthly data (rounded)'.

(5) Vera Messing and Bence Ságvári, 'Are anti-immigrant attitudes the Holy Grail of populists? A comparative analysis of attitudes towards immigrants, values, and political populism in Europe', *Intersections: East European Journal of Society and Politics* 7 : 2 (2021), pp. 100–127.

(6) B. Stokes, 'How countries around the world view national identity', *Pew Research Center's Global Attitudes Project,* 30 May 2020.

(7) Vincenzo Bove and Tobias Böhmelt, 'Does immigration induce terrorism?', *Journal of Politics* 78 : 2 (2016), pp. 572–88.

(8) アメリカ合衆国労働統計局の報告では、「有色人種は 2032 年には、アメリカの労働者階級の過半数を占める」と予測している。Valerie Wilson, 'People of color will be a majority of the American working class in 2032', *Economic Policy Institute* 9 (2016).

(9) 調査によれば、移民の過半数は投票権よりも、移動のしやすさへの関心のほうがずっと高い。

(10) 戸口制度は農村の世帯よりも、都市の世帯にはるかに大きな恩恵をもたらすので、不平等を悪化させている。戸口制度の改革はいまも進行中だ。

(11) D. Held, *Democracy and the Global Order: From the modern state to cosmopolitan governance* (Polity Press, 1995).〔デヴィッド・ヘルド『デモクラシーと世界秩序――地球市民の政治学』、佐々木寛ほか共訳、NTT 出版、2002 年〕。

(12) David Miller, *On Nationality* (Clarendon Press, 1995).〔デイヴィッド・ミラー『ナショナリティについて』、富沢克ほか訳、風行社、2007 年〕。

(13) Anna Marie Trester, *Bienvenidos a Costa Rica, la tierra de la pura vida: A Study of the Expression 'pura vida' in the Spanish of Costa Rica* (2003), pp. 61–9. 以下を参照。https://georgetown.academia.edu/AnnaMarieTrester

第７章　安息の地、地球

(1) この面積に街路のインフラを含めて２倍にしても、すべてをフランスに収めることができる。

(2) Chi Xu, Timothy A. Kohler, Timothy M. Lenton, *et al.,* 'Future of the human climate niche', *Proceedings of the National Academy of Sciences* 117 : 21 (2020), pp. 11350–55.

(3) J. Kevin Summers, Linda C. Harwell, Kyle D. Buck, *et al., Development of a Climate Resilience Screening Index (CRSI): An assessment of resilience to acute meteorological events and selected natural hazards* (US Environmental Protection Agency, Washington, DC, 2017).

(4) Camilo Mora, Abby G. Frazier, Ryan J. Longman, *et al.,* 'The projected timing of climate departure from recent variability', *Nature* 502 : 7470 (2013), pp. 183–7.

(5) C. Welch, 'Climate change has finally caught up to this Alaska village', *National Geographic* 22 (2019).

(6) 2021 年８月にデンマーク気象研究所は、グリーンランド北部で 20℃以上の気温が観測されたと報告した。これは、通常の夏の平均気温の２倍以上になる。

(7) Signe Normand, Christophe Randin, Ralf Ohlemüller, *et al.,* 'A greener Greenland? Climatic potential and long-term constraints on future expansions of trees and shrubs', *Philosophical Transactions of the Royal Society B: Biological Sciences* 368 : 1624 (2013), e20120479.

(8) Svante Arrhenius, 'XXXI. On the influence of carbonic acid in the air upon the temperature of the

ground', *London, Edinburgh, and Dublin Philosophical Magazine and Journal of Science* 41 : 251 (1896), pp. 237–76.

(9) Ove Hoegh-Guldberg, Marco Bindi and Myles Allen, 'Chapter 3 : Impacts of 1.5℃ global warming on natural and human systems 2' in *Global warming of 1.5℃ : An IPCC Special Report* (2018).

(10) J. Garthwaite, 'Climate change has worsened global economic inequality', *Stanford University Earth Matters Magazine* (2019).

(11) P. T. Finnsson and A. Finnsson, 'The Nordic region could reap the benefits of a warmer climate', *NordForsk* 4, 13 September 2014; 以下を参照。https://partner.sciencenorway.no/agriculture-climate-change-farming/the-nordic-region-could-reap-the-benefits-of-a-warmer-climate/1406934

(12) 耐寒性のあるシラカバの木が根付いてツンドラの緑化が進むと、温暖化のプロセスはさらに加速する。シラカバによって土壌が改良されると、微生物の活動によって地温が上昇し、永久凍土が解けてメタンが放出される。メタンは二酸化炭素と同じく温室効果ガスだが、短期間で 85 倍以上の温暖化効果をもたらす。

(13) Daniela Jacob, Lola Kotova, Claas Teichmann, *et al.*, 'Climate impacts in Europe under +1.5 C global warming', *Earth's Future* 6 : 2 (2018), pp.264–85.

(14) K. El-Assal, 'Canada breaks all-time immigration record by landing 401,000 immigrants in 2021', *Canada Immigration News*, 23 January 2022; https://www.cicnews.com/2021/12/canada-breaks-all-time-immigration-record-by-landing-401000-immigrants-in-2021-1220461.html#gs.u4894i

(15) Marshall Burke, Solomon M. Hsiang and Edward Miguel, 'Global non-linear effect of temperature on economic production', *Nature* 527 : 7577 (2015), pp. 235–9.

(16) Elena Parfenova, Nadezhda Tchebakova and Amber Soja, 'Assessing landscape potential for human sustainability and "attractiveness" across Asian Russia in a warmer 21st century', *Environmental Research Letters* 14 : 6 (2019), e065004.

(17) Jan Hjort, Dmitry Streletskiy, Guy Doré, *et al.*, 'Impacts of permafrost degradation on infrastructure', *Nature Reviews Earth & Environment* 3 : 1 (2022), pp. 24–38.

(18) 'A lot of Arctic infrastructure is threatened by rising temperatures', *The Economist*, 15 January 2022.

(19) ロシアの長年の外国人嫌いは執拗（しつよう）で、範囲も広い。ユダヤ人、ロマ、中国人、ベトナム人が嫌悪の対象になっている。

(20) 「共存に関する協定……住民は、繁栄計画のガバナンス構造、立案制度ならびに権限に対し、明確な自由意志によって自発的に同意すべきことを明記する」

(21) Julia Carrie Wong, 'Seasteading : Tech leaders' plans for floating city trouble French Polynesians', *The Guardian*, 2 January 2017.

(22) Costas Meghir, Ahmed Mushfiq Mobarak, Corina D. Mommaerts and Melanie Morten, *Migration and Informal Insurance : Evidence from a randomized controlled trial and a structural model*, National Bureau of Economic Research, working paper 26082 (2019).

(23) Ahmed Mushfiq Mobarak, 'Can a bus ticket prevent seasonal hunger?', *Yale Insights* 18 (2018).

(24) B. Lyte, 'Remote workers are flocking to Hawaii : But is that good for the islands?, *The Guardian*, 26 January 2021.

(25) Tatyana Deryugina, Laura Kawano and Steven Levitt, 'The economic impact of Hurricane Katrina on its victims : Evidence from individual tax returns', *American Economic Journal : Applied Economics* 10 : 2 (2018), pp. 202–33.

第８章　移民の家

(1) Allen J. Scott, 'World Development Report 2009 : Reshaping economic geography', *Journal of Economic Geography* 9 : 4 (2009), pp. 583–6.

(2) Joaquin Arango, Ramon Mahia, David Moya Malapeira and Elena Sanchez-Montijano, 'Introduction : Immigration and asylum, at the center of the political arena', *Anuario CIDOB de la Inmigracion* (2018), pp. 14–26.

(3) Phillip Connor, 'A majority of Europeans favor

taking in refugees, but most disapprove of EU's handling of the issue', *Pew Research Center,* 19 September 2018.

(4) Joaquín Arango, *Exceptional in Europe? Spain's experience with immigration and integration,* Migration Policy Institute (March 2013).

(5) 土地利用の実態を示した一覧表は、以下を参照。https://www.gov.uk/government/statistical-data-sets/live-tables-on-land-use

(6) N. Gabobe, 'Living together: It's time for zoning codes to stop regulating family type', Sightline Institute, 28 February 2020.

(7) アラベナは以後、すべての建築の設計をネット上で公開し、自由に使わせている。いまでは他の都市も彼の設計を利用している。

(8) 'The world's first affordable 3D printed village pops-up [*sic*] in Mexico', *The Spaces,* 13 December 2019.

第9章　人新世の居住地

(1) *Urbanisation and Climate Change Risks: Environmental risk outlook 2021* (Verisk Maplecroft); 以下を参照。https://www.maplecroft.com/insights/analysis/asian-cities-in-eye-of-environmental-storm-global-ranking/

(2) この20年間、海面上昇の世界平均は年間2.5ミリメートルだが、沿岸都市では7.8〜9.9ミリメートルに達する。

(3) Mark Fischetti, 'Sea level could rise 5 feet in New York City by 2100', *Scientific American,* 1 June 2013.

(4) S. Fratzke and B. Salant, *Moving beyond Root Causes: The complicated relationship between development and migration* (Migration Policy Institute, January 2018).

(5) https://maldivesfloatingcity.com

(6) O. Wainwright, 'A L300 monsoon-busting home: The Bangladeshi architect fighting extreme weather', *The Guardian,* 16 November 2021.

(7) *Chicago Sustainable Development Policy, 2017* (City of Chicago).

(8) Heat Island Group, Berkley Lab, 'Cool roofs'; 以下を参照。https://heatisland.lbl.gov/coolscience/cool-roofs

(9) 硫酸バリウムの塗料を開発した科学者の予測では、地球の表面の1パーセント——「おそらく岩に覆われ、人が住んでいない地域」——にこの塗料を塗れば、地球温暖化がかなり相殺される可能性がある。https://www.bbc.co.uk/news/science-environment-56749105

(10) Jonathon Laski and Victoria Burrows, *From Thousands to Billions: Coordinated action towards 100 per cent net zero carbon buildings by 2050,* World Green Building Council (2017).

(11) '19 global cities commit to make new buildings "net-zero carbon" by 2030', *C40 Cities,* 15 October 2021.

(12) M. De Socio, 'The US city that has raised $100m to climate-proof its buildings', *The Guardian,* 19 August 2021.

(13) 水力発電所が建設され、谷底という地形から太陽の光が届かないノルウェーの町リューカンは、ジオエンジニアリングによってこの問題を解決した。山頂に設置された巨大な回転式の鏡が貴重な太陽光線を反射させると、日差しが町に差し込み、明るい時間が延長された。

(14) Alex Nowrasteh and Andrew C. Forrester, *Immigrants Recognize American Greatness: Immigrants and their descendants are patriotic and trust America's governing institutions,* Cato Institute, Immigration research and policy brief 10 (2019).

第10章　食料

(1) L. Hengel, 'Famine alert: How WFP is tackling this other deadly pandemic', UN World Food Programme website, 29 March 2021.

(2) Zhu Zhongming, Lu Linong, Zhang Wangqiang and Liu Wei, 'Impact of climate change on crops adaptation and strategies to tackle its outcome: A review', *Plants* 8: 2 (2019), p. 34.

(3) Matti Kummu, Matias Heino, Maija Taka, *et al.,* 'Climate change risks pushing one-third of global food production outside the safe climatic space', *One Earth* 4: 5 (2021), pp. 720–29.

(4) Chuang Zhao, Bing Liu, Shilong Piao, *et al.,*

'Temperature increase reduces global yields of major crops in four independent estimates', *Proceedings of the National Academy of Sciences* 114: 35 (2017), pp. 9326–31.

(5) Andrew S. Brierley and Michael J. Kingsford, 'Impacts of climate change on marine organisms and ecosystems', *Current Biology* 19: 14 (2009), pp. R602–14.

(6) B. Byrne, *2020 State of the Industry Report: Cultivated meat,* Good Food Institute.

(7) Keri Szejda, Christopher J. Bryant and Tessa Urbanovich, 'US and UK consumer adoption of cultivated meat: A segmentation study', *Foods* 10: 5 (2021), p. 1050.

(8) Björn Witte, Przemek Obloj, Sedef Koktenturk, *et al.,* 'Food for thought: The protein transformation', *Industrial Biotechnology* (2021).

(9) Myron King, Daniel Altdorff, Pengfei Li, *et al.,* 'Northward shift of the agricultural climate zone under 21st-century global climate change', *Scientific Reports* 8: 1 (2018), pp. 1–10.

(10) D. Singer, 'The drones watching over cattle where cowboys cannot reach', BBC website, n.d.

(11) Ward Anseeuw and Giulia Maria Baldinelli, *Uneven Ground: Research findings from the Land Inequality Initiative* (International Fund for Agricultural Development, 2020).

(12) 'Six ways indigenous peoples are helping the world achieve zero hunger', Food and Agriculture Organization of the UN. Available at: https://www.fao.org/indigenous-peoples/news-article/en/c/1029002/

第11章　エネルギー、水、材料

(1) 水上太陽光発電は、陸上に設置される設備よりもコストが少なくとも10パーセントは高い。しかし、水上のパネルは陸上のパネルほど汚れず、しかも水上では温度の上昇が抑えられるため、発電の効率が良い。そして何より、太陽光発電と水力発電のいずれが目的にせよ、新しい土地をそれほど使う必要がない。

(2) 中国では2万2500メガワットの三峡ダムが建設された結果、長江の水によって世界最長の湖が創造された。この工事では130万人が立ち退きを迫られ、13の都市と1500の町村が水没し、多くの自然環境や文化遺産が破壊された。

(3) IEAは、2050年までにネットゼロを実現するためのロードマップを2021年にまとめた。そこでは原子力発電の容量の大幅な増加が考慮されており、2030年までに年間30ギガワット時が目標に据えられた。これは過去10年間の増加率の5倍におよび、2050年までには世界全体の設備容量を倍増させる青写真を描いている。ただし、この数十年間の原子力発電部門への投資の状況や、多くの国が原子炉の運転中止を計画している現状を考えれば、この目標はかなり大胆で、早急に実施する必要があるだろう。

(4) 「高強度・緩斜面型」水力発電と呼ばれる革新的な計画では、密度が水の2倍に達する鉱物の液体を地下揚水式水力発電に利用する。そのため、勾配の緩い普通の丘陵でも、エネルギーの貯蔵に利用することができる。

(5) ただし一般に、そしてEUでは特に、水素を作るために再生可能エネルギーを使うことには慎重になるべきだ。再生可能エネルギーは、グリーンエネルギー経済で他にも多くの役割をこなす必要があるので、よく比較検討しなければならない。そもそも風力や太陽光は、水を分解して水素を作るよりも、電気を発生させるために利用するほうが効果的だ。要するに、電力の供給を優先するべきで、水素プロジェクトに目を奪われてはならない。家の暖房にはヒートポンプを、乗り物の燃料には電池を使うほうが、はるかに効果的である。

(6) 今日の海運業は特に環境を汚染するビジネスだ。というのも、グレードの低い化石燃料が使われ、そこから大量の微粒子や硫黄が放出されるからだ。こうした汚染物質の一部は実際のところ、大気に対する冷却効果を持っているが、それでもやはり健康には深刻な被害をもたらす。したがって船舶の汚染物質を取り除くときには、この「見えない熱」についても計算する必要がある。

(7) 私は5年前から電動カーゴバイクを持って

いて、学校への送り迎え、近所への外出、スーパーへの買い物に利用している。2021年にロンドンの私の地元では、車の利用を減らす目的でカーゴバイクのローンが導入された。

(8) Ken Caldeira and Ian McKay, 'Contrails : Tweaking flight altitude could be a climate win', *Nature* 593 : 7859 (2021), p. 341.

(9) Daron Acemoglu and James A. Robinson, 'The economic impact of colonialism' in *The long Economic and Political Shadow of History: Volume I* (free ebook, CEPR Press, 2017), p. 81 ; I. Mitchell and A. Baker, *New Estimates of EU Agricultural Support : An 'un-common' agricultural policy,* Center for Global Development, November 2019 ; Nancy Birdsall, Dani Rodrik and Arvind Subramanian, 'How to help poor countries', *Foreign Affairs* 84 : 4 (Jul- Aug 2005), pp. 136-52.

(10) 経済成長を測定するのは難しい。なぜなら、社会で生産されたすべての財やサービスの価値を測定したうえで、それが時間と共に増加したか減少したか明らかにするのは簡単ではないからだ。たとえば成長を測定するためには、人々が欲しがる製品を選び出し、みんながそれにどれだけアクセスしたか計算する方法もある。このリストには一般的に、清潔な水、衛生設備、電気などの基幹資源が含まれる。この測定基準を使うと、バングラデシュなど一部の国は急成長を遂げているが、チャドは取り残される。この方法はある程度までは有効だが、対象になるのは一握りの財やサービスなので、微妙な差異はほとんど確認できず、所得に関してはいっさいわからない。すなわち、財やサービスの選択の実態を確認できない。たとえば本やツナサンドが選ばれたとしても、そのデータだけで国の経済成長について実際に多くを理解できるだろうか。所得との相関関係を考慮した選択肢を測定するためには、ほしいと思う財やサービスの価格と所得を比較しなければならない。所得と価格の比率に注目すべきだ。これに関しては、データサービスの Our World in Data（データで見る私たちの世界）が、大変に素晴らしい成果を残している。たとえばヨーロッパでは時間と共に、所得との相関関係を考慮すると本の価格が下がった。16世紀に印刷機が発明された直後の数十年は特に、落ち込みが激しかった。印刷機が発明されると、写本筆写者の手作業に頼っていたプロセスは工業化され、出版の生産性はペースも規模も飛躍的に拡大した。そのおかげで本は手に入りやすくなり、従来は数カ月分の賃金に匹敵した価格が、数時間分の賃金と同じになってしまった。そしてこの生産性の向上は、たとえば紙の製造や読み書きの能力や学問の分野で、さらなる経済成長を促した。

(11) Z. Hausfather, 'Absolute decoupling of Economic Growth and emissions in 32 countries', Breakthrough Institute, 6 April 2021.

(12) これは人口動態の変化への反応でもある。日本の建設業は高齢化が急速に進み、いまでは55歳以上の労働者が全体の35パーセントを占める。

(13) 2015年に中国は、ランチャン－メコン協力――「川を共有し、未来を共有する」――と呼ばれるメコン川管理機関を設立した。機関に委任された業務は河川の管理にとどまらず、法の執行、テロリズム、観光事業、農業、災害対応、銀行取引における国境を越えた協力など、広い範囲におよぶ。中国は水路など地域のインフラへの投資に対し、数十億ドルのローンや信用を供与している。

(14) R. Barnett, 'China is building entire villages in another country's territory', *Foreign Policy,* 7 May 2021.

第12章　回復

(1) A. Plumptre, 'Just 3 per cent of Earth's land ecosystems remain intact - but we can change that', *The Conversation,* 15 April 2021.

(2) Eric Dinerstein, A. R. Joshi, C. Vynne, *et al.,* 'A "global safety net" to reverse biodiversity loss and stabilize Earth's climate', *Science Advances* 6 : 36 (2020), eabb2824.

(3) イギリスでは国立公園の回復を支援するため、新たにグリーン投資ファンドが立ち上げられた。B. Tridimas, 'Revere : New restoration

financing initiative for national parks attracts corporate backing', *Business Green News,* 5 October 2021.

(4) 実際のところ砂漠は、地球の冷却化に重要な役割を果たしている。というのも、砂漠への太陽放射の最大で 30 パーセントが宇宙に跳ね返され、その他にも 47 パーセントが夜間の放射冷却で失われるからだ。これに対し、植生地域は 10 ～ 15 パーセントしか反射しない。したがって、砂漠の緑化は温暖化効果を伴う可能性がある。

(5) Alice Di Sacco, Kate A. Hardwick, David Blakesley, *et al.,* 'Ten golden rules for reforestation to optimize carbon sequestration, biodiversity recovery and livelihood benefits', *Global Change Biology* 27: 7 (2021), pp. 1328–48.

(6) 昆布の養殖は大々的に行なうことが可能で、しかも火事の発生や灌漑の必要など、陸上での森林再生に伴う問題の多くとも無縁だ。

(7) 一部の科学者は、深層水を引き上げるための垂直管を海中に取り付けることを提案している。引き上げられた深層水は、海面の水と混じり合う。バルブによって逆流は防止される。

(8) Trish J. Lavery, Ben Roudnew, Peter Gill, *et al.,* 'Iron defecation by sperm whales stimulates carbon export in the Southern Ocean', *Proceedings of the Royal Society B: Biological Sciences* 277: 1699 (2010), pp. 3527–31.

(9) Ralph Chami, Thomas F. Cosimano, Connel Fullenkamp and Sena Oztosun, 'Nature's solution to climate change: A strategy to protect whales can limit greenhouse gases and global warming', *Finance & Development* 56: 004 (2019).

(10) 20 世紀に人類は産業汚染を深刻化させ、作物の生産を促す人工肥料を大量に使用した(肥料の大半は水路に流れ込んで悲惨な結果を招く)。おかげで地球の窒素循環は劇的に変化したが、施肥を中止すべきだとは誰からも提案されない。

(11) Amy L. Lewis, Binoy Sarkar, Peter Wade, *et al.,* 'Effects of mineralogy, chemistry and physical properties of basalts on carbon capture potential and plant-nutrient element release via enhanced weathering', *Applied Geochemistry* (2021), e105023.

(12) Phil Renforth, 'The potential of enhanced weathering in the UK', *International Journal of Greenhouse Gas Control* 10 (2012), pp. 229–43.

(13) Pete Smith, Steven J. Davis, Felix Creutzig, *et al.,* 'Biophysical and economic limits to negative CO2 emissions', *Nature Climate Change* 6: 1 (2016), pp. 42–50.

(14) Giulia Realmonte, Laurent Drouet, Ajay Gambhir, *et al.,* 'An inter-model assessment of the role of direct air capture in deep mitigation pathways', *Nature Communications* 10: 1 (2019), pp. 1–12.

(15) ある方法では炭酸カリウムを吸着剤として使い、空気中の二酸化炭素を捕捉する。つぎに石灰を添加すると、二酸化炭素だけが吸収されて炭酸カルシウムが生じる。それを焼炉で熱し、気化した二酸化炭素を捕獲する。毎年 10 ギガトンの二酸化炭素を大気から取り除くには、400 万トンの炭酸カリウムが必要とされるが、これは今日世界で供給されている量の 1.5 倍になる。さらに、焼炉を 800℃まで熱するのは電力だけでは不可能で、ガス炉と気体――おそらく水素――が必要とされる。

(16) David P. Keller, Andrew Lenton, Emma W. Littleton, *et al.,* 'The effects of carbon dioxide removal on the carbon cycle', *Current Climate Change Reports* 4: 3 (2018), pp. 250–65.

(17) G. Madge, 'Temporary exceedance of 1.5°C increasingly likely in the next five years', Met Office website, 27 May 2021.

(18) https://www.arcticiceproject.org

(19) Yuanchao Fan, Jerry Tjiputra, Helene Muri, *et al.,* 'Solar geoengineering can alleviate climate change pressures on crop yields', *Nature Food* 2: 5 (2021), pp. 373–81.

(20) Phoebe L. Zarnetske, Jessica Gurevitch, Janet Franklin, *et al.,* 'Potential ecological impacts of climate intervention by reflecting sunlight to cool Earth', *Proceedings of the National Academy of Sciences* 118: 15 (2021).

(21) Peter Irvine, Kerry Emanuel, Jie He, *et al.,*

'Halving warming with idealized solar geoengineering moderates key climate hazards', *Nature Climate Change* 9 : 4 (2019), pp. 295–9.

(22) Katherine Dagon and Daniel P. Schrag, 'Regional climate variability under model simulations of solar geoengineering', *Journal of Geophysical Research : Atmospheres* 122 : 22 (2017), pp. 12–106.

(23) SRMGI は、イギリス王立協会、世界科学アカデミー（TWAS）、米国環境防衛基金（EDF）のあいだのパートナーシップである。

(24) Yixuan Zheng, Steven J. Davis, Geeta G. Persad and Ken Caldeira, 'Climate effects of aerosols reduce economic inequality', *Nature Climate Change* 10 : 3 (2020), pp. 220–24.

(25) *Atlas of Mortality and Economic Losses from Weather, Climate and Water Extremes (1970–2019),* World Meteorological Organization, WMO-No. 1267 (2021). Available at : https://library.wmo.int/index.php?lvl=notice_display&id=21930#.YeRUrC10ejh

まとめ

(1) I. Vazquez, 'Europe's shame : Criminalising Mediterranean search and rescue missions', *Friends of Europe,* 2 April 2019.

(2) Eleanor Gordon and Henrik Larsen, 'Criminalising search and rescue activities can only lead to more deaths in the Mediterranean', LSE European Politics and Policy (EUROPP) blog, 20 November 2020.

(3) Nicholas Rees, 'The climate crisis is a child rights crisis : Introducing the Children's Climate Risk Index', UNICEF website, August 2021.

(4) 1990 年代には、スマートフォンの登場はまだ 20 年ちかく先の話で、イギリスにはテレビ局が 4 つしかなかった。グーグルもアマゾンもフェイスブックも存在していなかった。これから 30 年たてば、たくさんのことが起きる可能性がある……。

参考文献

私が本書で取り上げた諸問題をさらに掘り下げて考えるために、出発点として役に立つ文献をここで紹介しておく。最新の提言に関しては、以下の私のウェブサイトをチェックしてもらいたい(WanderingGaia.com)。私の 2 冊の著書 *Adventures in the Anthropocene*〔『人類が変えた地球——新時代アントロポセンに生きる』、小坂恵理訳、化学同人、2015 年〕ならびに *Transcendence*〔『進化を超える進化——サピエンスに人類を超越させた 4 つの秘密』、野中香方子訳、文藝春秋、2022 年〕にも、関連性のある資料やコンテキストが数多く含まれる。

Akala, *Natives: Race and class in the ruins of empire* (Hodder & Stoughton, 2021)

Abhijit V. Banerjee and Esther Duflo, *Good Economics for Hard Times* (Allen Lane, 2019)〔アビジット・V・バナジー、エステル・デュフロ『絶望を希望に変える経済学——社会の重大問題をどう解決するか』、村井章子訳、日経 BP 日本経済新聞出版本部、2020 年〕

Paul Behrens, *The Best of Times, the Worst of Times: Futures from the frontiers of climate science* (Indigo Press, 2021)

Mike Berners-Lee, *There is No Planet B* (Cambridge University Press, 2019)〔マイク・バーナーズ-リー『みんなで考える地球環境 Q&A145——地球に代わる惑星はない』、藤倉良訳、丸善出版、2022 年〕

Sally Hayden, *My Fourth Time, We Drowned: Seeking refuge on the world's deadliest migration route* (Fourth Estate, 2022)

Eric Holthaus, *The Future Earth: A radical vision for what's possible in the age of warming* (HarperOne, 2020)

Rowan Hooper, *How to Spend a Trillion Dollars* (Profile Books, 2021)

Elizabeth Kolbert, *Under a White Sky* (Vintage, 2022)

J. Krause and T. Trappe, *A Short History of Humanity: How migration made us who we are* (W. H. Allen, 2021)

Felix Marquardt, *New Nomads* (Simon & Schuster, 2021)

John Pickrell, *Flames of Extinction: The race to save Australia's threatened wildlife* (Island Press, 2021)

J. Purdy, *This Land is Our Land: The struggle for a new commonwealth* (Princeton University Press, 2020)

Kim Stanley Robinson, *The Ministry for the Future* (Orbit, 2020)

Doug Saunders, *Arrival City* (Vintage, 2012)

Laurence Smith, *The New North: The World in 2050* (Dutton Books, 2010)〔ローレンス・C・スミス『2050 年の世界地図——迫りくるニュー・ノースの時代』、小林由香利訳、NHK 出版、2012 年〕

——*Rivers of Power: How a natural force raised kingdoms, destroyed civilizations, and shapes our world* (Little, Brown Spark, 2021)〔ローレンス・C・スミス『川と人類の文明史』、藤崎百合訳、草思社、2023 年〕

Carolyn Steel, *Sitopia: How food can save the world* (Chatto & Windus, 2020)

ガイア・ヴィンス（Gaia Vince）
サイエンス・ライター。ユニバーシティ・カレッジ・ロンドン人新世研究所名誉シニア・リサーチ・フェロー。『ネイチャー』誌や『ニュー・サイエンティスト』誌の元シニア・エディター。関心の対象は、人類と地球環境の相互作用。2015年、初の著書『人類が変えた地球——新時代アントロポセンに生きる』（化学同人）で、英国王立協会科学図書賞を女性ではじめて受賞。2020年、第二作『進化を超える進化——サピエンスに人類を超越させた4つの秘密』（文藝春秋）も、同賞の最終候補に選出。

小坂恵理（こさか・えり）
翻訳家。ヴィンス『人類が変えた地球』のほか、J・ダイアモンド＋J・A・ロビンソン編著『歴史は実験できるのか——自然実験が解き明かす人類史』（慶應義塾大学出版会）、D・ウォルシュ『ポール・ローマーと経済成長の謎』（日経BP）、W・ダルリンプル『略奪の帝国——東インド会社の興亡』（河出書房新社）など訳書多数。

気候崩壊後の人類大移動

2023年8月20日　初版印刷
2023年8月30日　初版発行

著　者　ガイア・ヴィンス
訳　者　小坂恵理
装　幀　大倉真一郎
発行者　小野寺優
発行所　株式会社河出書房新社
〒151-0051　東京都渋谷区千駄ヶ谷2-32-2
電話 03-3404-1201［営業］　03-3404-8611［編集］
https://www.kawade.co.jp/
印　刷　株式会社亨有堂印刷所
製　本　小泉製本株式会社
Printed in Japan
ISBN978-4-309-25461-6